碳排放权交易机制：模型与应用

张跃军　著

国家社科基金重大项目
国家自然科学基金优秀青年、面上项目
国家"万人计划"青年拔尖人才项目　　　　　资　助
长江学者奖励计划青年学者项目
湖南省"湖湘青年英才"支持计划

科学出版社

北　京

内 容 简 介

碳排放权交易已成为我国发展低碳经济、应对气候变化及参与全球气候治理的重要政策手段。当前，全国碳交易的顶层制度设计和相关立法工作正在紧张进行，迫切要求科研工作者通过科学的理论方法，做出扎实可靠、面向中国特色的研究成果，为国家宏观决策提供科学依据。鉴于此，本书秉承学术性、系统性和创新性原则，基于复杂系统思维，综合运用多学科的模型方法，以碳交易机制相关科学问题为导向，开展了较为系统、深入的理论分析和实证研究，期望为碳市场参与者认识国内外碳市场的运行机制和变化规律提供重要参考，也为我国全国统一的碳交易市场顺利上市、稳定运行和全面发挥碳减排作用提供决策参考。

本书适合能源经济、环境管理、碳金融、风险管理与投资等领域的专业人员，高等学校相关专业的高年级本科生、硕士生、博士生和教师阅读；也适合从事经济管理工作的政府部门领导、金融机构领导及企业中高层经理参考。

图书在版编目（CIP）数据

碳排放权交易机制：模型与应用 / 张跃军著.—北京：科学出版社，2019.1
ISBN 978-7-03-055889-3

Ⅰ.①碳… Ⅱ.①张… Ⅲ.①二氧化碳-排污交易-研究-中国 Ⅳ.①X511

中国版本图书馆 CIP 数据核字（2017）第 305472 号

责任编辑：郝　悦 / 责任校对：王晓茜
责任印制：张　伟 / 封面设计：无极书装

科 学 出 版 社 出版
北京东黄城根北街 16 号
邮政编码：100717
http://www.sciencep.com

北京建宏印刷有限公司 印刷
科学出版社发行　各地新华书店经销

*

2019 年 1 月第 一 版　开本：720×1000　B5
2023 年 3 月第四次印刷　印张：13 1/2
字数：270 000
定价：**122.00 元**
（如有印装质量问题，我社负责调换）

前　　言

一位前辈告诫说：任何一个学术领域，只有做了十年以上研究的人才能说出值得别人尊重的话。2007年，我们开始关注欧盟排放交易体系以及碳交易机制问题，至今10年有余，其间陆续在国内外学术期刊发表了一系列关于碳排放权交易的论文，特别是2009年初，研究团队提交的政策报告《应对气候变化的市场机制：欧盟排放交易体系对我国的启示》被国务院办公厅采用，相关建议被国家"十二五"规划纲要采纳；2014年，本人提交的《碳交易市场分析报告》被国家发展和改革委员会与科学技术部采用，相关观点在国家发展和改革委员会当年年底发布的《碳排放权交易管理暂行办法》中得到反映。应该说，从2007年开始，我们研究团队一直在关注国内外碳排放权交易的理论研究、政策动态和市场行情，也从理论和实证等角度做了一些基础性的研究工作，但是，未来仍然值得期待，这种期待源于一个很重要的背景，就是碳排放权交易已经成为我国发展低碳经济、应对气候变化和参与全球气候治理的重要政策手段。

2011年，为了推动运用市场机制，以较低成本实现我国温室气体减排目标，国家发展和改革委员会同意在北京市、上海市、天津市、重庆市、湖北省、广东省和深圳市等开展碳排放权交易试点，并于2013年上市交易。2015年，习近平同志提出，2017年我国将在前期试点的基础上启动全国碳交易市场。2017年12月19日，国家发展和改革委员会印发《全国碳排放权交易市场建设方案（发电行业）》，这标志着全国碳排放权交易体系完成了总体设计，并正式启动，全面上市交易指日可待。同时，为了确保碳市场顺利上市和规范碳市场运行，碳交易制度的顶层设计和相关立法工作正在紧张进行，迫切要求我们科研工作者面向中国建立健全碳交易市场的战略需求，针对碳交易体系顶层设计的关键科学问题，通过科学的理论方法，做出扎实可靠的、面向中国特色的研究成果，为国家宏观决策提供科学依据。

值此关键时刻，本书秉承学术性、系统性和创新性原则，基于复杂系统的思维，综合运用微观博弈、管理决策、数学规划、计量经济、信号处理等多学科的模型方法，以碳交易机制相关科学问题为导向，开展了较为系统、深入的理论分析和实证研究。本书讨论的碳交易机制包括碳市场内部机制（碳配额分配机制、碳配额定价机制和碳市场风险管理机制）和碳市场外部影响机制，并侧重于前者。核心研究内容包括以下几个方面。

（1）碳配额分配机制，包括省际区域、工业行业、五大发电企业、控排企业相关产品等多个层面。

（2）碳配额定价机制，包括碳市场内部不同产品之间的价格关联、碳市场与能源市场之间的波动溢出等多个角度。

（3）碳市场风险管理机制，包括碳市场自身的极端风险测度、市场效率测算及不同碳市场之间的动态套利机制等多个维度。

（4）碳市场外部影响机制，包括碳交易对减排绩效、减排潜力及经济收益的影响等多个视角。

本书在研究过程中，既深入分析了欧盟碳市场的相关问题，也对全国碳交易试点地区的市场效率、交易机制、市场影响等方面开展了系统的探讨，旨在为全国碳交易市场顺利上市、尽快全面发挥碳减排作用提供决策参考。

一直记得我国系统工程领域一位先驱鼓励自己的弟子：要在好的学术期刊上发表好的论文，而不要轻易追求所谓"著作等身"的虚名。所以，我们始终对学术专著心怀敬畏，始终想着先把一个问题接着一个问题的研究做好，把相关理论和政策动态了解清楚。值得庆幸的是，本书核心章节的大部分研究内容已经发表于领域内国际知名学术期刊 *Energy Policy*、*Annals of Operations Research*、*Journal of Cleaner Production* 等，得到了国际评审专家的广泛认可，其中，多篇论文上榜基本科学指标（Essential Science Indicators，ESI）数据库热点论文或高被引论文。

本书的研究工作得到了本人主持的国家自然科学基金优秀青年项目"石油金融与碳金融系统建模"（71322103）、面上项目"碳排放配额交易的市场机制与政策研究"（71273028）、面上项目"中国碳排放配额交易对碳减排的影响机制建模及优化策略研究"（71774051）、国家社科基金重大项目"完善我国碳排放交易制度研究"（18ZDA106）、中共中央组织部国家"万人计划"青年拔尖人才项目、教育部长江学者奖励计划青年学者项目、湖南省"湖湘青年英才"支持计划及湖南大学"岳麓学者"等重要科研和人才项目的资助。

特别是，我们的研究工作也得到了中国科学院科技政策与管理科学研究所徐伟宣研究员、中国航天科技集团公司于景元研究员、国务院发展研究中心李善同研究员、中国科学院数学与系统科学研究院汪寿阳研究员和杨晓光研究员、湖南大学马超群教授、南京航空航天大学周德群教授、中国石油大学(华东)周鹏教授、南京师范大学田立新教授、美国劳伦斯伯克利国家实验室沈波研究员、瑞典皇家工学院严晋跃教授、新西兰奥克兰大学 Basil Sharp 教授、新加坡国立大学能源研究所苏斌博士、美国加利福尼亚大学伯克利分校张宇博士、北京理工大学王科教授、北京科技大学赵鲁涛副教授、科学技术部中国 21 世纪议程管理中心张贤博士等国内外专家学者的指点和帮助。当然，点滴的研究进展都离不开恩师北京理工大学魏一鸣教授的引路、指点和提携。在此对各位前辈、专家的热心帮助和悉心指导一并表示衷心的感谢！

感恩我们正在经历的这个时代和所处的这个国家。当代中国正在经历着历史上最为广泛而深刻的社会变革，也正在进行着人类历史上最为宏大而独特的实践创新。这种前无古人的伟大实践，必将给理论创造、学术繁荣提供强大动力和广阔空间。环顾当下，我国经济发展稳中向好，环境约束得到社会广泛关注，低碳发展已经蔚然成风。在美国特朗普政府宣布退出《巴黎协定》、大幅削减气候变化和环境治理研究经费的同时，我们国家坚定不移地做全球气候治理进程的维护者和推动者，相关研究经费和资助比例稳步上升，特别是能源安全战略、应对气候变化战略等重大问题都已进入中央高层决策者的视野。面对这样一个极富希望的时代和蓬勃发展的国家，我们没有理由不担负起科研工作者的责任，保持对学术前沿的敏感，锲而不舍，久久为功。

另外，本书能够在全国碳交易市场即将上市之际顺利出版，非常感谢我们研究团队的博士生姚婷、任奕帅、孙亚方、靳雁淋、刘景月、刑丽敏，硕士生王傲东、彭逾璐、彭华荣、陈铭应等的大力协助，也很感谢科学出版社的编辑对本书所做的工作。

不忘初心，砥砺前行。全国碳交易的大幕已经拉开，低碳发展的国家战略也已深入新时代经济社会的各行各业，而我们的研究一直在路上，我们对科学研究服务宏观决策的初心也一直不曾忘记。

张跃军

2018 年 12 月

目　　录

第1章 碳交易的政策背景与发展需求

1.1 中国应对气候变化的宏观形势

气候变化是当今人类社会面临的共同挑战，它对全球自然生态系统产生了显著影响，也给人类生存和发展带来了严峻考验。作为一个温室气体排放大国，中国一直积极做好自身的减排工作，走绿色低碳的发展道路。

近年来，随着我国经济持续高速发展，粗放的经济增长方式与资源环境约束之间的矛盾日益突出，人民群众对环境的焦虑和不满也越来越突出。在此背景下，我国"十三五"规划明确了"创新、协调、绿色、开放、共享"的新发展理念，顺应了绿色低碳发展的国际潮流，把低碳发展作为我国经济社会发展的重大战略和生态文明建设的重要途径。积极应对气候变化，既是我国贯彻落实五大发展理念、实现"两个百年"奋斗目标的内在需要，也是积极参与全球治理、打造人类命运共同体的责任担当。

2015年底，巴黎气候大会顺利召开。习近平主席出席了会议，并阐述了全球气候治理的中国方案。我国为巴黎会议的成功做出了历史性贡献，与会各方达成的《巴黎协定》，明确了2020年后全球气候治理的制度安排，既体现了"共同但有区别的责任"原则，维护和拓展我国发展空间，又发出了全球向绿色低碳转型的积极信号，与我国生态文明建设的战略选择保持一致。

我国作为全球最大的发展中国家、第二大的经济体、最大的能源消费国和碳排放国，碳排放存量大和增速快的趋势在短期内难以改变，由此面临着很大的国际减排压力，亟须化挑战和压力为推动低碳转型与能源革命的机遇和动力，贯彻落实中央部署的发展新理念，主动引领经济新常态，为人民创造良好的生产、生活环境，为全球生态安全做出新贡献。

2011年，为推动运用市场机制以较低成本实现我国控制温室气体排放的行动目标，加快经济发展方式转变和产业结构升级，国家发展和改革委员会批准北京市、上海市、天津市、重庆市、湖北省、广东省、深圳市开展碳交易试点工作，并于2013年正式启动碳排放配额上市交易。2015年9月，习近平主席和美国奥巴马总统联合发布《中美元首气候变化联合声明》，明确提出我国计划于2017年启动覆盖钢铁、电力、化工、建材、造纸和有色金属等重点工业行业的全国碳排放权交易体系。2017年2月，联合国开发计划署(United Nations Development

Programme，UNDP）发布的《环维易为中国碳市场研究报告 2017》称，中国碳市场启动后，将覆盖 40 亿吨二氧化碳当量，超过欧盟碳市场的两倍，将成为全球最大的碳交易体系[①]。2017 年 12 月 19 日，国家发展和改革委员会发布《全国碳排放权交易市场建设方案（发电行业）》，以发电行业为突破口，率先启动全国碳排放权交易体系。随着方案的发布，全国碳排放权交易市场建设进入新的阶段。

1.2 碳交易的本质与发展状况

1.2.1 碳交易的本质

全球日益增长的碳排放及其导致的气候变暖已对经济社会发展和人类身体健康甚至生存造成了巨大威胁。根据美国国家航空航天局（National Aeronautics and Space Administration，NASA）数据分析，2016 年上半年全球温度和北极海冰面积已打破多项纪录。同时，全球气候变化会给人类带来难以估量的损失，会使人类付出巨额代价，控制碳排放刻不容缓的观念已被全世界广泛接受。1997 年，通过艰难的国际谈判，在日本京都举行的《联合国气候变化框架公约》第三次缔约方大会上通过了《京都议定书》，其中提出了碳排放权交易（又称碳配额交易或碳交易）[②]的灵活机制，以帮助有关国家完成数量化的温室气体减排目标。

碳交易是以成本有效的方式控制碳排放的一种政策工具。这是因为碳排放具有外部性特征，而根据外部性理论，碳交易的方式可将碳减排成本内部化。从本质上看，碳交易是一种利用市场机制达到预防污染和实现碳减排目标的市场控制模式。具体而言，碳交易是政府将碳排放空间分配到各排放主体，并在一定规则下允许市场化交易，各排放主体按照市场规律做出灵活选择，在交易过程中追求自身利益最大化，从而推动全社会在既定碳排放总量空间下实现最大的产出效益（康艳兵等，2015）。因为碳交易体系具有以最低成本实现既定碳减排目标、激励低碳创新的特点，所以受到众多政策制定者的密切关注，目前已成为全球气候治理的重要手段。

归纳起来，在众多节能减排的政策工具中，碳交易作为一种重要的制度创新，其本质应该包括三个关键要素，即推动二氧化碳减排，降低碳减排成本，以及推动低碳技术投资增长和低碳技术进步。

---

① 据国际碳行动合作组织（International Carbon Action Partnership，ICAP）预测，全球将有 19 个碳交易体系运行，这些碳市场将负责超过 70 亿吨的温室气体排放，其所在经济体贡献着全球近一半的国内生产总值（gross domestic product，GDP），并占全球超过 15% 的碳排放量。

② 本书不区分碳排放权、碳排放配额和碳配额三种说法，将它们视为同一个概念，其区别只源于翻译和用词的习惯。

1.2.2　国外碳交易发展态势

　　碳交易是许多国家和地区控制碳排放的重要气候政策。自 2005 年启动碳交易以来，欧盟排放交易体系(EU ETS)成为全球最大的碳交易市场，纳入交易的二氧化碳排放量占欧盟碳排放总量的 45%，涵盖了欧盟各个成员方和欧洲经济区的冰岛、列支敦士登和挪威等 3 个国家。同时，美国和加拿大多个州、省联合签署的西部气候行动形成了区域碳交易市场。在该市场框架下，加利福尼亚州碳交易体系纳入交易的二氧化碳排放量占该州碳排放总量的 85%。另外，澳大利亚、韩国、日本等国的碳交易市场也正在稳步发展中。不难发现，碳交易作为控制温室气体排放的重要气候政策，已经得到世界主要国家的普遍认可。

　　EU ETS 依据《欧盟 2003 年 87 号指令》成立于 2005 年 1 月 1 日，目前已进入第三阶段[①]，其目的是将环境"成本化"，借助市场的力量将环境转化为一种有偿使用的生产要素，通过建立"欧盟排放配额"(European Union allowance，EUA)交易市场，有效地配置环境资源，鼓励节能减排技术的发展，实现在气候环境受到保护下的企业经营成本最小化。EU ETS 采取"总量交易"的机制：确定纳入限排名单的企业根据一定标准免费获得 EUA，或者通过拍卖有偿获得 EUA，而实际排放低于所得配额的企业可以将其在碳交易市场出售，超过所得配额的企业则必须购买 EUA，否则会遭受严厉的惩罚。目前，EU ETS 覆盖的国家、行业与企业范围逐渐扩大，配额分配过程中拍卖的比例逐渐提高，免费配额的分配方式也从历史排放法(又叫祖父法)过渡到基准线法，体现出 EU ETS 管理体制的不断成熟。

　　从国际上看，碳交易主要采用"总量交易"机制实现控排，这不仅可以节约社会治理的总成本，而且鼓励技术先进者治污并获得治污红利，有利于环保技术和低碳技术的不断创新(赵细康，2013)。总量上限设定有"自顶向下"和"自底向上"两种方式。其中，"自顶向下"方式依据社会总体或行业层面的碳排放控制目标确定碳排放配额总量；而"自底向上"方式按照相应的分配规则确定纳入控排主体的碳排放配额数量，所有控排主体的碳排放配额的总和即总量上限。两

---

　　① EU ETS 发展至今已明确四个阶段。第一个阶段是 2005~2007 年：主要为《京都议定书》积累经验、奠定基础。该阶段所限制的温室气体减排许可交易仅涉及二氧化碳，行业覆盖能源、石化、钢铁、水泥、玻璃、陶瓷、造纸，以及部分其他具有高耗能生产设备的行业，并设置了被纳入体系的企业的门槛。第一阶段覆盖的行业占欧盟总排放量的 50%。第二个阶段是 2008~2012 年：排放限制扩大到其他温室气体(二氧化硫、氟氯烷等)和其他产业(交通)，时间跨度与《京都议定书》首次承诺的时间保持一致。第三个阶段是 2013~2020 年：减排目标设定为总量减排 21%(2020 年与 2005 年相比)，年均减排 1.74%，所覆盖的产业也进一步扩大。特别是，航空业被正式纳入 EU ETS 的覆盖范围(设立独立的交易标的 EUA)。第四个阶段是 2021 年之后：2017 年 2 月 28 日，欧盟理事会代表欧盟成员方就 EU ETS 第四阶段改革事宜达成共同立场，第四阶段将于 2021 年拉开序幕。欧盟理事会达成一致的内容包括：在欧洲碳市场重新建立稀缺性的额外措施、拍卖配额相对免费分配配额的比例、由 EU ETS 拍卖资助的气候基金，以及碳泄漏等。

种机制互为参照，欧盟和美国加利福尼亚州的碳交易体系主要采用"自顶向下"的总量上限设定方式，即在碳排放配额总量上限设定的基础上，调整覆盖主体的配额。

实际上，碳减排总量目标宽松和碳配额过剩是碳交易实践中存在的重要问题。碳配额过剩往往会导致碳市场交易活跃度和流动性不足，以及碳交易制度刺激碳减排和推动技术创新的成效减弱。历史数据表明，欧盟碳交易运行以来一直存在总量目标宽松导致碳配额过剩的问题；同时，美国初始阶段的二氧化硫排污权交易、东北部十个州的碳交易都出现过碳配额过剩的情况。而解决这些问题需要建立坚实的数据基础和科学的预测方法，还需要政府采取灵活措施，根据减排状况和市场行情对总量目标与碳配额进行动态调整。

1.2.3　中国碳交易发展态势

碳交易已成为中国控制温室气体排放的国家战略，市场体系建设稳步推进。中国作为全球最大的碳排放国，2017 年的碳排放量占全球碳排放总量的 27.6%，在国际气候谈判中承受着巨大的政治压力和社会压力。同时，中国长期粗放式的发展给经济社会带来了巨大的资源压力和环境压力。基于国际和国内的双重严峻挑战，控制碳排放已对我国调整产业结构与能源结构形成倒逼机制，推动我国经济社会转向低碳发展。在此背景下，我国提出建立碳排放权交易体系，试图以市场机制推动节能减排和应对气候变化。

2011 年，国家发展和改革委员会发布了《国家发展改革委办公厅关于开展碳排放权交易试点工作的通知》，同意北京、天津、上海等七个地区开展碳排放权交易试点。2012 年，国务院发布了《"十二五"控制温室气体排放工作方案》，要求加强碳排放权交易支撑体系建设，制订全国碳排放权交易市场建设总体方案。2013 年《中共中央关于全面深化改革若干重大问题的决定》中要求推行碳排放权交易制度。2014 年，国家发展和改革委员会公布了《碳排放权交易管理暂行办法》，规定了全国碳排放权交易的监督和管理原则。2015 年，习近平主席提出，2017 年我国将在前期试点基础上启动全国碳交易，碳交易正式上升为国家战略。2015 年，中国政府在《强化应对气候变化行动——中国国家自主贡献》中明确"在碳排放权交易试点基础上，稳步推进全国碳排放权交易体系建设"。2016 年 1 月，国家发展和改革委员会下发《国家发展改革委办公厅关于切实做好全国碳排放权交易市场启动重点工作的通知》，明确提出了推进全国碳排放权交易市场的建立，确保 2017 年启动全国碳交易。

此后，全国碳市场建设稳步推进。国家发展和改革委员会明确表示，在 2016 年底前完成国家立法、数据准备、配额分配、支撑系统建设等各项准备工作。2017

年 4 月 7 日，中国气候变化事务特别代表解振华明确表示，2017 年按照中央关于生态文明体制改革工作的部署，将适时启动全国统一的碳排放权交易市场，他说："我们已经做到了有机构、有地方立法确定了配额，也分配了这些配额，建立了配额的分配办法，还建立了核算报告、核查的体系，建立了交易规则，完善了监管的体系和能力建设，基本形成了要素完善、特点突出、运行平稳的地方碳排放权交易市场。"2017 年 5 月，被称为全国碳交易市场启动前最关键一步的碳配额分配方案终于成型。2017 年 12 月 19 日，经国务院同意，国家发展和改革委员会印发《全国碳排放权交易市场建设方案（发电行业）》，这标志着全国碳排放交易体系正式启动。根据方案，纳入碳交易市场的门槛是排放量每年 2.6 万吨二氧化碳当量，相当于综合能耗 1 万吨标准煤左右的水平。据了解，发电行业首批纳入碳市场，而初期纳入碳交易市场的发电行业企业有 1700 多家，排放量超过 30 亿吨，将来随着纳入碳市场的门槛进一步降低，会有更多企业纳入到碳市场的管理范围。

中国碳交易试点的实施取得了显著进展。2013 年到 2017 年 11 月，7 个碳交易试点地区累计成交碳配额超过 2 亿吨二氧化碳当量，成交金额超过 46 亿元。据调研，7 个试点地区在利用市场机制应对气候、控制温室气体排放上采取了实质行动，创新了制度和体制，推动了我国在基础设施建设、制度建设、市场建设等方面的发展，为中国碳交易市场机制设计和构建提供了重要基础（郑爽，2014）。例如，实现了具有一定约束力的、由强度目标转换成绝对总量控制目标的、覆盖部分经济部门的"总量交易"政策体系；逐步形成了碳交易市场；显著提高了控排企业的碳减排意识。更为直接的是，开展碳交易以来，试点地区的碳排放总量和碳排放强度均出现了下降趋势。

诚然，前期碳排放权交易试点工作为建设全国碳交易市场奠定了有利基础，但依旧存在一些亟待解决的问题，如相关基础比较薄弱、交易体系不够开放、相关机制缺少协调、存在一定的区域和行业不公平性等。而且，部分省（区、市）[①]碳排放核查与复查工作进度严重拖后，数据报送质量较低。此外，碳交易的法律法规还不够完善。因此，当前，为了确保全国碳排放权交易市场的顺利上市和有序运行，发挥碳减排作用，我国亟须推动出台相关法律法规及配套政策，建立健全碳排放权交易市场管理体制，并做好数据核查、能力建设、舆论宣传等工作。

按照国家发展和改革委员会的规划，全国碳市场建设大致可以分为三个阶段：第一阶段是 2014～2016 年，属于前期准备阶段；第二阶段是 2016～2019 年，属于全国碳市场正式启动阶段；第三阶段是 2019 年以后，属于全国碳市场快速运转阶段，届时，全国碳市场将逐步走向成熟，在温室气体减排中发挥核心作用。

---

① 本书中的省（区、市）指省（自治区、直辖市）。

1.3 碳交易可持续发展的关键需求

碳交易市场的构建和运行机制设计是一个庞大的系统工程。由于它是一个新兴的政策市场，全世界对相关方面的建设都在探索当中，可以利用的经验比较稀缺，特别是在数据基础、法律体系、长远布局等方面需求迫切。

首先，构建可靠的温室气体排放统计和数据基础，为科学制定碳交易体系总量上限和合理的碳配额分配提供支撑。真实准确的温室气体排放数据是市场参与者对碳交易市场合理预期的依据，也是设定总量上限和配额分配的依据，对构建碳交易体系至关重要。温室气体核算方法涉及技术和管理问题。现有实践表明，统计温室气体排放量面临着量化目标存在较大不确定性、核算精度不高等难题，这是因为温室气体排放受到多种因素影响，加上不可预期的天气变化和经济周期等因素，使得设定总量上限目标的难度增大。目前，我国在温室气体排放监测报告和管理能力方面缺乏精确的计量设施来支撑监测报告体系的可靠运行，也缺乏系统的规范、制度和专业人才等，迫切需要我国政府从政策扶植、制度设计和市场监管等方面推动温室气体排放数据统计能力的提升与管理体系的完善。

其次，构建完善的法律体系是碳交易市场运行的根本保障。碳排放权是一种特殊的用益物权，兼具私益性和公共品性质，因此需要从法律上明确市场参与各方的权利和义务，使碳交易有法可依。EU ETS 的经验表明，碳交易的成功实施离不开健全的法制环境和规范完善的市场经济体制。中国碳交易市场刚刚起步，对于碳交易，国家层面的立法目前仍不具备系统推进的基础和条件，迫切需要进一步构建碳交易法律体系，并注重前后连贯、层次分明、内外协调，尤其是要与巴黎气候大会之后全球碳市场的新形势、新变化、新发展相适应。

最后，国际碳市场、区域碳市场的连接可能成为未来世界各国碳市场发展的主要方向，很有必要从长计议，做好顶层设计。全球性跨区域碳市场是全球气候治理的有效方式，国际社会已经开始从区域层面和产业层面为建立全球碳市场做出了努力。实际上，EU ETS 在这方面积累了较为丰富的经验。EU ETS 不只是进行 EUA 的交易，还与全球的碳减排体系具有紧密联系。在《京都议定书》中，对《联合国气候变化框架公约》附件一国家（即发达国家群体）规定了具有法律约束力的量化减排目标，同时在第 6 条、第 12 条和第 17 条分别规定了"联合履约"（joint implementation，JI）、"清洁发展机制"（clean development mechanism，CDM）、"排放权交易"（emission trading，ET）三种协助发达国家履行减排义务同时也鼓励发展中国家采取自愿性减排行动的灵活机制。依照《京都议定书》的设定，CDM引导发达国家和发展中国家合作开展减排项目，实现的减排量经认证后获得核证减排量(certified emission reduction，CER)，可用于冲抵发达国家合作方的排放；而 JI 机制则规范了发达国家之间基于减排项目的合作，以及减排成果的认定、转让与使用，其所使用的减排单位为"排放减量单位"(emission reduction unit，ERU)。与 CDM 和 JI 基于项目的机制不同，以 EU ETS 为代表的碳排放配额交易市场以 EUA 作为交易标的，由政府主管部门设定配额总量，并通过一定的方法向排放设施或企业分配，控排企业根据自身实际排放情况选择投资减排或在碳市场购入配额，以实现自身的减排任务。除了直接交易 EUA，CER 和 ERU 也可以在一定比例限制下被等同于 EUA 在 EU ETS 市场进行交易。

鉴于此，从长远来看，我国应该为跨区域碳市场的建设做好顶层设计，积极准备。此外，全国碳交易市场的发展还面临市场环境和内部机制的双重挑战。主要包括：经济持续增长存在不确定性，可监测、可报告和可核查(measurable，reportable，verifiable，MRV)机制不统一，碳排放配额不紧，碳市场流动性不强，控排企业能力不够，地方政府和央企支持力度不够，以及碳金融环境发展相对滞后等(齐绍洲和黄锦鹏，2016)。当前，国家正在开展碳交易制度顶层设计和相关立法工作，而碳交易市场发展面临的这些重要挑战需要相关部门高度重视和统筹考虑，具体表现如下。

(1)经济持续增长存在不确定性。当前，我国经济发展呈现明显的"三期(即经济增长速度换挡期、结构调整阵痛期、前期刺激政策消化期)叠加"特征，同时，世界经济复苏举步维艰，使得我国经济发展的内外环境更加复杂，未来经济增长存在一定的不确定性，由此加大了碳排放配额总量设定和配额分配的难度。因此，在碳交易市场机制的设计过程中，不但需要对国内外宏观经济形势有清晰的预判，对控排企业盈利状况有充分的调研，还需要有完善的事后调整机制，及时纠偏，适应经济增长的不确定性。

(2)MRV 机制不统一。核查数据的准确性是碳市场中交易顺利的基石，如果不同核查机构之间、同一核查机构的不同核查人员之间对核查指南的理解、把握和执行参差不齐，就会导致核查标准的不统一，从而影响核查数据的准确性。因此，国家发展和改革委员会在全国 MRV 体系的建设过程中，需要建章立制，统筹考虑工作人员、方法、流程、审查、监督等，确保 MRV 标准统一，有效实施。

(3)碳排放配额不紧。EU ETS 的运行经验表明，碳交易市场往往具有内在配额偏松的倾向性，特别是基于历史法实行配额免费分配时，政府和企业、中央和地方博弈的结果往往是配额分配偏多，这对碳市场的发展是不利的。如果碳排放配额偏紧，按照《碳排放权交易管理暂行办法》，政府可以动用新增预留和政府预留进行市场调节，规范碳市场运行。

(4)碳市场流动性不强。市场流动性是指在保持价格基本稳定的情况下，达成交易的速度，或者说是市场参与者以市场价格成交的可能性，是反映市场运行好坏的重要指标。如果碳市场流动性不强，就不能通过供求的相互作用形成有效的价格信号，就无法引导和改变企业的低碳决策和投资行为，也就无法实现碳交易市场以成本有效(cost-effective)的方式节能减排这一根本目的。因此，在碳交易政策设计中要注重增强市场流动性，在促使市场交易主体和交易规模不断扩大的同时，推动其市场影响并使其对碳减排的作用不断提升。

(5)控排企业能力不够。控排企业是碳交易市场最重要的参与主体，如果它们不熟悉碳交易市场的基本原理和制度规则，就不会主动开展碳资产管理，而是消极、被动地去应付，结果可能以更高的成本进行节能减排，这就背离了建立碳交易市场的初衷。因此，碳交易主管部门先期在加强控排企业能力建设与培训的同时，应注重培育碳交易投资咨询机构，降低控排企业的交易成本。实际上，这也是发展新经济、新产业、新业态、新产品，为经济增长注入新动力的重要方向。

(6)地方政府和央企支持力度不够。全国碳交易市场建设是一个全局性的工作，需地方政府积极支持与密切配合。为此，国家发展和改革委员会明确要求地方政府和央企加强组织保障。例如，要求各地方建立起由主管部门负责、多部门协同配合的工作机制；支持主管部门设立专职人员负责碳排放权交易工作，组织制订工作实施方案，细化任务分工，明确时间节点，协同落实和推进各项具体工作任务；要求各央企集团加强内部对碳排放管理工作的统筹协调和归口管理，明确统筹管理部门，理顺内部管理机制，建立集团的碳排放管理机制，制订企业参与全国碳排放权交易市场的工作方案。实际上，更为务实的举措是，国家在碳交易政策的设计中，应该考虑如何分权让利给地方政府，以调动其积极性，促使全国碳交易市场稳步发展。

(7)碳金融环境发展相对滞后。碳市场的顺利交易离不开碳金融环境的支撑，但是，当前我国金融机构中与碳市场有关的交易产品、配套环境、低碳贷款和低碳融资机制等都还处于初级阶段，迫切需要完善提升。欧盟碳市场的发展经验表明，低碳、绿色发展需要绿色金融保驾护航，政府主管部门在发展碳市场的同时，还需要统筹考虑，鼓励金融机构创新绿色金融服务，研究推进碳期权期货，绿色金融租赁，节能环保资产证券化，以及与碳资产相关的理财、信托和基金产品，节能减排收益权和碳排放权质押融资等。另外，需要鼓励保险机构推动绿色保险的创新，拓展绿色保险产品类型。完善的碳金融发展环境，有利于支持碳市场持续健康发展。

第2章 基于 Shapley 值方法的中国区域碳排放配额分配研究

2.1 中国区域碳排放配额分配机制及研究诉求

国家发展和改革委员会提出，中国在"十三五"规划期间(2016～2020 年)要建立全国统一的碳交易市场，而其前提是为全国各区域合理分配碳排放配额，促使碳市场供应与需求的形成，确保碳市场交易的稳定、可持续进行。但是，中国各区域之间的发展很不平衡，它们在经济水平、资源禀赋、历史排放量、地理因素等方面都存在较大差异。因此，建立科学合理的碳排放配额分配机制，为各区域分配碳排放配额，对我国建设全国统一的碳市场至关重要。

按照 2014 年 12 月国家发展和改革委员会发布的《碳排放权交易管理暂行办法》的第二章第八条规定，国务院碳交易主管部门根据国家控制温室气体排放目标的要求，综合考虑国家与各省(区、市)温室气体排放、经济增长、产业结构、能源结构及重点排放单位纳入情况等因素，确定国家与各省(区、市)的排放配额总量。实际上，如何综合考虑各种因素，在地区之间科学分配碳排放配额，促使市场供应与需求的形成，确保市场交易的流动性和可持续发展，是全国碳市场建设的关键前提，也是制定碳交易政策的难点和各方争议的焦点。

同时，建立区域联盟、实现合作减排是应对气候变化的重要途径，由此可能引起碳排放配额分配机制的新调整。气候变化是影响人类社会发展的全球性问题，对于一个国家来说更是如此，碳减排符合国家各区域的共同利益，这是建立区域合作的基础。单个区域减排会对其他区域产生正外部性，如果减排只在部分区域发生而缺少共同合作，那么通过贸易迁移和企业迁移将可能会使这部分区域的减排努力失效。《斯特恩报告》指出，如果各国相互合作，发掘最大的减排潜力，减排成本每年仅损失 GDP 的 1%；而如果各国没有合作，则减排成本可能会上升80%(Stern，2007)。

事实上，中国的区域合作减排实践已经启动。例如，2013 年 9 月 17 日，国家发展和改革委员会等六部委联合发布《京津冀及周边地区落实大气污染防治行动计划实施细则》，要求北京、天津、河北、山西、内蒙古和山东六个省(区、市)实施综合治理，强化污染物协同减排，切实改善环境空气质量。2013 年 12 月 26

日，上述六省(区、市)的环保主管部门和相关企业成立了节能低碳环保产业联盟，标志着中国区域间资源环境领域合作进入了一个新的发展时期。该联盟旨在做好三方面的工作，即制定形成区域互动发展的政策体系；支持北京的科技资源对外辐射，支持企业合理进行产业链布局；建设区域统一市场，破除区域行政壁垒，发挥市场机制在区域合作中的作用。再如，2014 年 1 月 8 日，在国家发展和改革委员会指导下，15 个省(区、市)的环境交易机构在北京共同成立了"中国环境交易机构合作联盟"，这种区域性的联盟将推动全国环境交易市场的发展。因此，中国各区域之间的合作减排对于共享科技资源、支持企业产业链布局、建设区域统一市场、降低减排成本等都具有重要意义。

但是，这种合作减排的尝试刚刚起步，成效如何还不得而知，如何规范减排机制还缺乏相关定量研究，其中，特别缺乏在合作减排基础上考虑区域碳排放配额分配的研究。解决这些问题是中国实现国家碳减排目标和建立碳交易市场的基础，也是本章重点考虑的问题。

另外，从碳排放配额分配的研究方法看，过去的不少相关研究往往采用多属性决策的思路在区域之间分配碳排放配额，但得到的结果较为主观，指标选择较为单一(Yi et al.，2011)。鉴于此，迫切需要在多属性决策过程中引入更加客观的方法，建立科学合理的综合分配方案；特别是，需要考虑区域合作减排格局下的碳排放配额分配方案。

2.2　国内外研究状况

中国以煤炭主导的能源结构和经济持续快速增长促使中国从 2006 年起成为世界最大的二氧化碳排放国(BP，2018)，引起了学术界、政界和社会公众对中国二氧化碳排放的高度重视(Peters et al.，2007；Liang et al.，2013)。中国的碳减排对全球减缓气候变化的成效及经济社会的可持续发展具有重要的战略意义(den Elzen et al.，2011；van Ruijven et al.，2012)。因此，在中国政府宣布 2020 年碳排放强度要比 2005 年下降 40%～45%的碳减排承诺后，部分学者开始讨论接下来如何在区域层面分配碳排放配额，以期按时实现中国的碳减排目标，但区域碳排放配额的分配依据却有所不同，主要包括以下几类。

第一类是祖父法。Rose 等(1998)在全球气候变化问题上提出了祖父法，以历史排放量作为免费分配碳排放配额的依据，违反了污染者治理原则，容易产生激励扭曲。

第二类主要考虑公平原则。例如，Ringius 等(2002)从公平的角度提出了综合指标法分配碳配额；Park 等(2012)针对碳排放交易参与国碳配额初始分配问题，从本质上考虑参与国的公平，提出了玻尔兹曼分布方法，利用最大熵原理对碳排放交易参与国初始碳配额进行分配。也有学者在公平基础上考虑了经济结构问题。例如，Gupta 和 Bhandari(1999)提出，基于人均碳排放分配的原则，每个人应享有均等的排放权。还有学者在公平基础上提出了责任原则。例如，Beckerman 和 Pasek(1995)提出人均分配和参与国能力与责任对等，认为每个人都有平等权利获得配额，减排能力强的参与国应承担更高的减排责任；Wu 等(2013)针对限额交易系统中碳排放初始分配额问题，提出了改进的数据包络分析(data envelopment analysis，DEA)模型以考虑欧盟地区公平减排和排放额再分配，结论证明，减排和再分配机制是公平的，该机制有利于最优规模经营国家，不利于非最优规模经营国家，并且提高了欧盟系统的整体效率。

第三类是按多角度综合指数模型分配碳配额。部分学者认为，应从公平、经济效率的角度进行碳配额分配。例如，Wei 等(2012)针对省域二氧化碳减排责任问题，从公平和效率的角度分配碳排放配额，给出了参考偏重公平、偏重效率和公平效率均权分配决策参考方案。还有部分学者提出，应从能力、责任、潜力的角度进行碳配额分配。例如，Baer 等(2007)提出了综合指数模型以计量国家的减排能力和减排责任，分配碳排放配额；Phylipsen 等(1998)以人均二氧化碳排放量、人均 GDP、单位 GDP 碳排放量指标为依据提出了均权求和模型；Yi 等(2011)认为，中国为实现 2020 年二氧化碳排放强度比 2005 年下降 40%～45%的减排目标，需要从区域层面分解总目标，并从减排能力、减排责任、减排潜力三个方面分配碳配额，并分别按照三个方面均权和各方面侧重的方案分配碳配额，得出了四个参考方案；Zhou 等(2013)针对中国区域经济技术发展水平的差异性，提出了建立碳排放权交易市场实现成本最佳的碳减排目标，并基于五项指标对各省(区、市)进行了初始碳配额分配，然后用绩效评价模型证明了实施碳交易后减排成本可降低 40%以上。

第四类是从分解角度分析碳排放。例如，Liu 等(2012)针对我国减排计划，采用指数分解和对数平均迪氏分解(logarithmic mean Divisia index，LMDI)模型从部门角度分析了温室气体增加的驱动因素；Zhang 和 Da(2013)采用基于生产理论框架的能源效率分解方法(production-theory decomposition analysis，PDA)分析了中国碳排放增长的驱动因素，为中国政府提供了重要政策建议。

第五类则考虑区域之间的碳辐射效应。例如，Chen 等(2013)提出了商品的碳排放生命周期理论，考虑了地区之间商品交易的碳流动，对区域责任进行了重新划分。

此外，也有少数文献从合作博弈角度，采用 Shapley 值方法考虑了碳排放配额分配的问题。Shapley 值方法是由 Shapley 提出的用于解决多人合作对策问题的一种博弈方法(Shapley，1953)，碳排放配额作为一种发展权益，适合采用 Shapley

值方法开展研究。例如，Filar 和 Gaertner(1997)将全球划分为四大区域，通过四大区域之间的合作博弈，应用 Shapley 值方法分配了碳配额。Li 和 Piao(2013)提出，用 Shapley 值方法研究北京-天津-河北之间的合作减排成本分配问题，证明了合作机制的合理性。受此启发，我们采用 Shapley 值方法针对我国东北地区、北京-天津地区、北部沿海地区、东部沿海地区、南部沿海地区、中部地区、西北地区、西南地区八个区域的合作减排分配碳配额，这不但能够体现联盟集合中每个地理区域对国家总体减排的贡献，还能考虑到减排合作的相互影响力，以及各地区的碳出口的辐射效应。

归结起来，上述文献针对碳排放配额分配提出的指标体系和方法对本章的研究具有重要参考意义，但现有文献还存在较多问题。首先，许多研究提出的只是几个参考方案，并没有给出一种明确的、带有客观权重的结果；其次，许多文献在分配碳排放配额的过程中更多地强调单个区域的减排责任和减排方案，而对区域合作减排考虑较少，实际上，如前文所述，在碳减排中开展区域合作很有必要，也很常见。

为此，我们采用熵值法为各区域分配 2011～2020 年的碳排放增量，然后在考虑合作减排的基础上，采用引力模型与 Shapley 值方法相结合的方法为各区域分配碳排放配额，试图为在区域之间合理分配碳排放配额、积极推动建立全国碳排放交易市场、促进实现碳减排目标提供决策参考。

2.3　数据说明与研究方法

2.3.1　数据说明

考虑到中国各地区的历史责任、经济发展状况及减排义务，根据 Ringius 等(1998)的研究，本章选取人均 GDP、历史累计二氧化碳排放量、单位工业增加值的碳排放量分别代表碳减排能力、减排责任和减排潜力指标，并以 2011 年为基准年量化分解 2020 年各省(区、市)减排目标(GDP 和工业增加值均以 2005 年不变价计算)。指标体系及其选取原则如表 2.1 所示。

表 2.1　碳配额分配指标体系

指标	准则	含义	维度
人均 GDP	纵向平等原则	减排量与减排能力正相关	减排能力
历史累计二氧化碳排放量	污染者治理原则	排放的角度	减排责任
单位工业增加值的碳排放量	污染者付费原则	减排潜力大的区域承担更多的减排责任	减排潜力

1. 减排能力

人均 GDP 是衡量各省(区、市)减排能力的量化指标,它体现了纵向平等原则,所以,我们选取 2011 年的人均 GDP 作为碳减排能力的指标。富裕程度高的地区具有更高的减排能力。资料来源于国家统计局。

2. 减排责任

历史累计二氧化碳排放量高的地区应承担更高的二氧化碳减排责任,它体现了污染者付费原则。鉴于资料的可获得性,本章选取 2005~2011 年累计二氧化碳排放量来表征各地区历史累计二氧化碳排放量。计算方法参考政府间气候变化专门委员会(Intergovernmental Panel on Climate Change,IPCC)给出的方法(Zhang and Da,2013),资料来源于《中国能源统计年鉴》(2006~2012 年)。

3. 减排潜力

中国的工业是碳密集型产业,工业碳排放量差不多是服务业碳排放量的 10 倍,在工业化过程中,各地区排放了大量二氧化碳,因此工业减排潜力很大。减排潜力采用 2011 年各省(区、市)单位工业增加值的碳排放量来表征。资料来源于 Wind 数据库和历年《中国能源统计年鉴》。

另外,我们根据国家信息中心的区域划分(Zhang and Da,2013),将中国 30 个省(区、市)划分为八大区域,即东北地区、北京-天津地区、北部沿海地区、东部沿海地区、南部沿海地区、中部地区、西北地区、西南地区,如表 2.2 所示。另外,根据韩忠民(2011)的研究,该八个区域之间的距离采用各个区域省会城市之间的距离的平均值估算,而省会之间的距离采用经纬度计算法得出(本章暂时不考虑香港、澳门、台湾、西藏地区)。

表 2.2　中国区域划分

区域	省(区、市)
东北地区	黑龙江、吉林、辽宁
北京-天津地区	北京、天津
北部沿海地区	河北、山东
东部沿海地区	江苏、上海、浙江
南部沿海地区	福建、广东、海南
中部地区	山西、河南、安徽、湖北、湖南、江西
西北地区	内蒙古、陕西、宁夏、甘肃、青海、新疆
西南地区	四川、重庆、广西、云南、贵州

2.3.2 研究方法

1. 分配碳排放配额的熵值法

熵值法在决策模型中被普遍用于决定客观指标的权重，在信息论中，熵是对不确定性和无序性的一种度量（Shannon，2001）。信息量越大，不确定性就越小，熵也就越小；信息量越小，不确定性越大，熵也越大。根据熵的特性，我们可以用熵值来判断减排能力、减排责任、减排潜力指标的离散程度，指标的离散程度越大，表明该指标对综合评价的影响越大（Zou et al.，2006；Sun et al.，2013）。首先构建30个省（区、市）减排能力、减排责任、减排潜力指标的判断矩阵 X。

$$X = \begin{bmatrix} x_{11} & x_{12} & x_{13} \\ x_{21} & x_{22} & x_{23} \\ \vdots & \vdots & \vdots \\ x_{301} & x_{302} & x_{303} \end{bmatrix} \tag{2.1}$$

其中，x_{ij} 表示第 i 个省（区、市）第 j 个评价指标的值（$i=1,2,3,\cdots,30$；$j=1,2,3$）。由于评价指标量纲不同，需要进行如下的归一化处理。

$$z_{ij} = x_{ij} \Big/ \sum_{i=1}^{30} x_{ij} \tag{2.2}$$

因此，减排能力、减排责任、减排潜力指标归一化的判断矩阵 Z 如下。

$$Z = \begin{bmatrix} z_{11} & z_{12} & z_{13} \\ z_{21} & z_{22} & z_{23} \\ \vdots & \vdots & \vdots \\ z_{301} & z_{302} & z_{303} \end{bmatrix} \tag{2.3}$$

然后，根据 Z 判断矩阵计算第 j 个指标的熵权，如式（2.4）所示。

$$H(x_j) = -\frac{1}{\ln 30} \sum_{i=1}^{30} z_{ij} \ln z_{ij} \tag{2.4}$$

再根据第 j 个指标的熵权 $H(x_j)$ 计算其权重，如式（2.5）所示。

$$d_j = \frac{1 - H(x_j)}{3 - \sum_{j=1}^{3} H(x_j)}, \quad 0 \leqslant d_j \leqslant 1, \quad \sum_{j=1}^{3} d_j = 1 \tag{2.5}$$

此外,根据中国政府提出的 2020 年二氧化排放强度比 2005 年下降 40%～45% 的减排目标,我们假设中国 2011～2020 年平均经济增速为 8%,2020 年实现碳强度下降 40% 的目标。第 t 年的二氧化碳排放强度 η_t 如式(2.6)所示。

$$\eta_t = \frac{Q_t}{\mathrm{GDP}_t} \tag{2.6}$$

其中,Q_t 表示第 t 年中国的二氧化碳排放量;GDP_t 表示第 t 年的 GDP,并以 2005 年不变价计算,则 2020 年中国二氧化碳排放量 Q_{2020} 和 2011～2020 年中国二氧化碳排放增量 ΔQ 分别如式(2.7)和式(2.8)所示。

$$Q_{2020} = 0.6 \times \eta_{2005} \times \mathrm{GDP}_{2020} \tag{2.7}$$

$$\Delta Q = Q_{2020} - Q_{2011} \tag{2.8}$$

同时,2020 年第 i 个省(区、市)的二氧化碳排放配额 Q_{i2020} 为

$$Q_{i2020} = Q_{i2011} + \Delta Q_i \tag{2.9}$$

$$\Delta Q_i = \frac{\Delta Q}{\displaystyle\sum_{i=1}^{30} \dfrac{1}{\displaystyle\sum_{j=1}^{3} z_{ij} d_j}} \times \frac{1}{\displaystyle\sum_{j=1}^{3} z_{ij} d_j} \tag{2.10}$$

其中,Q_{i2011} 表示 2011 年第 i 个省(区、市)的二氧化碳排放量;ΔQ_i 表示第 i 个省(区、市)2011～2020 年二氧化碳排放增量。因此,2011～2020 年各省(区、市)二氧化碳配额增量占全国二氧化碳配额增量的比例 λ_i、2011 年各省(区、市)二氧化碳排放量占全国二氧化碳排放量的比例 θ_{i2011}、2020 年各省(区、市)二氧化碳配额占全国二氧化碳配额的比例 θ_{i2020} 分别如式(2.11)～式(2.13)所示。

$$\lambda_i = \frac{\Delta Q_i}{\Delta Q} \tag{2.11}$$

$$\theta_{i2011} = \frac{Q_{i2011}}{\displaystyle\sum_{i=1}^{30} Q_{i2011}} \tag{2.12}$$

$$\theta_{i2020} = \frac{Q_{i2020}}{\displaystyle\sum_{i=1}^{30} Q_{i2020}} \tag{2.13}$$

2. 区域碳排放配额分配的 Shapley 值方法

区域经济联系表现为经济实体区域间的相互作用和关联，而区域经济联系量是用来衡量区域间经济联系强度的指标（Meng and Lu，2010）。本章根据区域经济联系定义区域减排联系，区域减排联系表现为减排实体区域间的减排相互作用和关联；并根据区域经济联系量定义区域减排联系量，区域减排联系量是用来衡量区域间减排联系强度的指标，或被称为空间相互作用量，既能反映减排区域对周围区域的辐射能力，也能反映周围区域对减排区域辐射能力的接受程度。区域减排联系量有绝对减排联系量和相对减排联系量之分：绝对减排联系量是指某区域对周围区域减排辐射能力或潜在减排联系强度大小；相对减排联系量是在绝对减排联系量的基础上，结合区域本身的接受能力，并比较其所在区域减排的相对优劣来确定的。

在对绝对经济联系量的测算中，引力模型是常用的方法（Anderson，2011）。鉴于区域减排联系问题和区域经济联系问题的相似性，这里应用引力模型测算2020 年区域 m 与 n 之间的绝对减排联系量 CR_{mn}。

$$CR_{mn} = \left(\sqrt{P_m B_m} \times \sqrt{P_n B_n}\right) / D_{mn}^2 \tag{2.14}$$

其中，P_m、P_n 分别表示 2020 年区域 m、n 的人口数量，我们采用 2011 年人口数量按年增长 0.4803%的比例预测 2020 年各区域人口（0.4803%为 2011 年人口增长率，资料来源于国家统计局）；B_m、B_n 分别表示 2020 年区域 m、n 的碳排放配额基数；D_{mn} 表示区域 m 与 n 之间的网络最短距离（由于地区范围太大，无法具体计算两个地区的距离，本章采用两个地区所有省会城市之间的距离均值估算两个地区的距离。例如，东部沿海地区与南部沿海地区区域接壤，测算距离时采用东部沿海地区的省会城市南京市、上海市、杭州市分别与南部沿海地区的省会城市福州市、广州市、海口市的距离均值）。

在引力模型基础上测算每个地区与其他所有地区的碳减排联系量之和，即该地区的对外减排联系总量，即

$$CR_m = \sum_{m \neq n} CR_{mn}, \quad m,n = 1,\ 2,\ 3,\ \cdots,\ 8 \tag{2.15}$$

其中，CR_m 表示区域 m 的对外减排联系总量，反映该区域对其他区域减排联系强弱程度。因此，区域 m 对区域 n 的相对减排联系量 a_{mn} 定义如式（2.16）所示。

$$a_{mn} = \frac{CR_{mn}}{CR_m} \times 100\% \tag{2.16}$$

然后，设区域集合 $G = [g_1, g_2, g_3, g_4, g_5, g_6, g_7, g_8]$，$g_m (m=1, 2, \cdots, 8)$ 代表中国 8 个区域（表 2.2），其区域子集合为 $G^y (y=1, 2, \cdots, 256)$。一般来说，合作联盟区域经济总量越高，碳流动越高，相对减排联系越大，则它们之间二氧化碳合作减排空间越大，取得的效益越明显；合作联盟区域之间的经济总量越低，碳流动越低，相对减排联系越小，则它们之间二氧化碳合作减排空间小，取得的效益越低（Filar and Gaertner，1997）。因此，我们定义 2020 年合作联盟区域的共同收益为

$$f(G^y) = \sum_{m \in G^y} GDP_m \sum_{m \in G^y} E_m \sum_{m,n \in G^y} a_{mn} \tag{2.17}$$

其中，GDP_m 表示 2020 年区域 m 的 GDP，假设各区域的 GDP 年增长率均为 8%；E_m 表示 2020 年区域 m 对其他 7 个区域的碳足迹调入量。我们采用投入-产出法，根据《中国地区投入产出表 2007》从 8 个区域、17 个部门核算 2007 年区域 m 对其他 7 个区域的碳足迹调入量（Yang et al.，2012）（中国区域之间最新的投入-产出表是 2007 年的）。根据 2007 年对其他区域的碳足迹调入量，按同一增长比例 φ（φ 取值不影响最终碳配额分配结果）预测 2020 年对其他区域的碳足迹调入量。在此基础上，我们可以求出考虑合作减排情景下各区域的碳排放配额比例，即

$$w_m = \frac{(R_q - u)!(R_u - 1)!}{R_q!} \tag{2.18}$$

$$S_m = \sum_m w_m \left[f(G^y) - f(G^y / m) \right] \tag{2.19}$$

$$CQ_m = \frac{S_m}{\sum S_m} \tag{2.20}$$

其中，w_m 表示加权因子；R_q 表示区域总数量，即 $R_q = 8$；R_u 表示区域子集合 G^y 的元素数量；（•）! 表示阶乘算子；S_m 表示区域 m 的 Shapley 值；CQ_m 表示 2020 年区域 m 的碳配额比例。

2.4 中国区域碳排放配额分配结果分析

2.4.1 基于熵值法的区域碳配额分配结果分析

根据式(2.4)和式(2.5)，我们计算得到减排能力、减排责任、减排潜力指标权重分别为：$d_1 = 0.226$、$d_2 = 0.495$、$d_3 = 0.279$。可见，减排责任指标在熵值法分配过程中占较大权重，减排能力与减排潜力指标权重相对较小。

根据式(2.10)和式(2.11)，我们计算得到 2011～2020 年各省(区、市)碳排放增量占全国增量的比例 λ_i，如图 2.1 所示。根据式(2.9)、式(2.12)和式(2.13)，可以得出 2011 年各省(区、市)碳排放量占全国碳排放量的比例 θ_{i2011}、2020 年各省(区、市)碳配额占全国碳配额的比例 θ_{i2020}，如图 2.2 所示。

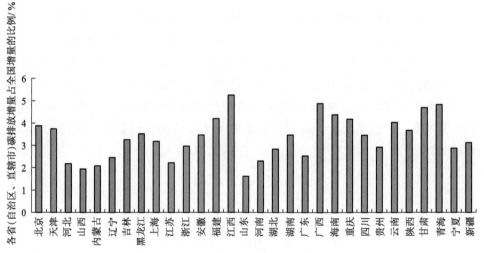

图 2.1 各省(区、市)2011～2020 年碳配额增量分配比例

通过图 2.1 和图 2.2，我们发现，首先，高能源消耗省(区、市)在碳增量分配过程中往往分配到较低的比例。这主要是因为在分配碳增量过程中，高能源消耗省(区、市)或有较强的减排能力，或有较大的减排责任，或有较重的减排潜力，所以分配到较低的碳增量，承担较多的减排负担，如表 2.3 所示。2011 年，山东、内蒙古、山西、河北、江苏、河南 6 省(自治区)碳排放量比例不低于 6%，属于全国第一梯队的高能源消耗省(区、市)。我们发现，山东、内蒙古、江苏的人均 GDP 相对较高，承担较重的减排责任，而且有较强的减排能力，因此分别分配到 1.6%、2.1%、2.2% 的低碳增量比例；山西的历史碳排放量和单位工业增加值的碳排放量

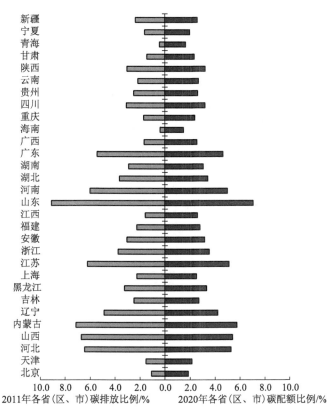

图 2.2　各省(区、市)2011 年的碳排放比例和 2020 年的碳配额比例

(即工业碳强度)较高，承担较重的减排责任，而且有较高的减排潜力，因此分配到较低的碳增量比例(1.9%)；河北的历史碳排放量排名第 3，承担较重的减排责任，因此也分配到较低的碳增量比例(2.2%)。

表 2.3　高能源消耗省(自治区)的碳增量比例指标

省(自治区)	2011 年碳排放量占比/%	2020 年碳配额占比/%	碳增量占比/%	人均 GDP 排名	历史碳排放量排名	工业碳强度排名
山东	9.1	7.0	1.6	10	1	23
山西	6.7	5.4	1.9	18	2	10
内蒙古	7.1	5.8	2.1	6	6	14
河北	6.4	5.3	2.2	14	3	19
江苏	6.2	5.1	2.2	4	5	29
河南	6.0	5.0	2.3	23	4	18

其次，低能源消耗省(区、市)在碳增量分配过程中往往能分配到较高的比例。这主要是因为低能源消耗省(区、市)或减排能力弱，或减排责任轻，或减排潜力小，所以分配到较高的碳增量，承担较轻的减排负担，如表 2.4 所示。重庆、广西、宁夏、江西、天津、甘肃、北京、青海、海南 9 省(自治区、直辖市)的碳排放量比例低于 2%，在全国，属于低能源消耗省(区、市)。我们发现，江西人均GDP、历史碳排放量较低，减排能力弱，减排责任轻，减排潜力小，分配到最高的碳配额比例(5.2%)；广西人均 GDP、历史碳排放量较低，减排能力弱，减排责任轻，分配到较高的碳配额比例(4.9%)；重庆历史碳排放量较低，减排责任轻，也分配到较高的碳配额比例(4.2%)；甘肃、青海、海南人均 GDP 排名和历史碳排放量低，工业碳强度较高，虽然有减排潜力，但其减排责任轻，且减排能力弱，因此分别分配到 4.7%、4.8%、4.4%等较高的碳配额比例。

表 2.4　低能源消耗省(区、市)碳增量比例指标

省(区、市)	2011 年碳排放量占比/%	2020 年碳配额占比/%	碳增量占比/%	人均 GDP 排名	历史碳排放量排名	工业碳强度排名
重庆	1.7	2.4	4.2	12	22	11
广西	1.7	2.5	4.9	27	24	15
宁夏	1.6	2.0	2.9	16	28	1
江西	1.6	2.6	5.2	24	23	21
天津	1.5	2.1	3.7	1	25	26
甘肃	1.4	2.3	4.7	28	26	8
北京	1.1	1.8	3.9	3	27	25
青海	0.4	1.6	4.8	21	29	5
海南	0.4	1.5	4.4	22	30	4

再次，高能源消耗省(区、市)在 2020 年的碳配额比例依然较高，而低能源消耗省(区、市)的碳配额比例依旧较低；并且高能源消耗省(区、市)2020 年碳配额比例比 2011 年碳排放比例要低，低能源消耗省(区、市)2020 年碳配额比例比 2011年碳排放比例要高。这主要是由于虽然高能源消耗省(区、市)在分配碳增量时承担了较重的减排负担，分配到的碳增量比例较低，但它们有较高的碳排放量基数，所以 2020 年碳配额比例依然高于低能源消耗省(区、市)。

我们基于熵值法的碳排放配额分配结果与 Yi 等(2011)和 Yu 等(2014)的研究结果一致。例如，Yi 等(2011)的研究从减排能力、减排责任、减排潜力出发，认为能源强度较高、累计二氧化碳排放量较大的地区应该承担更大的碳强度减排任

务。Yu 等(2014)的研究则从全国碳强度控制目标出发，在各省(区、市)之间分配碳强度下降任务，结果显示，碳强度高的省(区、市)2020 年分配到的碳配额较基数年要少，而碳强度低的省(区、市)2020 年分配到的碳配额较基数年要多。

最后，从区域的角度看，各区域因减排负担不同，2020 年碳排放配额比例较 2011 年碳排放量比例呈收敛状态。根据以上各省(区、市)分配结果及其地理归属，得出区域分配基础配额结果如表 2.5 所示。可以看出，中部地区得到最高的碳配额比例(22.6%)；而北京-天津地区得到最低的碳配额比例(4.0%)。2011～2020 年的碳配额增量分配中，西南地区和中部地区分别得到 19.4%和 19.3%的较高比例分配结果。

表 2.5　熵值法区域分配结果(%)

地区	2011 年碳排放占比	2020 年碳配额占比	碳配额增量的比例分布
东北地区	10.6	10.2	9.2
北京-天津地区	2.6	4.0	7.6
北部沿海地区	15.5	12.3	3.8
东部沿海地区	12.2	11.2	8.4
南部沿海地区	8.1	8.9	11.1
中部地区	23.9	22.6	19.3
西北地区	16.0	17.5	21.2
西南地区	11.1	13.4	19.4

2.4.2　基于 Shapley 值方法的区域碳配额分配结果分析

在采用熵值法为我国八大区域分配碳配额的基础上，我们进一步结合引力模型考虑了区域之间减排的辐射效应及相互作用，以及区域省(区、市)之间的合作减排收益，并采用 Shapley 值方法重新分配了八大区域的碳配额，如表 2.6 所示。

表 2.6　基于 Shapley 值方法的区域碳配额分配结果(%)

区域	比例
东北地区	8.9
北京-天津地区	6.9
北部沿海地区	15.9
东部沿海地区	13.7
南部沿海地区	10.7

续表

区域	比例
中部地区	23.6
西北地区	10.0
西南地区	10.2

　　我们发现，区域 GDP、区域碳出口量和区域减排联系量是影响 Shapley 值方法分配区域碳配额的关键因素。Shapley 值方法考虑联盟减排合作，因此，经济总量高、碳流动大、区域减排联系总量大的区域则在分配配额时占据主导地位。例如，中部地区、北部沿海地区、东部沿海地区共分配到 53.2% 的碳配额。经济总量低、碳流动小、区域减排联系总量小的区域在分配配额时占据次要地位。例如，东北地区、北京-天津地区、西南地区仅分配到 26.0% 的碳配额。具体结果如下。

　　首先，联盟区域 GDP 比例越大，联盟取得的收益越高。例如，中部地区和东部沿海地区的 GDP 比例分别为 20.1% 和 19.3%，为中国经济总量较大的两个地区，同时，它们的碳配额比例分别为 23.6% 和 13.7%。

　　其次，联盟区域碳流动越大，联盟取得的收益越高。例如，西北地区和中部地区的碳流动比例分别为 20.4% 和 18.7%，它们的碳配额比例分别为 10.0% 和 23.6%。

　　再次，减排联系总量是在用 Shapley 值方法分配碳配额时考虑的重要因素。根据引力模型，各区域之间的绝对、相对减排联系量分别如表 2.7 和表 2.8 所示。我们发现，中部地区的绝对减排联系总量最高，即 25 624 吨·万人/千米^2，北部沿海地区次之。这表示它们的碳减排联系对周围区域有较大的影响，主要原因是这两个区域用熵值法分配的初始碳配额量较大。此外，如表 2.7 所示，中部地区和北部沿海地区的绝对减排联系量为 8378 吨·万人/千米^2，是所有区域之间减排联系量中的最大值，中部地区和东部沿海地区的减排联系量次之。该结果显示，在国家层面上，中国政府适合在中部地区推行合作减排。另外，从表 2.8 可以看出，每个区域可以从中挑选出与本区域相对减排联系量较大的区域来合作，以促进减排，从而获得更大的减排收益。例如，对于中部地区来说，北部沿海地区和东部沿海地区与中部地区的相对减排联系量较大，分别为 32.7% 和 30.7%。所以，在其他条件相同的情况下，中部地区可以选择与北部沿海地区和东部沿海地区建立合作减排关系，以获取更大的减排效益。这些结果将为中国政府促进区域间的合作减排提供一个最优方案。

表 2.7　中国区域之间的绝对减排联系量　　　单位：吨·万人/千米^2

区域	东北地区	北京-天津地区	北部沿海地区	东部沿海地区	南部沿海地区	中部地区	西北地区	西南地区	汇总
东北地区	0	595	1 359	471	165	1 077	332	262	4 261
北京-天津地区	595	0	6 430	353	112	1 235	285	157	9 167
北部沿海地区	1 359	6 430	0	2 957	563	8 378	1 253	188	21 128
东部沿海地区	471	353	2 957	0	1 034	7 866	581	821	14 083
南部沿海地区	165	112	563	1 034	0	2 380	298	1 213	5 765
中部地区	1 077	1 235	8 378	7 866	2 380	0	1 968	2 720	25 624
西北地区	332	285	1 253	581	298	1 968	0	733	5 450
西南地区	262	157	188	821	1 213	2 720	733	0	6 094

表 2.8　中国区域之间的相对减排联系量(%)

区域	东北地区	北京-天津地区	北部沿海地区	东部沿海地区	南部沿海地区	中部地区	西北地区	西南地区
东北地区	0	14	31.9	11.1	3.9	25.3	7.8	6.1
北京-天津地区	6.5	0	70.1	3.9	1.2	13.5	3.1	1.7
北部沿海地区	6.4	30.4	0	14	2.7	39.7	5.9	0.9
东部沿海地区	3.3	2.5	21	0	7.3	55.9	4.1	5.8
南部沿海地区	2.9	1.9	9.8	17.9	0	41.3	5.2	21
中部地区	4.2	4.8	32.7	30.7	9.3	0	7.7	10.6
西北地区	6.1	5.2	23	10.7	5.5	36.1	0	13.4
西南地区	4.3	2.6	3.1	13.5	19.9	44.6	12	0

　　最后，三个影响碳配额分配的重要指标对八大区域的影响是不相同的。由表 2.9 可以看出，区域减排联系量对以下六个区域的影响作用较大，即东北地区、北部沿海地区、中部地区、南部沿海地区、西北地区、西南地区；在北京-

天津地区，区域碳出口量是最主要的影响因素；而在东部沿海地区，区域 GDP 是最主要的影响因素。

表 2.9　三大因素对碳配额的影响(%)

影响因素	东北地区	北京-天津地区	北部沿海地区	东部沿海地区	南部沿海地区	中部地区	西北地区	西南地区
区域 GDP	8.5	42.4	4.9	52.8	14.7	20.2	19.9	26.1
区域碳出口量	6.7	46.3	27.4	34.1	37.6	16.2	33.0	28.4
区域减排联系量	84.8	11.3	67.7	13.1	47.7	63.6	47.1	45.5

2.4.3　基于不同方法的碳配额分配结果比较分析

采用区域 GDP、区域碳流动、熵值法、Shapley 值方法分配区域碳配额的结果如表 2.10 所示。我们发现，首先，采用区域 GDP、区域碳流动、熵值法分配区域碳配额基础量高的区域，一般而言采用 Shapley 值方法分配区域碳配额的比例也高；采用区域 GDP、区域碳流动、熵值法分配区域碳配额基础量低的区域，基本上，采用 Shapley 值方法分配区域碳配额的比例也低。其次，与没有考虑合作减排的方案相比，考虑了合作减排的碳排放分配方案发生了较大变化。

表 2.10　采用熵值法、Shapley 值方法等的区域碳配额分配结果(%)

分配方法	东北地区	北京-天津地区	北部沿海地区	东部沿海地区	南部沿海地区	中部地区	西北地区	西南地区
区域 GDP	8.7	5.3	13.4	19.3	14.1	20.1	8.1	11.0
区域碳流动	13.2	4.4	15.5	8.0	9.3	18.7	20.4	10.4
熵值法	10.2	4.0	12.3	11.2	8.9	22.6	17.5	13.4
Shapley 值方法	8.9	6.9	15.9	13.7	10.7	23.6	10.0	10.2

这种状况是由熵值法等方法与 Shapley 值方法的密切关系决定的。例如，本章采用熵值法对各区域 2020 年碳配额进行分配，着重考虑到各区域的减排能力、减排责任、减排潜力及基础年份的碳排放量情况。Shapley 值方法引入减排联系量因素，它是由熵值法分配基础配额和区域地理、人口要素决定的；基础配额越大、地理位置越近、人口越多的两个区域之间的减排联系量越大。此外，熵值法分配的初始碳配额将会影响区域碳减排联系，一般来说，拥有更多初始碳配额的区域将会在 Shapley 值方法下分配到更多的碳配额。例如，在熵值法分配准则下，中部地区分得 22.6%的初始碳配额，它的碳减排联系总量最高，达到 28.0%，而

采用 Shapley 值方法时,中部地区分配到 23.6%的碳配额,在各地区中相对最高(表 2.10)。

2.5 主要结论与启示

本章基于熵值法、引力模型和 Shapley 值方法,在考虑区域合作减排的情况下,对中国 2020 年之前的碳排放配额在区域之间进行分配,得到主要结论如下。

(1)为各省(区、市)分配碳配额时,减排能力强、减排责任重、减排潜力大的省(区、市)碳增量比例低,并且在各种分配指标中,减排责任在分配碳增量过程中为重要因素。例如,减排责任重的山东、山西、内蒙古、河北、江苏、河南,分配的碳增量较低。能源消耗越高(低)的省(区、市)一般分配到越低(高)的碳配额。例如,山东、山西、内蒙古、河北、江苏、河南均降低 1 个百分点以上;而重庆、广西、宁夏、江西、天津、甘肃、北京、青海、海南均提高 0.4 个百分点以上。

(2)与熵值法分配碳配额相比,Shapley 值方法考虑了合作碳减排后,区域之间的碳配额比例变化较大。在熵值法分配准则下,三个分配到较大碳配额比例的区域分别为中部地区、西北地区和西南地区;而在 Shapley 值方法分配准则下,具有较大碳配额比例的三个区域分别为中部地区、北部沿海地区和东部沿海地区。相比而言,中部地区始终保持最高的碳配额分配比例。地理位置相邻、熵值法分配的基础碳配额多、人口多的区域对周围区域的减排辐射能力较强,而中部地区的减排辐射能力高于其他地区,表明中部地区的减排联系优势在联盟合作减排中的收益非常明显。

(3)在合作减排联盟中,中部地区和北部沿海地区是主导区域,可以对其他地区产生较强的碳辐射影响,也是主要的受益区域。例如,中部地区、北部沿海地区共分得 1/3 以上的碳配额。

基于上述结论,联系中国碳减排的实际情况,我们也得到了几点重要的政策启示。

(1)碳排放现值、减排能力、减排责任、减排潜力、地理因素、人口因素、经济因素、碳出口因素都是影响区域联盟合作减排的重要因素,在分配联盟区域碳配额、分析区域合作减排收益时应综合考虑。

(2)中央政府可以通过区域间的减排联系设计出合理的减排机制和政策推动区域间的合作减排。这不仅有利于各大区域,还有利于全国碳排放减排目标的实现。例如,中部地区和北部沿海地区及中部地区与东部地区应该给予较高的重视。特别是,中国政府已经公布明确的政策推动区域之间的经济发展合作,例如,中部地区的中部崛起战略、东部沿海地区的珠三角改革发展规划等。即使区域间的位置与发展战略不同，它们合作发展的意义仍然非常重大。

需要指出的是，在碳市场建设初期，地区碳排放总量控制目标并不是碳市场总量控制的前提，两者覆盖范围有一定差异。具体而言，碳市场总量只计算重点排放行业和企业的管控气体，只占地区碳排放总量的一部分，但是，它们的分配过程是类似的。本章的研究思路对于碳排放权初始配额分配具有重要的借鉴价值。特别是，因为历史碳排放数据缺乏、经济发展不确定性较大、各地碳交易覆盖范围可能不一致等原因，根据全国碳排放总量确定碳排放配额总量的不确定性和技术难度较大，而且，自上而下设定全国碳排放总量目标，并将其分解到地方需要经历大量的政治博弈，阻力很大，所以，历史经验表明，"先分配后定总量"已被证明是一种可行的方法，在我国各碳交易试点地区和 EU ETS 前期都得到了广泛应用。可见，本章的研究结果对于如何在我国区域之间科学分配碳排放配额提供了重要启示，为碳市场顺利交易提供了关键前提。

第3章 基于公平与效率原则的中国工业碳排放配额分配研究

3.1 中国工业行业碳排放配额分配原则及主要问题

工业是中国能源消耗和碳排放的主体行业，是中国节能减排的重点行业。中国工业增加值占 GDP 总量的 40%，却消耗了全国超过 70%的能源。工业行业作为碳交易市场的主要参与者，对中国碳市场顺利实施和全国碳减排目标顺利实现都意义重大。而碳配额分配机制是碳市场最核心的内部机制，是碳交易顺利实施的关键前提，因此，很有必要探究如何在工业行业内部为各子部门科学分配碳排放配额。另外，根据中国温室气体减排计划，工业行业可分配的碳排放配额是相对固定的，因此，如果每一个工业部门分配的碳排放配额都没有进一步调整的空间，我们就可以说不存在任何帕累托改进，相应地也就达到了帕累托最优状态，这种分配方案可以被认为是最优的(Wang et al.，2013)。

在碳排放配额分配过程中，人们一般认为应当强调公平原则。虽然有关分配的公平性尚未形成统一的定义，但是，我们可以从横向和纵向两个角度对其有一个大致了解(Ringius et al.，1998)。从横向看，公平原则要求对同一个群体中的所有成员给予同等待遇，即所有部门都应当参与碳减排。纵向的公平指支付能力即经济能力越强的成员应当承担越大的经济责任。事实上，许多有关碳排放配额分配的研究都是关注了分配结果的公平或者效率(Lee et al.，2008；Park et al.，2012；Serrao，2010；Wang et al.，2013)，但是我们认为，合理的碳排放配额分配机制应当同时兼顾公平和效率。

为此，我们首先基于公平原则，综合考虑工业行业各部门的减排能力、减排责任和减排潜力，设计了一套指标体系，结合主观赋权法、客观赋权法的信息熵原理及基于最大熵原理的组合赋权法在 39 个工业部门之间分配碳排放配额；其次，基于效率原则，采用零和博弈 DEA(zero-sum-gains DEA，ZSG-DEA)模型评价分配结果的效率，在此基础上调整每个部门的碳排放配额以实现效率的帕累托最优。

总的来说，本章有关工业行业碳排放配额分配的研究同时考虑了公平和效率原则，采用了主观赋权法、客观赋权法和线性组合赋权法，这是对现有相关研究的显著贡献，也能够为政府有关部门分配碳配额和部署碳交易提供科学的决策依据。

3.2　国内外研究状况

目前，国内外关于碳排放配额分配的文献已有很多，对于国别研究、区域研究、行业研究和中国七个碳交易试点研究等方面都有涉及。相关研究进展主要归纳如下。

首先，许多文献关注国家之间碳排放配额分配的相关问题。一方面，一些研究讨论了碳排放配额分配应当遵循的准则。例如，Beckerman 和 Pasek (1995) 指出，在国家之间分配碳排放配额应当考虑三个方面的准则，即公平性、差异性和合作性。Gupta 和 Bhandari (1999) 指出，人均碳排放量具有相对简单、在短期和中期内易于调整的优点，是碳排放权分配较为公平的参考指标。而 Pan 等 (2014b) 则认为基于人均累计碳排放量的分配机制能够实现碳排放配额在全球范围内的公平分配。另一方面，也有一些研究基于各种模型完成了国家之间的初始碳排放配额分配。例如，Park 等 (2012) 将玻尔兹曼分布和碳交易相结合，模拟了碳排放权在加拿大、中国、日本等 8 个国家之间的分配。Lin 和 Ning (2011) 采用 ZSG-DEA 模型评价了欧盟 2009 年的碳排放配额分配结果，发现效率比较低，并按照 ZSG-DEA 模型的迭代结果，重新分配了碳排放配额。但是，应当指出，大多数研究并未同时评价其分配机制的公平和效率。

其次，也有不少文献关注一国内部区域之间的碳排放配额分配。例如，Zhang 等 (2014b) 将信息熵原理和 Shapley 值方法相结合，探索中国各区域之间的碳排放配额分配，指出高 GDP、高碳排放量和高减排潜力的区域应当分配较多配额，并且区域之间的合作有利于促进中国减排目标的实现。Wang 和 Wei (2014) 借助 ZSG-DEA 模型考虑中国 30 个省 (区、市)[①] 之间的碳排放配额分配，研究认为，中国区域之间碳排放配额的合理分配可以降低能源强度、提高非化石能源份额。有关区域碳排放配额分配的研究为本章探索行业之间碳配额分配指标体系的构建提供了重要参考。

另外，一些学者从行业的角度研究碳排放配额分配情况，而且大多数文献聚焦于交通、电力等高能耗、高排放行业。例如，Lee 等 (2008) 指出，行业之间碳排放配额的分配应当依照祖父原则，增加值越高的行业得到的配额越多。Chang 和 Lai (2013) 探讨了交通行业之间的碳排放配额分配问题，指出碳排放配额分配政策可以帮助交通行业减排，同时对经济活动的负面影响比较小。电力行业是碳排

---

① 本书所指 30 个省 (区、市) 中未包括西藏和香港、澳门、台湾。

放研究的热点，Ahn(2014)分析了韩国电力市场的碳排放配额分配，他认为尽管免费配额分配的成本比较高，但是可以推动新的投资、增加社会福利，而拍卖是电力行业最有效的碳减排方法。Zhou 等(2010)通过一般均衡模型对澳大利亚的电力市场建模，进而考察了电力行业潜在交易机制的初始碳配额试分配问题。前人有关各行业碳排放配额分配研究的文献很多，但是，探讨中国工业行业内部各子部门之间碳排放配额分配的文献较少，有关分配结果的效率评价研究更少。

在碳排放配额分配研究的过程中，学者们提出了许多分配方法，其中，综合指数法被认为是一种公平的分配方法(Zhang et al.，2015b；Wu et al.，2014b；Cheng et al.，2015；Liao et al.，2015；Jiang et al.，2014)。例如，Ringius 等(1998)基于公平原则提出了综合指数法，以人均 GDP、累计二氧化碳排放量和能源强度为衡量指标构建综合指数，分析碳减排的能力、责任和潜力。许多研究也验证了综合指数法的有效性(Winkler et al.，2006；Baer et al.，2007；Yi et al.，2011)。例如，Winkler 等(2006)认为非附件 I 国家也应当承担一定的减排责任,为此,基于能力、责任和潜力分析了非附件 I 国家之间的碳配额分配情况。但是，包括综合指数法在内的大部分研究并未评价其分配机制的效率。

DEA 模型在资源分配效率评价方面应用广泛(Wu et al.，2012；Lozano and Gutierrez, 2008)，而关于碳排放配额分配公平和效率研究又是近几年的研究热点，所以一些学者借助 DEA 模型评价碳排放配额分配机制的效率。DEA 模型是由 Charnes 等(1978)提出的一种评价多投入和多产出决策单元(decision making unite，DMU)效率的方法，分为投入导向模型和产出导向模型。传统的 DEA 模型假设产出为期望产出，即产出越大表明决策单元的效率越高。但是当考虑环境约束条件时，温室气体属于非期望产出，只有尽可能地减少非期望产出才能实现最佳效率，所以大多数文献都以非期望产出作为投入。原始 DEA 模型假设各个 DMU 是相互独立的，在研究资源总量固定约束下的分配问题时存在一定的局限性。针对这种情况，Lins 等(2003)提出了 ZSG-DEA 模型，认为资源分配过程类似于零和博弈，一方资源的增加来自另一方资源的减少，但资源总量始终保持不变。ZSG-DEA 模型可以检验分配机制的效率高低，各决策单元的效率越接近于 1，表明分配机制越公平、分配效率越高。随后，ZSG-DEA 模型被大量学者用于研究碳配额分配问题(Lin and Ning，2011；Wang et al.，2013)。例如，Gomes 和 Lins(2008)在《京都议定书》框架下，利用 ZSG-DEA 模型提出了一个关于各国碳排放交易的方案，为各国之间碳排放配额的分配提供了依据。类似地，Serrao(2010)利用 ZSG-DEA 模型对 15 个欧洲国家的农业温室气体排放配额进行再分配。郑立群(2012)则基于中国的碳排放情况，将非期望产出(碳排放量)作为投入指标，人口、能源消耗和 GDP 作为投入指标，为中国 30 个省(区、市)提供了有效的碳配额分配方案。可见，ZSG-DEA 模型备受学者青睐，在碳排放配额分配效率评价研究中得到了广泛肯定。

综上所述，已有文献为本章指标选取和模型建立提供了重要参考。具体而言，本章基于公平和效率原则，采用综合指数法和多种赋权方法及 ZSG-DEA 模型，探究我国工业部门之间的碳排放配额问题。

3.3 数据说明与研究方法

3.3.1 数据说明

参照《中国统计年鉴》，我们将中国的工业行业进一步划分为 39 个部门，如表 3.1 所示。前人的研究主要关注分配结果的公平性（Ringius et al.，1998；Zhang et al.，2014a），不难理解中国所有的工业部门都应当控制碳排放（即横向公平），但是根据减排能力和对碳排放的贡献，部门之间的减排责任应当有差别（即纵向公平）。基于公平原则，我们选取工业部门的人均产值、历史排放量和能源强度分别衡量其减排能力、减排责任和减排潜力。当一个国家达到足够高的经济发展水平后，人们会越来越重视环境设施（Arrow et al.，1995），因此，人均产值可用于表示减排能力。工业化进程产生了大量的碳排放，不同部门的减排责任应当有所区别。换言之，历史排放量越多的部门应当承担越多的减排责任，即污染者付费原则。另外，能源强度是一个衡量能源利用经济效益的指标，是减排潜力的良好指标（Vadas et al.，2007），因此，我们使用能源强度表示工业部门的减排潜力。所有数据均来自《中国统计年鉴》和国家统计局。

表 3.1 中国工业行业 39 个部门的编号和名称

部门	名称	部门	名称
S_1	煤炭开采和洗选业	S_{11}	纺织业
S_2	石油和天然气开采业	S_{12}	纺织服装、鞋、帽制造业
S_3	黑色金属矿采选业	S_{13}	皮革、毛皮、羽毛（绒）及其制品业
S_4	有色金属矿采选业	S_{14}	木材加工及木、竹、藤、棕、草制品业
S_5	非金属矿采选业	S_{15}	家具制造业
S_6	其他采矿业	S_{16}	造纸及纸制品业
S_7	农副食品加工业	S_{17}	印刷业和记录媒介的复制
S_8	食品制造业	S_{18}	文教体育用品制造业
S_9	饮料制造业	S_{19}	石油加工、炼焦及核燃料加工业
S_{10}	烟草制品业	S_{20}	化学原料及化学制品制造业

部门	名称	部门	名称
S_{21}	医药制造业	S_{31}	交通运输设备制造业
S_{22}	化学纤维制造业	S_{32}	电气机械及器材制造业
S_{23}	橡胶制品业	S_{33}	通信设备、计算机及其他电子设备制造
S_{24}	塑料制品业	S_{34}	仪器仪表及文化、办公用机械制造业
S_{25}	非金属矿物制品业	S_{35}	工艺品及其他制造业
S_{26}	黑色金属冶炼及压延工业	S_{36}	废弃资源和废旧材料回收加工业
S_{27}	有色金属冶炼及压延工业	S_{37}	电力、热力的生产和供应业
S_{28}	金属制品业	S_{38}	燃气生产和供应业
S_{29}	通用设备制造业	S_{39}	水的生产和供应业
S_{30}	专用设备制造业		

在评价各工业部门 2020 年碳配额分配效率及调整初始配额至有效边界时，我们采用投入导向型的 ZSG-DEA 模型，选取非期望产出（即碳排放量）作为投入，工业部门的能源消耗作为非期望产出，工业增加值作为期望产出。根据我国工业和信息化部 2016 年 6 月印发的《工业绿色发展规划（2016—2020 年）》，2020 年我国规模以上企业单位工业增加值的能耗（即能源强度）和单位工业增加值的二氧化碳排放（即碳强度）要比 2015 年分别下降 18%和 22%。值得说明的是，受资料所限，本章采用工业生产总值代替工业增加值。

另外，由《中国统计年鉴 2017》得到 2015 年中国工业行业的总产值，并根据 2006～2010 年工业行业各部门产出值的历史百分比估计其 2015 年的产出值，而其 2015 年能源消耗总量的数据来自《中国能源统计年鉴 2016》。在本章中，我们只考虑煤炭、焦炭、汽油、煤油、柴油、燃料油和天然气等七种能源。根据 IPCC 给出的温室气体排放指导方针目录（IPCC，2006），可以通过式(3.1)估算二氧化碳排放量。

$$CO_2 = \sum_{es=1}^{7} \frac{C_{es}}{E_{es}} \times E_{es} \times \frac{44}{12} = \sum_{es=1}^{7} F_{es} \times E_{es} \times \frac{44}{12} \tag{3.1}$$

其中，$es = 1, 2, 3, \cdots, 7$ 分别表示煤炭、焦炭、汽油、煤油、柴油、燃料油和天然气；C_{es} 表示能源 es 的碳排放量；E_{es} 表示能源 es 的消费总量；F_{es} 表示能源 es 的碳排放系数，其取值分别为 0.7559、0.8550、0.5538、0.5714、0.5921、0.6185 和 0.4483，单位为吨碳/吨标准煤；44/12 是碳与二氧化碳的转换系数。由此得到 39 个工业子部门 2015 年的历史数据和 2020 年的预测数据，如表 3.2 所示。

表 3.2　39 个工业部门的历史数据和预测数据

部门	历史数据（2015 年）			预测数据（2020 年）	
	人均总产值/（万元/人）	累计二氧化碳排放量/万吨	能源强度/（吨标准煤/万元）	能源消费总量/万吨标准煤	总产值/亿元（2005 年不变价）
S_1	15.23	41 570.67	3.09	25 092.41	9 896.87
S_2	59.35	3 786.69	0.50	2 600.13	6 399.34
S_3	28.50	1 399.85	0.33	661.46	2 415.94
S_4	26.08	511.34	0.17	267.67	1 908.47
S_5	16.44	1 564.39	0.77	869.49	1 376.13
S_6	26.49	3.78	0.25	2.09	10.10
S_7	26.88	4 549.35	0.19	2 614.87	16 747.59
S_8	17.99	2 643.73	0.35	1 602.63	5 593.29
S_9	18.65	1 896.32	0.31	1 150.76	4 562.91
S_{10}	104.60	111.65	0.03	69.72	3 204.81
S_{11}	22.61	6 986.98	0.33	4 228.30	15 402.26
S_{12}	10.02	526.04	0.05	297.47	6 607.66
S_{13}	9.85	283.73	0.05	160.21	4 247.22
S_{14}	16.50	820.29	0.17	481.21	3 406.40
S_{15}	12.39	175.60	0.05	97.69	2 181.39
S_{16}	27.53	6 970.54	0.95	4 225.14	5 449.36
S_{17}	13.02	229.26	0.09	131.86	1 873.14
S_{18}	5.08	322.86	0.13	185.60	1 747.20
S_{19}	111.85	78 928.00	3.69	46 258.20	15 302.72
S_{20}	32.97	63 461.82	1.84	35 897.15	23 789.03
S_{21}	17.14	2 398.94	0.31	1 455.34	5 793.21
S_{22}	42.52	1 634.58	0.42	995.95	2 909.19
S_{23}	12.16	899.80	0.21	529.98	3 028.00
S_{24}	28.37	899.80	0.09	529.98	7 066.90
S_{25}	17.35	51 029.75	2.45	30 125.03	15 007.02

续表

部门	历史数据(2015 年)			预测数据(2020 年)	
	人均总产值/(万元/人)	累计二氧化碳排放量/万吨	能源强度/(吨标准煤/万元)	能源消费总量/万吨标准煤	总产值/亿元(2005 年不变价)
S_{26}	53.25	159 103.76	3.14	73 255.59	28 495.54
S_{27}	48.68	23 529.05	1.18	13 963.95	14 452.17
S_{28}	18.27	1 571.30	0.10	876.94	10 202.54
S_{29}	24.69	3 006.78	0.10	1 357.40	17 062.25
S_{30}	19.63	1 109.59	0.07	577.50	10 196.09
S_{31}	26.18	2 415.30	0.07	1 365.57	25 436.59
S_{32}	23.21	1 416.60	0.05	814.78	21 442.94
S_{33}	23.37	559.94	0.01	323.49	31 160.86
S_{34}	22.71	103.21	0.02	52.41	3 504.85
S_{35}	46.08	1 047.28	0.27	639.75	2 889.18
S_{36}	31.40	206.00	0.16	108.21	843.26
S_{37}	53.30	241 695.02	8.23	147 777.56	21 897.80
S_{38}	26.51	959.81	0.69	600.35	1 056.29
S_{39}	9.83	104.97	0.11	58.73	660.86

3.3.2　研究方法

1. 综合指数法

我们构建基于减排能力、减排责任和减排潜力的综合指数来分配 2020 年的碳排放配额，分别用人均总产值、累计二氧化碳排放量和能源强度代表。综合指数 T_k 的构建如式(3.2)所示，并用式(3.3)进行标准化处理，为 39 个工业部门的碳排放配额分配提供基础。

$$T_k = W_1 A_k + W_2 B_k + W_3 C_k \tag{3.2}$$

$$QR_k = \frac{T_k}{\sum\limits_{k=1}^{39} T_k} \tag{3.3}$$

其中，$k = 1,2,3,\cdots,39$ 表示工业行业 39 个子部门；A_k 表示部门 k 的人均总产值占工业行业总人均产值的比重；B_k 表示部门 k 的累计二氧化碳排放量占 2006～2015 年总排放量的比重；C_k 表示部门 k 的能源强度占总能源强度的比重。A_k、B_k 和 C_k 的数值如表 3.3 所示，W_1、W_2 和 W_3 是它们的权重，权重之和为 1。

表 3.3　中国 39 个工业部门的 A_k、B_k 和 C_k 值

部门	A_k	B_k	C_k	部门	A_k	B_k	C_k
S_1	0.6116	0.0585	2.2367	S_{21}	0.6884	0.0034	0.2216
S_2	2.3840	0.0053	0.3584	S_{22}	1.7080	0.0023	0.3020
S_3	1.1448	0.0020	0.2415	S_{23}	0.4883	0.0013	0.1544
S_4	1.0475	0.0007	0.1237	S_{24}	1.1396	0.0013	0.0662
S_5	0.6605	0.0022	0.5574	S_{25}	0.6968	0.0718	1.7709
S_6	1.0642	0.0000	0.1823	S_{26}	2.1388	0.2240	2.2679
S_7	1.0799	0.0064	0.1377	S_{27}	1.9555	0.0331	0.8524
S_8	0.7224	0.0037	0.2528	S_{28}	0.7338	0.0022	0.0758
S_9	0.7491	0.0027	0.2225	S_{29}	0.9916	0.0042	0.0702
S_{10}	4.2018	0.0002	0.0192	S_{30}	0.7886	0.0016	0.0500
S_{11}	0.9083	0.0098	0.2422	S_{31}	1.0515	0.0034	0.0474
S_{12}	0.4026	0.0007	0.0397	S_{32}	0.9324	0.0020	0.0335
S_{13}	0.3957	0.0004	0.0333	S_{33}	0.9386	0.0008	0.0092
S_{14}	0.6627	0.0012	0.1246	S_{34}	0.9122	0.0001	0.0132
S_{15}	0.4975	0.0002	0.0395	S_{35}	1.8510	0.0015	0.1953
S_{16}	1.1060	0.0098	0.6840	S_{36}	1.2614	0.0003	0.1132
S_{17}	0.5231	0.0003	0.0621	S_{37}	2.1408	0.3402	5.9534
S_{18}	0.2041	0.0005	0.0937	S_{38}	1.0648	0.0014	0.5014
S_{19}	4.4926	0.1111	2.6667	S_{39}	0.3950	0.0001	0.0784
S_{20}	1.3242	0.0893	1.3312				

　　如上所述，2020 年中国工业的碳排放强度减排目标是在 2015 年的基础上降低 22%，所以 2020 年的碳排放强度是 2015 年的 78%，如式 (3.4) 所示。

$$I_{2020} = 0.78 \times I_{2015}$$

(3.4)

其中，I_{2020} 和 I_{2015} 分别表示 2020 年和 2015 年的工业碳排放强度。同样地，对于各个工业部门来说也有类似的关系，如式(3.5)所示。

$$I_{k2020} = c_k \times I_{k2015} \qquad (3.5)$$

其中，I_{k2020} 和 I_{k2015} 分别表示 2020 年和 2015 年部门 k 的碳排放强度；c_k 为 1 减去各部门的减排程度。

QR_k 越大表示工业部门的减排贡献越大，分配的配额越少，反之，应当分配较多的配额，所以我们有式(3.6)。

$$c_k = \alpha \times (1 - QR_k) \qquad (3.6)$$

其中，α 表示估计参数。

2020 年，工业可以分配的碳排放配额 E_{2020} 如式(3.7)和式(3.8)所示。

$$E_{2020} = TP_{2020} \times I_{2020} \qquad (3.7)$$

$$E_{2020} = \sum_{k=1}^{39} E_{k2020} = \sum_{k=1}^{39} TP_{k2020} \times I_{k2015} \times c_k \qquad (3.8)$$

其中，TP_{2020} 和 TP_{k2020} 分别表示工业行业和部门 k 的工业生产总值；E_{k2020} 表示 2020 年工业部门 k 的初始碳排放配额。由式(3.7)式(3.8)，我们可以得到式(3.9)，而式(3.6)和式(3.9)可以写成式(3.10)，进而得到式(3.11)，即估计参数 α。

$$TP_{2020} \times I_{2020} = \sum_{k=1}^{39} TP_{k2020} \times I_{k2015} \times c_k \qquad (3.9)$$

$$TP_{2020} \times I_{2020} = \sum_{k=1}^{39} TP_{k2020} \times I_{k2015} \times \alpha \times (1 - QR_k) \qquad (3.10)$$

$$\alpha = \frac{TP_{2020} \times I_{2020}}{\sum_{k=1}^{39} TP_{k2020} \times I_{k2015} \times (1 - QR_k)} \qquad (3.11)$$

然后，由式(3.3)、式(3.5)和式(3.6)，我们得到部门 k 分配的碳排放配额，如式(3.12)所示。

$$E_{k2020} = TP_{k2020} \times I_{k2020} = TP_{k2020} \times c_k \times I_{k2015} = TP_{k2020} \times \alpha \times (1 - QR_k) \times I_{k2015} \qquad (3.12)$$

2. 赋权法

确定指标权重的方法一般有三种，即主观赋权法、客观赋权法(如信息熵原理)和组合赋权法。主观赋权法指决策者根据自己的个人经验和偏好确定指标权重，经过不断修改和反馈可能会得到令人满意的结果，但是有时候得到的结果带有明显的主观性。而客观赋权法要求所有的权重必须来自真实的数据和指标，具有绝对的客观性，但是有时候由于样本数据的限制，得到的权重也会产生偏差。所以，近年来一些学者提出了组合赋权的方法，将主观赋权法和客观赋权法相结合。在本章中，我们同时考虑主观赋权法、客观赋权法和组合赋权法，通过比较分析工业行业在各子部门之间分配碳排放配额的效率，从中选取最佳分配方案。

1) 主观赋权法

根据决策者的普遍偏好，我们设置了四种情景，并考虑主观权重 W_1、W_2 和 W_3，如表 3.4 所示，由此考虑 39 个工业部门之间的碳排放配额分配结果。其中，在情景 1 中，3 个指标等权重分配，表示在碳排放配额分配体系中，减排能力、减排责任和减排潜力的权重是一样的，即决策者没有特殊偏好；而情景 2、情景 3 和情景 4 分别表示决策者更关注减排能力、减排责任和减排潜力差异。

表 3.4　四种偏好情景下指标的权重

权重	情景 1	情景 2	情景 3	情景 4
W_1	0.33	0.6	0.2	0.2
W_2	0.33	0.2	0.6	0.2
W_3	0.33	0.2	0.2	0.6
合计	1	1	1	1

2) 客观赋权法

客观赋权法基于信息熵原理。熵的概念来源于物理学，用于描述热力学意义上的系统的混乱程度。随后，Shannon(2001)将其引入信息论中，并将其称为信息熵，用于度量一个随机变量的不确定性或者信息量，能够反映系统内部某种分布的差异，描述对系统进行评价时其相关指标的数据可被利用的程度，即用来量化评价指标的重要性。某指标的熵值越小，则表明该指标包含的信息量越大，在综合评价中的比重越大。我们通过信息熵原理为上述 3 个指标赋予客观权重，从而为 39 个工业部门分配碳排放配额。具体过程如下。

首先，我们得到上述 3 个指标下 39 个工业部门的信息决策矩阵(即原始评价信息矩阵)，如式(3.13)所示。

$$M' = (r'_{ka})_{39\times 3} = \begin{pmatrix} r'_{1,1} & r'_{1,2} & r'_{1,3} \\ \vdots & \vdots & \vdots \\ r'_{39,1} & r'_{39,2} & r'_{39,3} \end{pmatrix} \tag{3.13}$$

其中，r'_{ka} 表示部门 k 的指标 a 的值，因为各指标的类型和量纲不相同，有的指标值越大越好，而有的指标值越小越好，并且有时指标值的数量级相差悬殊，这样的数据很难直接进行比较，所以需要将各指标转化为一个统一的尺度，即对原始数据作归一化处理，得到规范性矩阵。对 M' 中各指标归一化处理方法如下。

指标值越大越好的指标(即高优指标)可以按式(3.14)规范，指标值越小越好的指标(即低优指标)可以按式(3.15)规范。

$$r_{ka} = \frac{r'_{ka} - \min\{r'_{ka}\}}{\max\{r'_{ka}\} - \min\{r'_{ka}\}} \, (k = 1, 2, \cdots, 39; a = 1, 2, 3) \tag{3.14}$$

$$r_{ka} = \frac{\max\{r'_{ka}\} - r'_{ka}}{\max\{r'_{ka}\} - \min\{r'_{ka}\}} \, (k = 1, 2, \cdots, 39; a = 1, 2, 3) \tag{3.15}$$

其中，$\max\{r'_{ka}\}$ 和 $\min\{r'_{ka}\}$ 分别表示矩阵 M' 中指标 a 下各部门的最大值和最小值，r_{ka} 表示规范性矩阵中对应于 k 行 a 列的元素，则规范性矩阵 M'' 可表示为

$$M'' = (r_{ka})_{39\times 3} = \begin{pmatrix} r_{1,1} & r_{1,2} & r_{1,3} \\ \vdots & \vdots & \vdots \\ r_{39,1} & r_{39,2} & r_{39,3} \end{pmatrix} \tag{3.16}$$

其次，计算指标 a 占部门 k 所有指标值的比重 P_{ka}，如式(3.17)所示。然后得到指标 a 的信息熵 H_a，如式(3.18)所示。

$$P_{ka} = \frac{r_{ka}}{\sum_{k=1}^{39} r_{ka}} \, (k = 1, 2, \cdots, 39; a = 1, 2, 3) \tag{3.17}$$

$$H_a = -\sum_{k=1}^{39} P_{ka} \log(P_{ka}) / \log 39 \, (k = 1, 2, \cdots, 39; a = 1, 2, 3) \tag{3.18}$$

进一步地，由于指标 a 的信息量与熵值成反比关系(Shannon，2001)，即指标 a 包含的信息量为

$$d_a = 1 - H_a \tag{3.19}$$

其中，d_a 越大，表示该指标的熵值越小，即该指标在系统中的作用越大；反之，该指标的熵值越大，即该指标在系统中的作用越小。

据此定义评价指标 a 的权重，如式（3.20）所示（Wang and Lee，2009），然后，由各指标的权重，结合式（3.2）～式（3.12），计算得到各工业部门的碳排放配额。

$$W_a = (1 - H_a) / \sum_{a=1}^{3} (1 - H_a) \qquad (3.20)$$

3）组合赋权法

鉴于主观赋权法和客观赋权法的不足，我们引入基于最大熵原理的组合赋权法（汪泽焱等，2003），计算过程如下。

首先，由表 3.4 可以得到不同决策偏好情景下三个指标的主观权重，而由信息熵得到三个指标的客观权重分别为 0.8207、0.0926 和 0.0867。我们用 $W^m = (w_1^m, w_2^m, w_3^m)^{\mathrm{T}}$ 表示根据赋权方法 m 得到的权重向量，其中，$m = 1, 2, \cdots, 5$ 对应表 3.4 中四种主观权重和基于信息熵得到的客观权重，$w_a^m (a = 1, 2, 3)$ 表示指标 a 在赋权方法 m 下的权重，$W^* = (w_1^*, w_2^*, w_3^*)^{\mathrm{T}}$ 表示包括所有赋权方法的权重矩阵。然后，我们可以得到式（3.21）和式（3.22）。

$$\sum_{a=1}^{3} w_a^m = 1, \ w_a^m \geqslant 0 \qquad (3.21)$$

$$W^* = \sum_{m=1}^{5} X_m W^m \qquad (3.22)$$

其中，X_m 表示线性组合的系数且 $\sum_{m=1}^{5} X_m = 1$，$X_m \geqslant 0$。

其次，工业部门 k 到理想值的广义距离如式（3.23）所示，则所有评价对象与理想值的广义距离之和如式（3.24）所示。

$$D_k = \sum_{a=1}^{3} \sum_{m=1}^{5} X_m w_a^m (1 - r_{ka}) \qquad (3.23)$$

$$\sum_{k=1}^{39} D_k = \sum_{k=1}^{39} \sum_{a=1}^{3} \sum_{m=1}^{5} X_m w_a^m (1 - r_{ka}) \qquad (3.24)$$

最后，为了充分反映各指标所包含的信息，使广义距离之和最小化，一方面，我们使信息熵最大，即 $\max\left(-\sum\limits_{m=1}^{5}X_m\ln X_m\right)$；另一方面，$\min\left(\sum\limits_{k=1}^{39}\sum\limits_{a=1}^{3}\sum\limits_{m=1}^{5}X_m w_a^m(1-r_{ka})\right)$ 也应作为目标函数之一。因此，组合赋权是一个多目标的优化问题，我们可以将其转化成单目标的优化问题，如式(3.25)所示(姜昱汐等，2011)。

$$\min f(X)=(1-\gamma)^*\sum_{m=1}^{5}X_m\ln X_m+\gamma^*\sum_{k=1}^{39}\sum_{a=1}^{3}\sum_{m=1}^{5}X_m w_a^m(1-r_{ka})$$
$$\text{s.t.}\ \sum_{m=1}^{5}X_m=1 \tag{3.25}$$
$$X_m\geqslant 0\ (m=1,2,\cdots,5)$$

其中，γ 表示多目标线性组合的系数。本章设定 $\gamma=0.8$（汪泽焱等，2003）。

3. ZSG-DEA 模型

在本章中，我们将分配效率最大化视为所有工业部门达到市场均衡的标志，这与一些研究定义的均衡是类似的，即通过投入最小化(如能源消耗量)或者效用最大化得到(Dragulescu and Yakovenko，2000)。因此，基于公平原则完成配额分配后，有必要测度各种分配方法的效率，从而选出兼顾公平和效率原则的分配机制。

ZSG-DEA 模型不仅可以评价工业行业初始碳排放配额分配效率的高低，验证分配结果的有效性和公平性，还可以调整各个决策单元达到有效边界。参考 Wang 等(2013)的研究，我们采用投入导向型的 ZSG-DEA 模型，以碳排放配额(E)作为非期望产出投入，以工业总产值(TP)作为期望产出，能源消耗量(EC)作为非期望产出。要想改进低效率决策单元就必须消减一定量的投入，在工业行业碳排放配额总量固定不变的条件下，其他决策单元在其原来基础上就必须增加一定数量的投入。假设在 ZSG-DEA 模型中，DMU_0 不是有效的决策单元，其 ZSG-DEA 的效率值为 θ^E，若要提高其效率就必须减少 x_G^E 的投入，减少量应为 $x_G^E(1-\theta^E)$。在 DMU_0 的投入减少之后，其他 38 个决策单元按照一定比例增加的投入为 $x_k^E\cdot x_G^E(1-\theta^E)\Big/\sum\limits_{k=1,k\neq G}^{39}x_k^E$（林坦和宁俊飞，2011；Miao et al.，2016）。

根据上述原理调整所有非有效决策单元，直至所有决策单元都达到有效边界，即效率接近或者为 1。综上所述，建立如下模型：

$$E_{\text{ZSG}} = \min \theta^E$$

$$\text{s.t.} \sum_{k=1}^{39} \lambda_k y_k^{\text{TP}} \geqslant y_G^{\text{TP}}$$

$$\sum_{k=1}^{39} \lambda_k y_k^{\text{EC}} \geqslant y_G^{\text{EC}}$$

$$\sum_{k=1}^{39} \lambda_k x_k^E \left[1 + \frac{x_G^E (1 - \theta^E)}{\sum\limits_{k=1,k \neq G}^{39} x_k^E} \right] \leqslant \theta^E x_G^E \qquad (3.26)$$

$$\sum_{k=1}^{39} \lambda_k = 1$$

$$\lambda_k \geqslant 0, k = 1, \cdots, 39$$

其中，θ^E 表示碳排放配额总量固定的限制条件下的分配效率；E_{ZSG} 表示所有决策单元(即工业部门)的单位权重平均效率；λ_k 表示 DMU_k(即工业部门 k)对预测效率的贡献程度；x_k^E 表示部门 k 的碳配额投入，y_k^{TP} 和 y_k^{EC} 分别表示部门 k 的工业总产值和能源消耗产出；x_G^E、y_G^{TP} 和 y_G^{EC} 分别表示评价中的 DMU_G 的投入和产出。

3.4　基于公平与效率原则的中国工业碳排放配额分配结果

3.4.1　基于公平原则的碳排放配额分配结果

通过主观赋权法、客观赋权法和组合赋权法(组合赋权法下三个指标的权重分别是 0.2000、0.5101 和 0.2899)，我们综合考虑 39 个工业部门的减排能力、减排责任和减排潜力，反映了公平的原则。特别地，我们可以得到六种情景下的初始碳排放配额，其中，情景 1~4 对应四种主观赋权法(表 3.4)，情景 5 对应客观赋权法(即信息熵原理)，而情景 6 对应组合赋权法。由式(3.12)~式(3.26)可以分析不同情景下的分配效率，结果如表 3.5 所示，主要发现如下。

表 3.5　工业部门的初始碳配额分配结果及其效率

部门	情景 1		情景 2		情景 3		情景 4		情景 5		情景 6	
	E_1	Effi.1	E_2	Effi.2	E_3	Effi.3	E_4	Effi.4	E_5	Effi.5	E_6	Effi.6
S_1	495.38	0.9087	493.22	0.9314	496.90	0.9037	497.60	0.8753	492.20	0.9423	497.12	0.8958
S_2	45.23	1.0000	43.96	1.0000	45.44	1.0000	46.99	0.9588	43.36	1.0000	45.92	1.0000

续表

部门	情景 1		情景 2		情景 3		情景 4		情景 5		情景 6	
	E_1	Effi.1	E_2	Effi.2	E_3	Effi.3	E_4	Effi.4	E_5	Effi.5	E_6	Effi.6
S_3	17.06	0.6765	16.66	0.6733	17.13	0.6769	17.62	0.6535	16.46	0.6718	17.28	0.6781
S_4	6.25	0.7517	6.10	0.7478	6.28	0.75224	6.46	0.7288	6.03	0.7460	6.33	0.7536
S_5	19.11	0.7921	18.75	0.7848	19.19	0.7925	19.61	0.7670	18.58	0.7814	19.32	0.7949
S_6	0.05	1.0000	0.05	1.0000	0.05	1.0000	0.05	1.0000	0.04	1.0000	0.05	1.0000
S_7	55.58	0.8369	54.23	0.8512	55.80	0.8350	57.45	0.7984	53.59	0.8584	56.31	0.8296
S_8	32.42	0.8622	31.71	0.8566	32.54	0.8628	33.39	0.8346	31.37	0.8539	32.81	0.8650
S_9	23.25	0.8635	22.74	0.8579	23.34	0.8641	23.96	0.8361	22.49	0.8553	23.54	0.8662
S_{10}	1.30	1.0000	1.25	1.0000	1.31	1.0000	1.38	0.9944	1.23	1.0000	1.33	1.0000
S_{11}	85.44	0.8809	83.50	0.9048	85.77	0.8775	88.12	0.8354	82.59	0.9166	86.50	0.8685
S_{12}	6.50	0.8291	6.36	0.8227	6.52	0.8298	6.70	0.8137	6.29	0.8197	6.58	0.8322
S_{13}	3.51	0.8310	3.43	0.8223	3.52	0.8319	3.61	0.8230	3.39	0.8182	3.55	0.8352
S_{14}	10.09	0.8369	9.86	0.8312	10.12	0.8375	10.40	0.8130	9.75	0.8284	10.21	0.8397
S_{15}	2.17	0.8128	2.12	0.8039	2.18	0.8137	2.23	0.8048	2.09	0.7997	2.19	0.8171
S_{16}	84.45	0.8808	82.76	0.8928	84.79	0.8785	86.72	0.8425	81.97	0.8988	85.39	0.8741
S_{17}	2.83	0.8294	2.76	0.8221	2.84	0.8303	2.92	0.8133	2.73	0.8186	2.86	0.8331
S_{18}	4.00	0.8186	3.91	0.8111	4.01	0.8194	4.11	0.7996	3.87	0.8076	4.04	0.8223
S_{19}	878.90	0.9462	864.34	0.9818	881.86	0.9407	898.63	0.8974	857.46	0.9991	887.08	0.9274
S_{20}	758.08	0.8590	746.91	0.8910	759.68	0.8548	773.65	0.8150	741.62	0.9064	764.03	0.8424
S_{21}	29.44	0.8629	28.79	0.8573	29.56	0.8635	30.33	0.8354	28.49	0.8547	29.80	0.8657
S_{22}	19.74	0.8789	19.23	0.8765	19.83	0.8791	20.44	0.8459	18.99	0.8754	20.02	0.8800
S_{23}	11.09	0.8366	10.85	0.8304	11.13	0.8373	11.42	0.8125	10.73	0.8275	11.22	0.8397
S_{24}	11.00	0.8579	10.72	0.8546	11.04	0.8584	11.38	0.8327	10.59	0.8530	11.15	0.8596
S_{25}	611.45	0.8878	606.20	0.9146	613.00	0.8832	618.25	0.8496	603.72	0.9275	614.64	0.8732
S_{26}	1846.86	1.0000	1830.42	1.0000	1844.72	1.0000	1872.67	1.0000	1822.62	1.0000	1853.42	1.0000
S_{27}	280.66	0.8909	274.51	0.9275	281.73	0.8855	289.11	0.8381	271.61	0.9455	284.02	0.8718

续表

部门	情景 1		情景 2		情景 3		情景 4		情景 5		情景 6	
	E_1	Effi.1	E_2	Effi.2	E_3	Effi.3	E_4	Effi.4	E_5	Effi.5	E_6	Effi.6
S_{28}	19.31	0.8064	18.86	0.8024	19.39	0.8070	19.94	0.7826	18.65	0.8005	19.56	0.8085
S_{29}	36.82	0.6575	35.92	0.6552	36.96	0.6579	38.07	0.6366	35.49	0.6542	37.31	0.6586
S_{30}	13.63	0.7621	13.31	0.7585	13.69	0.7626	14.08	0.7420	13.15	0.7568	13.81	0.7639
S_{31}	29.56	0.8446	28.82	0.8600	29.68	0.8425	30.58	0.8097	28.48	0.8677	29.96	0.8367
S_{32}	17.37	0.8616	16.95	0.8592	17.44	0.8620	17.96	0.8396	16.74	0.8580	17.60	0.8629
S_{33}	6.87	1.0000	6.70	1.0000	6.90	1.0000	7.10	1.0000	6.62	1.0000	6.96	1.0000
S_{34}	1.27	0.8221	1.24	0.8158	1.27	0.8228	1.31	0.8282	1.22	0.8127	1.28	0.8253
S_{35}	12.64	0.8839	12.30	0.8825	12.70	0.8842	13.12	0.8508	12.14	0.8819	12.83	0.8846
S_{36}	2.51	0.7595	2.45	0.7563	2.52	0.7599	2.60	0.7363	2.42	0.7548	2.55	0.7612
S_{37}	2641.03	1.0000	2711.25	1.0000	2631.99	1.0000	2542.51	1.0000	2744.47	1.0000	2604.12	1.0000
S_{38}	11.67	0.8959	11.42	0.8896	11.72	0.8962	12.01	0.8654	11.30	0.8867	11.81	0.8982
S_{39}	1.30	0.8059	1.27	0.7991	1.30	0.8067	1.34	0.7888	1.25	0.7958	1.31	0.8094
合计	8135.81	—	8135.81	—	8135.81	—	8135.81	—	8135.81	—	8135.81	—
均值	—	0.8598	—	0.8623	—	0.8592	—	0.8359	—	0.8635	—	0.8583

注：E_1、E_2、E_3、E_4、E_5 和 E_6 表示不同情景下的碳排放配额分配结果，单位是百万吨；Effi.1、Effi.2、Effi.3、Effi.4、Effi.5 和 Effi.6 对应不同情景下的效率

　　首先，各种情景下工业行业初始配额的分配结果都比较接近，情景 5 中碳排放配额分配的平均效率略高。这说明，从碳排放配额分配效率的角度看，在本章中主观赋权法、客观赋权法和组合赋权法没有显著差异。而且，客观赋权法（即情景 5）的效率略高，相比而言稍显优势。

　　其次，情景 5 的效率略高，说明决策者采用客观赋权法而且更偏好于减排能力时，碳排放配额分配方案的效率略高于其他情景。此时，如前所述，减排能力在碳排放配额分配三个指标中的权重相对最大（0.8207），说明人均总产值在碳减排体系中包含的信息量最大，是影响碳排放配额分配的主要因素，也是影响工业行业碳减排目标实现的关键因素。总的来说，在工业部门之间分配碳排放配额时，应当着重关注各部门的减排能力，这为相关部门的决策提供了明确的政策启示。

　　最后，各种情景下碳排放配额的分配都没有达到帕累托最优状态，这说明 39

个部门仍然存在改进的空间，可以进一步提高效率。其中，在情景 5 中，工业部门 S_2、S_6、S_{10}、S_{26}、S_{33} 和 S_{37} 的效率为 1，说明这 6 个工业部门的分配结果是有效的，剩下的 33 个工业部门都没有达到有效边界，所以它们都应该以这 6 个工业部门为基准，根据式(3.26)调整碳排放配额数量，直至所有工业部门的分配效率都达到 1，不再存在进一步调整的空间，达到帕累托最优状态。

3.4.2　基于效率原则的碳排放配额分配结果

鉴于情景 5 中的碳排放配额分配效率相对较高，根据式(3.26)，调整情景 5 下各工业部门的碳排放配额。经过两次调整，碳排放配额在 39 个工业部门之间重新分配，碳排放配额的调整过程及最终结果如表 3.6 所示。经过第一次调整后，工业行业的平均效率显著增加到 0.9949，有 7 个部门的效率为 1，经过第二次调整，所有部门的效率都达到了 1，说明所有工业部门的碳排放配额都是有效的，不存在调整空间，此时的分配方案是最合理的。从表 3.6 中最后得到的碳排放配额分配结果，我们发现：一方面，电力、热力的生产和供应业(S_{37})的碳排放配额相对最多，达到 28.33 亿吨。这是由于随着中国工业化进程的推进，全社会用电量和电力需求日益增加，全国发电装机容量也保持快速增长的态势。根据《中国统计年鉴》的数据，"十二五"期间中国发电装机容量年均增速达到 9.56%。实际上，电力、热力的生产和供应业是中国经济发展的基础性支柱产业，热力生产和供应属于供热地区冬季生活必需品，需求强度高，弹性小，与国民生活和经济状况息息相关。所以，为了满足人们幸福生活的需求，保证中国经济的稳定发展和人民生活水平提高，应当为其分配相对较多的碳排放配额。另一方面，其他采矿业(S_6)的碳排放配额较低，少于 100 万吨。这是因为相对于其他部门而言，其他采矿业对能源的需求较低，碳排放量比较少，所以对于碳排放配额的需求也不高。

表 3.6　情景 5 中工业部门碳排放配额的调整结果

部门	初始碳配额		第一次调整		第二次调整	
	E_5	Effi.5	E_5'	Effi.5′	E_5''	Effi.5″
S_1	492.20	0.9423	477.47	0.9984	477.04	1.0000
S_2	43.36	1.0000	44.73	1.0000	44.76	1.0000
S_3	16.46	0.6718	11.57	0.9856	11.41	1.0000
S_4	6.03	0.7460	4.69	0.9898	4.64	1.0000
S_5	18.58	0.7814	15.09	0.9917	14.98	1.0000
S_6	0.04	1.0000	0.05	1.0000	0.05	1.0000

部门	初始碳配额		第一次调整		第二次调整	
	E_5	Effi.5	E_5'	Effi.5$'$	E_5''	Effi.5$''$
S_7	53.59	0.8584	47.64	0.9951	47.45	1.0000
S_8	31.37	0.8539	27.76	0.9949	27.64	1.0000
S_9	22.49	0.8553	19.94	0.9949	19.85	1.0000
S_{10}	1.23	1.0000	1.27	1.0000	1.27	1.0000
S_{11}	82.59	0.9166	78.23	0.9973	78.08	1.0000
S_{12}	6.29	0.8197	5.35	0.9934	5.32	1.0000
S_{13}	3.39	0.8182	2.88	0.9933	2.86	1.0000
S_{14}	9.75	0.8284	8.38	0.9938	8.34	1.0000
S_{15}	2.09	0.7997	1.74	0.9924	1.73	1.0000
S_{16}	81.97	0.8988	76.17	0.9967	75.98	1.0000
S_{17}	2.73	0.8186	2.32	0.9933	2.31	1.0000
S_{18}	3.87	0.8076	3.25	0.9928	3.23	1.0000
S_{19}	857.46	0.9991	883.59	1.0000	884.30	1.0000
S_{20}	741.62	0.9064	688.61	0.9978	687.52	1.0000
S_{21}	28.49	0.8546	25.23	0.9949	25.12	1.0000
S_{22}	18.99	0.8754	17.22	0.9957	17.16	1.0000
S_{23}	10.73	0.8275	9.22	0.9937	9.17	1.0000
S_{24}	10.59	0.8530	9.36	0.9948	9.32	1.0000
S_{25}	603.72	0.9275	575.48	0.9981	574.76	1.0000
S_{26}	1822.62	1.0000	1879.99	1.0000	1881.57	1.0000
S_{27}	271.61	0.9455	264.85	0.9983	264.62	1.0000
S_{28}	18.65	0.8005	15.51	0.9926	15.40	1.0000
S_{29}	35.49	0.6542	24.28	0.9849	23.93	1.0000
S_{30}	13.15	0.7568	10.36	0.9904	10.27	1.0000
S_{31}	28.48	0.8677	25.59	0.9954	25.49	1.0000
S_{32}	16.74	0.8580	14.89	0.9950	14.83	1.0000
S_{33}	6.62	1.0000	6.83	1.0000	6.83	1.0000
S_{34}	1.22	0.8127	1.03	0.9930	1.02	1.0000
S_{35}	12.14	0.8819	11.08	0.9960	11.05	1.0000
S_{36}	2.42	0.7548	1.90	0.9902	1.88	1.0000
S_{37}	2744.47	1.0000	2830.86	1.0000	2833.24	1.0000

续表

部门	初始碳配额		第一次调整		第二次调整	
	E_5	Effi.5	E_5'	Effi.5'	E_5''	Effi.5''
S_{38}	11.30	0.8867	10.37	0.9961	10.34	1.0000
S_{39}	1.25	0.7958	1.04	0.9922	1.03	1.0000
合计	8136	—	8136	—	8136	—
均值		0.8635		0.9949		0.9997

注：E_5、E_5'、E_5'' 表示情景 5 中的初始碳排放配额和各次调整后的碳排放配额分配结果，单位是百万吨；Effi.5、Effi.5'和 Effi.5"对应不同情景下的效率

另外，为了实现中国工业部门的碳强度和能源强度下降目标，我们在上述结果基础上进一步计算得到 2015～2020 年 39 个工业部门碳强度和能源强度下降量及其下降百分比，如表 3.7 所示。

表 3.7　2015～2020 年工业部门碳强度和能源强度下降量及其百分比

部门	碳强度				能源强度			
	2015 年/(吨二氧化碳/万元)	2020 年/(吨二氧化碳/万元)	下降量/(吨二氧化碳/万元)	下降百分比	2015 年/(吨标准煤/万元)	2020 年/(吨标准煤/万元)	下降量/(吨标准煤/万元)	下降百分比
S_1	6.1603	4.8200	1.3403	21.76%	3.0919	2.5354	0.5565	18.00%
S_2	0.8678	0.6996	0.1682	19.38%	0.4955	0.4063	0.0892	18.00%
S_3	0.8498	0.4723	0.3775	44.42%	0.3339	0.2738	0.0601	18.00%
S_4	0.3930	0.2431	0.1499	38.14%	0.1710	0.1403	0.0307	17.95%
S_5	1.6673	1.0886	0.5787	34.71%	0.7705	0.6318	0.1387	18.00%
S_6	0.5480	0.4949	0.0531	9.69%	0.2520	0.2066	0.0454	18.02%
S_7	0.3984	0.2833	0.1151	28.89%	0.1904	0.1561	0.0343	18.01%
S_8	0.6932	0.4942	0.1990	28.71%	0.3494	0.2865	0.0629	18.00%
S_9	0.6095	0.4350	0.1745	28.63%	0.3076	0.2522	0.0554	18.01%
S_{10}	0.0511	0.0396	0.0115	22.50%	0.0265	0.0218	0.0047	17.74%
S_{11}	0.6653	0.5070	0.1583	23.79%	0.3348	0.2745	0.0603	18.01%
S_{12}	0.1168	0.0805	0.0363	31.08%	0.0549	0.0450	0.0099	18.03%
S_{13}	0.0980	0.0676	0.0304	31.02%	0.0460	0.0377	0.0083	18.04%
S_{14}	0.3532	0.2448	0.1084	30.69%	0.1723	0.1413	0.0310	17.99%

部门	碳强度				能源强度			
	2015 年/(吨二氧化碳/万元)	2020 年/(吨二氧化碳/万元)	下降量/(吨二氧化碳/万元)	下降百分比	2015 年/(吨标准煤/万元)	2020 年/(吨标准煤/万元)	下降量/(吨标准煤/万元)	下降百分比
S_{15}	0.1181	0.0793	0.0388	32.85%	0.0546	0.0448	0.0098	17.95%
S_{16}	1.8760	1.3943	0.4817	25.68%	0.9455	0.7753	0.1702	18.00%
S_{17}	0.1795	0.1233	0.0562	31.31%	0.0858	0.0704	0.0154	17.95%
S_{18}	0.2710	0.1849	0.0861	31.77%	0.1295	0.1062	0.0233	17.99%
S_{19}	7.5644	5.7787	1.7857	23.61%	3.6864	3.0229	0.6635	18.00%
S_{20}	3.9125	2.8900	1.0225	26.13%	1.8402	1.5090	0.3312	18.00%
S_{21}	0.6073	0.4338	0.1735	28.57%	0.3064	0.2512	0.0552	18.02%
S_{22}	0.8240	0.5899	0.2341	28.41%	0.4175	0.3423	0.0752	18.01%
S_{23}	0.4358	0.3028	0.1330	30.52%	0.2134	0.1750	0.0384	17.99%
S_{24}	0.1867	0.1320	0.0547	29.30%	0.0915	0.0750	0.0165	18.03%
S_{25}	4.9870	3.8299	1.1571	23.20%	2.4480	2.0074	0.4406	18.00%
S_{26}	8.1888	6.6030	1.5858	19.37%	3.1351	2.5708	0.5643	18.00%
S_{27}	2.3877	1.8310	0.5567	23.32%	1.1783	0.9662	0.2121	18.00%
S_{28}	0.2259	0.1510	0.0749	33.16%	0.1048	0.0860	0.0188	17.94%
S_{29}	0.2585	0.1403	0.1182	45.73%	0.0970	0.0796	0.0174	17.94%
S_{30}	0.1596	0.1008	0.0588	36.84%	0.0691	0.0566	0.0125	18.09%
S_{31}	0.1393	0.1002	0.0391	28.07%	0.0655	0.0537	0.0118	18.02%
S_{32}	0.0969	0.0692	0.0277	28.59%	0.0463	0.0380	0.0083	17.93%
S_{33}	0.0264	0.0220	0.0044	16.67%	0.0127	0.0104	0.0023	18.11%
S_{34}	0.0432	0.0294	0.0138	31.94%	0.0182	0.0150	0.0032	17.58%
S_{35}	0.5316	0.3825	0.1491	28.05%	0.2700	0.2214	0.0486	18.00%
S_{36}	0.3583	0.2241	0.1342	37.45%	0.1565	0.1283	0.0282	18.02%
S_{37}	16.1876	12.9383	3.2493	20.07%	8.2299	6.7485	1.4814	18.00%
S_{38}	1.3327	0.9798	0.3529	26.48%	0.6931	0.5684	0.1247	17.99%
S_{39}	0.2330	0.1559	0.0771	33.09%	0.1084	0.0889	0.0195	17.99%

一方面，为了实现 2020 年中国工业行业的强度目标，"十三五"期间 39 个工业部门都需要降低碳强度和能源强度。具体地，39 个工业部门的碳强度下降幅度在 0.0044～3.2493 吨二氧化碳/万元，它们的能源强度下降幅度在 0.0023～1.4814 吨标准煤/万元。其中，电力、热力的生产和供应业(S_{37})部门的碳强度和能源强度下降量都相对最高，分别为 3.2493 吨二氧化碳/万元和 1.4814 吨标准煤/万元。

另一方面，为了实现下降 22% 的碳强度目标和下降 18% 的能源强度目标，在 39 个工业部门中，通用设备制造业(S_{29})应该下降的碳强度百分比相对最大(45.73%)，而其他采矿业(S_6)应该下降的碳强度百分比相对最小(9.69%)；而各个工业部门应该下降的能源强度百分比比较均匀，都在 18% 左右，其中，通信设备、计算机及其他电子设备制造(S_{33})应该下降的能源强度百分比相对最大(18.11%)，而仪器仪表及文化、办公用机械制造业(S_{34})的能源强度下降百分比相对最小(17.58%)。

3.5　主要结论与启示

综上所述，我们得到几个主要结论：首先，主观赋权法、客观赋权法和组合赋权法都可以为工业部门有效分配碳排放配额，其中，客观赋权法的效率相对较高；其次，采用客观赋权法时，就减排能力、减排责任与减排潜力而言，决策者更偏好减排能力；最后，ZSG-DEA 模型兼顾公平和效率原则，可以帮助我们确定最优的碳排放配额分配结果。特别地，研究发现，在帕累托最优状态下，2020 年有 5 个工业部门的碳排放配额超过 5 亿吨，它们的碳排放配额达到整个工业行业碳排放配额的 84%，分别为电力、热力的生产和供应业(S_{37})，黑色金属冶炼及压延加工业(S_{26})，石油加工、炼焦及核燃料加工业(S_{19})，非金属矿物制品业(S_{25})和化学原料及化学制品制造业(S_{20})。

基于上述结论，我们尝试为我国政府相关部门提出如下建议：一方面，在工业部门之间分配碳排放配额时，不能忽视减排能力的影响，否则分配结果将有明显偏差；另一方面，分配碳排放配额或评估碳排放配额分配结果时，应该同时强调公平和效率原则，而且，除了考虑绝对量，还需要从碳强度的角度考虑减排目标，毕竟，中国的节能减排目标主要是强度目标。

第4章 中国五大发电集团的碳排放配额分配研究

4.1 中国发电企业碳排放配额分配原则及主要特征

1880~2012 年，全球平均气温上升了 0.85℃（IPCC，2013）。二氧化碳作为主要的温室气体，其浓度的增加对大气升温的贡献最大，因此，控制以二氧化碳为主的温室气体排放成为减缓全球气候变暖对人类生产生活影响的重要途径（Stern，2007；魏一鸣等，2008）。为了建设资源节约型和环境友好型社会，实现经济社会的可持续发展，中国提出到 2020 年二氧化碳排放强度要比 2005 年下降 40%~45%，到 2030 年二氧化碳排放强度要比 2005 年下降 60%~65%。

作为中国能源消耗和碳排放的主要行业，电力行业是被纳入碳排放交易计划的重点行业。电力行业作为中国的主要碳排放源，未来还将处于快速发展阶段，特别是以煤电为主的电源结构将仍然长期存在。作为电力行业的中流砥柱以及排放密集型国有企业的五大发电集团，即中国华能集团有限公司、中国大唐集团公司、中国华电集团有限公司、国家能源投资集团有限责任公司和国家电力投资集团有限公司，在中国的碳排放交易体系中占有核心位置[①]。因此，对中国五大发电集团的碳排放配额分配的研究具有重要的理论价值和现实意义。

第一，选择电力行业，主要是针对碳市场形成的三个基本条件，即满足可测量、可报告、可核查。从国际经验看，欧盟、美国等发达国家和地区的碳排放权交易体系也都是从电力行业开始的。更重要的是，电力行业因为其行业特性相对统一、数据基础良好、碳排放量大且集中、易于计算和检测等优势，被公认为是行业碳交易试点的首选。

第二，电力行业是中国由煤炭消费导致的最大的二氧化碳排放源。2017 年，中国发电 6.5 万亿千瓦时，占世界总发电量的 25.4%（BP，2018）；而根据中国电力企业联合会的《2017 年全国电力工业统计快报》，2017 年中国全口径发电量中，火力发电占比 70.9%[②]，而且电力行业碳排放量约占全国排放量的三分之一。此外，

---

① 需要说明的是，国家能源投资集团有限责任公司由原中国国电集团公司和原神华集团有限责任公司两家世界 500 强企业合并重组而成，于 2017 年 11 月 28 日正式挂牌成立。国家电力投资集团有限公司成立于 2015 年 5 月，由原中国电力投资集团公司与国家核电技术公司重组组建。本书采用其原集团公司相关经营数据整合得到新集团公司相关数据。

② 资料来源：http://www.cec.org.cn/guihuayutongji/tongjixinxi/niandushuju/2018-02-05/177726.html[2018-02-05].

与中国其他行业相比，电力行业由于其装机容量和电网规模位居世界第一，因而更加值得关注和研究。随着 2003 年以后中国工业化和城市化进程加速，二氧化碳排放总量从 2003 年的 45.2 亿吨增加到 2012 年的 89.7 亿吨，年均增长率为 7.9%(BP，2018)；而电力行业二氧化碳排放总量从 2003 年的 22.4 亿吨增加到 2012 年的 48.3 亿吨，年均增长率达到 8.9%(图 4.1)。作为中国电力行业支柱的五大发电集团拥有全国超过 95%的火电装机容量以及超过 70%的发电量，这意味着五大发电集团几乎覆盖了整个中国电力行业的碳排放量。此外，经济增长也是导致二氧化碳排放增长的重要因素(Zhang and Da，2013；Mi et al.，2017)，而随着中国经济的持续增长以及电力需求的增加，碳排放量也会随之增加，因此，平衡经济增长和环境质量之间的关系已经成为中国经济社会发展亟须解决的重要任务(Zhang and Da，2015；Day，2016)。

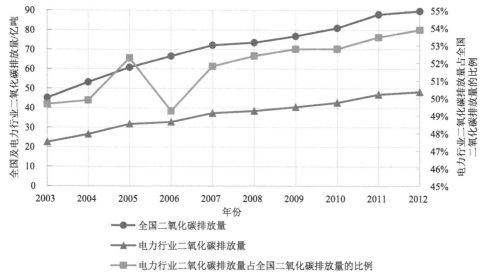

图 4.1　2003～2012 年中国全国和电力行业的二氧化碳排放量及占比

第三，中国《大气污染行动计划》和《中共中央　国务院关于进一步深化电力体制改革的若干意见》(中发〔2015〕9 号)的提出，标志着中国政府将进一步加强和改善电力行业的能源效率及碳减排，而国家发展和改革委员会 2016 年 1 月 11 日发布的《国家发展改革委办公厅关于切实做好全国碳排放权交易市场启动重点工作的通知》(发改办气候〔2016〕57 号)也特别强调，电力行业是国家碳排放交易体系重点覆盖的行业之一。因此，在应对全球气候变化和低碳发展的时代背景下，讨论电力行业内部碳排放配额分配问题，对推动中国电力改革和国家碳交易市场之间的协调发展具有重要政策意义，也是构建全国碳交易市场面临的一个非常紧迫的现实挑战。电力行业碳排放配额分配的方法和结果能够为全国碳排放权交易制度的顶层设计和相关立法的完善提供技术支持与决策参考。

过去几年，中国已经在七个试点省（市）建立了区域碳排放权交易体系，并于2017 年底启动了全国碳排放权交易体系，首先从发电行业开始。在现有碳排放权交易体系中，一个悬而未决的问题是如何在碳交易初始阶段在控排企业之间进行碳排放配额的分配（Cramton and Kerr，2002；Böhringer and Lange，2005；Zetterberg et al.，2012；Zhou and Wang，2016）。此外，碳配额的分配结果对碳交易市场的运行、企业加入碳交易市场和实现碳减排的热情都会产生直接影响，尤其是发电集团根据碳配额分配结果可能会采取不同的行动，进而对实体经济产生各种影响（Ahn，2014）。因此，很大程度上，如何在中国五大发电集团之间科学合理地分配碳排放配额是中国碳市场建设的关键问题。

为此，根据中国电力行业的实际情况和碳市场相关政策需求，本章首先基于公平原则构建碳排放配额分配的双层规划（bi-level programming，BLP）模型。同时，国家从行业层面设计碳交易制度、考虑碳配额分配时[①]，因为电力行业碳排放配额的总量相对比较稳定，而每个发电集团都会争取获得更多的碳排放配额，所以电力行业内部的碳配额分配通常是五大发电集团之间的博弈。换言之，在碳排放配额总量一定的条件下，某些发电集团碳排放配额的增加意味着其他发电集团碳排放配额的减少，体现了在碳排放配额总量不变情况下的"零和博弈"格局。为此，我们采用 ZSG-DEA 模型判断在"零和博弈"情况下碳配额分配结果如何变动，并且检验分配结果是否为有效配置。总之，在兼顾公平与效率原则的基础上，本章通过 BLP 模型和 ZSG-DEA 模型相结合，对中国五大发电集团的碳排放配额进行系统考虑、科学分配。

本章的研究贡献主要体现在以下几个方面。第一，本章的研究可以视为对现有关于资源分配的公平原则与效率原则研究的补充，因为现有相关研究往往侧重于公平原则或效率原则，而本章同时兼顾了两者；第二，我们同时结合了碳排放总量和碳排放强度两个指标的优势，基于国家相关政策，在最大化社会经济效益与环境效益的情况下，对碳排放总量和碳排放强度目标实施双控，可以避免出现"鞭打快牛"的情况；第三，强调了管理机构与五大发电集团的管理层次和博弈关系，由此不仅可以最大限度地提高整体效益，而且可以最大限度地减少五大发电集团的碳排放总量；第四，相较于碳排放配额分配的现有研究主要集中在省际、地区和行业层面，本章的碳配额分配对象集中在企业层面，即五大发电集团，对现有相关研究形成重要补充。

---

① 2015 年，由中国电力企业联合会牵头成立了电力行业碳交易工作组，其主要任务是在行业层面建立碳交易沟通协调机制，加强电力企业参与碳交易、开展碳减排等相关工作的经验和信息沟通交流。

4.2　国内外研究状况

虽然碳排放交易体系的基本概念已是众所周知，但是如何科学分配初始碳排放配额对政策设计来说仍然是一项巨大的挑战(Victor，2004)。从分配原则角度看，现有关于碳排放配额分配的文献主要有两大类。

一类文献强调公平原则。根据该原则，碳配额可以按历史排放量、人口数量、GDP(或人均 GDP)、排放强度等进行分配。许多研究都提倡采用该原则(Ringius et al.，2002；Böhringer and Welsch，2004；Wei et al.，2014)。例如，许多学者提出应该基于人均 GDP 的分配原则，因为他们认为，减排能力应该与经济发展水平相适应，即富裕国家和地区应该承担更重的减排任务(Beckerman and Pasek，1995；Lennox and van Nieuwkoop，2010)。然而，因为基于人均累计排放量在发达国家和发展中国家之间进行配额分配时可以体现公平原则和强调历史责任，所以一些学者认为人均累计排放指标更容易被接受(丁仲礼等，2009；Wei et al.，2014)。此外，Yi 等(2011)通过设定减排能力、责任和潜力的权重，在中国各区域之间开展碳排放配额分配；Liao 等(2015)在公平原则基础上，采用基准线法、祖父法和 Shapley 值法等，为上海三家发电厂分配碳排放配额。而根据人均碳排放量在各个国家的不同，碳排放配额分配的 C&C(contraction & convergence)方法被越来越多的学者所推崇(den Elzen，2002；Persson et al.，2006)。总之，公平原则是各国、各地区、各行业、各企业减少碳排放、应对气候变化的基础，众多文献从不同的角度坚持公平原则(如祖父法、平均主义、污染者付费、支付能力等)。

另一类文献推崇效率原则。效率原则主要强调减排的经济效率和分配方式的效率。虽然公平原则在早期的研究中普遍存在，但近年来效率原则受到越来越多的关注。能源/环境效率往往通过不同加权技术进行构造得到。作为效率评价领域的典型方法，DEA 广泛应用于优化碳配额分配结果的文献中(Gomes and Lins，2008；Wang et al.，2013；Pang et al.，2015)。例如，Chiu 等(2015)应用 ZSG-DEA 模型探讨欧盟国家之间的初始碳排放配额的分配和再分配问题。虽然 DEA 经常用于效率评价，且已被证明是一种衡量碳配额分配效率的有效工具，但是也有其他替代方法可用于效率评估。例如，Kuosmanen 等(2009)分析了 10 种用于碳排放配额分配的替代策略，结果发现按时间等量地减少温室气体可以最小化经济成本。虽然公平原则与效率原则存在区别，但是一些研究仍然认为在某种程度上效率原则可以被视为一种特殊的公平原则(Welsch，1993；Zhou et al.，2014)。总的来说，效率原则是在资源容量一定的情况下的最大化产出。强调碳减排的效率，既能够避免奖励低效率的企业和惩罚快速成长的企业，又能够促使和鼓励企业提高碳排放效率，因此越来越多的研究聚焦于效率原则。然而，效率原则过分强调对先前参与减排者应给予奖励或者补偿(Winkler et al.，2002)，同时，不同的分配原则通常具有不同的福利含义和政策取向，结果导致各国、各省(区、市)、各企业之间仅按一个原则分配碳排放配额很难达成协议。因此，为了使得碳排放配额分配结果更加容易被接受、在经济上更加可行，未来的研究应该同时兼顾公平与效率原则(Zhou and Wang，2016)。近些年，有少量研究兼顾了公平与效率原则。例如，Zhang 和 Hao(2017)通过运用综合指数法，将公平与效率原则相结合，对 2020 年中国 39 个工业部门的碳排放配额进行了分配。

在借鉴前人相关研究基础上，本章采用 BLP 模型分配碳排放配额，不仅能够兼顾碳排放量与碳排放强度，同时强调了监管机构与五大发电集团之间的层级关系。与先前研究相比，我们能够更好地刻画五大发电集团的特点，从而最大限度地提高经济效益和减少二氧化碳排放量。由于五大发电集团成立时间较短，历史数据较少，我们选择灰色预测模型[GM(1,1)模型]来预测 2018～2020 年五大发电集团的发电量，并采用后验差检验方法检验预测结果的可靠性。此外，在通过 BLP 模型求解五大发电集团的碳排放配额分配结果基础上，我们进一步构建 ZSG-DEA 模型判断在"零和博弈"情况下，碳配额分配结果如何变动，并检查分配结果的有效性。

4.3　数据说明与研究方法

4.3.1　数据来源

鉴于数据的完整性和可获取性，本章选择 2003 年作为基准年，主要数据来源如下。

(1)发电量和发电绩效标准(generation performance standards，GPS)数据来自 2004～2018 年的《中国电力年鉴》、各大发电集团官方网站以及北极星电力网(http://www.bjx.com.cn/)。

(2)各发电集团的厂用电率来自其《社会责任书》。

(3)上网电价来自中国电力企业联合会及国家发展和改革委员会。

(4)碳交易价格选取 2013 年 11 月 29 日至 2015 年 5 月 5 日北京环境交易所的交易数据。实际上，如前所述，我国已有 7 个代表性的试点碳交易所，但考虑到各碳交易所的市场影响、交易稳定性和制度规范程度，我们选取北京环境交易所为代表。

4.3.2　研究方法

1. 灰色预测模型与后验差检验

我们获取了 2003～2017 年的发电量数据。而 GM(1，1)方法特别适用于样本量少的预测问题，因此本章采用 GM(1，1)方法对五大发电集团的发电量建模，并预测它们 2018～2020 年的发电量。由 Deng(1982)、邓聚龙(1986)提出的灰色模型用于模糊系统中的关系分析、模型构建和不完全信息预测，最主要的优点就是不需要使用大量数据。作为灰色预测模型中的典型代表，GM(1，1)模型已被广泛应用于电力生产和消费需求的预测(Yao et al.，2003；Akay and Atak，2007；Akay et al.，2013；Hamzacebi and Es，2014)。GM(1，1)模型的建立过程如下。

首先，将给定的发电量历史数据定义为原序列 $g_i^{(0)}$：

$$
\begin{aligned}
g_i^{(0)} = (&g_i^{(0)}(2003), g_i^{(0)}(2004), g_i^{(0)}(2005), \cdots, g_i^{(0)}(2012), g_i^{(0)}(2013), g_i^{(0)}(2014), \\
&g_i^{(0)}(2015), g_i^{(0)}(2016), g_i^{(0)}(2017))
\end{aligned}
\tag{4.1}
$$

其中，$g_i^{(0)}(2003)$ 表示发电集团 i ($i=1,2,\cdots,5$)在 2003 年的发电量。

其次，定义累加生成算子(accumulating generation operator，AGO)序列 $g_i^{(1)}$ 如下：

$$
\begin{aligned}
g_i^{(1)} = (&g_i^{(1)}(2003), g_i^{(1)}(2004), g_i^{(1)}(2005), \cdots, g_i^{(1)}(2012), g_i^{(1)}(2013), g_i^{(1)}(2014), \\
&g_i^{(1)}(2015), g_i^{(1)}(2016), g_i^{(1)}(2017))
\end{aligned}
\tag{4.2}
$$

其中，$g_i^{(1)}(K) = \sum_{m=2003}^{K} g_i^{(0)}(m)$，$K = 2003, 2004, \cdots, 2017$。

通过构造一阶微分方程 $g_i^{(1)}(K)$，建立 GM(1，1)模型如下：

$$
\mathrm{d}g_i^{(1)} / \mathrm{d}K + a g_i^{(1)}(K) = b
\tag{4.3}
$$

通过普通最小二乘法求得方程(4.3)的解如下：

$$
\hat{g}_i^{(1)}(K) = \left(\hat{g}_i^{(0)}(2003) - \frac{\hat{b}}{\hat{a}} \right) \mathrm{e}^{-\hat{a}(K-2003)} + \frac{\hat{b}}{\hat{a}}
\tag{4.4}
$$

其中，$\left[\hat{a}, \hat{b} \right]^{\mathrm{T}} = \left(B^{\mathrm{T}} B \right)^{-1} B^{\mathrm{T}} X$，$B = \begin{bmatrix} -0.5\left(g_i^{(1)}(2003) + g_i^{(1)}(2004) \right) & 1 \\ -0.5\left(g_i^{(1)}(2004) + g_i^{(1)}(2005) \right) & 1 \\ \vdots \\ -0.5\left(g_i^{(1)}(2016) + g_i^{(1)}(2017) \right) & 1 \end{bmatrix}$，$X =$

$\left[g_i^{(0)}(2004), g_i^{(0)}(2005), \cdots, g_i^{(0)}(2017) \right]^{\mathrm{T}}$，$K = 2003, 2004, \cdots, 2017$。

再次，采用 $\hat{g}_i^{(0)}$ 作为由原始序列和预测序列组成的新序列，即

$$\hat{g}_i^{(0)} = \left(\hat{g}_i^{(0)}(2003), \hat{g}_i^{(0)}(2004), \cdots, \hat{g}_i^{(0)}(2013), \cdots, \hat{g}_i^{(0)}(2020) \right) \tag{4.5}$$

其中，$\hat{g}_i^{(0)}(2003) = g_i^{(0)}(2003)$。

最后，通过 AGO 的逆变换，得到方程(4.6)：

$$\hat{g}_i^{(0)}(K) = \left(g_i^{(0)}(2003) - \frac{\hat{b}}{\hat{a}} \right) \left(1 - e^{-\hat{a}} \right) e^{-\hat{a}(K-2003)} \tag{4.6}$$

其中，$\hat{g}_i^{(0)}(2018)$，$\hat{g}_i^{(0)}(2019)$，$\hat{g}_i^{(0)}(2020)$ 表示发电集团 i 基于 GM(1, 1)模型的预测值，$K = 2003, 2004, \cdots, 2020$。

另外，为了验证 GM(1, 1) 模型对五大发电集团发电量的预测结果是否合理、可靠，我们通过后验差检验方法对模型的精度进行检验。具体检验步骤如下。

首先，计算原始数据序列 $g_i^{(0)}$ 的均值如下：

$$\bar{g}_i = \frac{1}{K-2002} \sum_{m=2003}^{K} g_i^{(0)}(m) \tag{4.7}$$

其次，计算平均残差序列 $\xi^{(0)}$ 的均值如下：

$$\bar{\xi}^{(0)} = \frac{1}{K-2002} \sum_{m=2003}^{K} \xi^{(0)}(m) \tag{4.8}$$

其中，$\xi^{(0)}(m) = \hat{g}_i^{(0)}(k) - g_i^{(0)}(m)$，$K = 2003, 2004, \cdots, 2017$。

原始序列 $g_i^{(0)}$ 和平均残差序列 $\xi^{(0)}$ 的方差分别如方程(4.9)和方程(4.10)所示：

$$S_1^2 = \frac{1}{K-2002} \sum_{m=2003}^{K} \left(g_i^{(0)}(m) - \bar{g}_i \right)^2 \tag{4.9}$$

$$S_2^2 = \frac{1}{K-2002} \sum_{m=2003}^{K} \left(\xi^{(0)}(m) - \bar{\xi}^{(0)} \right)^2 \tag{4.10}$$

根据宁宣熙和刘思峰(2009)的研究，后验差比值(posterior error ratio，PER)和小误差概率(small error probability，SEP)分别如式(4.11)和式(4.12)所示。其中后验差检验分为四个等级，如表 4.1 所示。PER 越小越好，可以接受的预测结果一般要求 PER 小于 0.45；SEP 要求尽可能大，一般要求不小于 0.8。

$$PER = \frac{S_2}{S_1} \tag{4.11}$$

$$\text{SEP} = \left\{ \left| \xi^{(0)}(m) - \overline{\xi}^{(0)} \right| < 0.6745 S_1 \right\} \tag{4.12}$$

表 4.1　后验差精度标准

等级	PER	SEP
1 级(好)	< 0.35	> 0.95
2 级(合格)	< 0.45	> 0.80
3 级(勉强)	< 0.65	> 0.70
4 级(不合格)	≥0.65	≤0.70

2. 碳排放配额分配的 BLP 模型

BLP 处理具有主从递阶结构的层次优化问题，即包括上层优化问题和下层优化问题，其主要特点是：上层优化问题的目标函数和约束不仅与上层的决策变量有关，还依赖于下层的最优解，下层优化问题的解被视为上层优化问题的约束条件。同时，下层优化问题的最优解也受到上层决策变量的影响。

本章的 BLP 模型涉及两层决策者之间的相互作用。如图 4.2 所示，五大发电

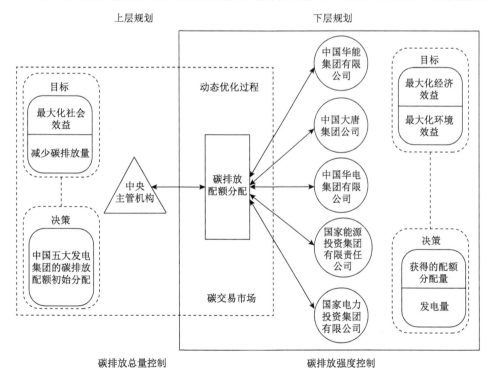

图 4.2　中央主管机构与五大发电集团的碳排放配额分配逻辑图

集团碳排放配额的分配结果不仅取决于中央主管机构的决策，还取决于碳市场交易状况，最后的结果往往是中央主管机构和各发电集团之间相互协调的结果。换言之，碳配额分配结果是由处于上层的中央主管机构的目标和处于下层的五个发电集团的目标共同决定的。因此，BLP 模型能够很好地刻画这种关系，并且通过分别设置上下两层的目标函数实现对碳排放总量和碳排放强度两个指标进行控制。

　　基于上述讨论，我们构建了本章的 BLP 模型，如方程(4.13)所示。上层规划模型(U)在受到下层规划模型(L)约束的条件下，通过最大化全社会的经济效益来决定碳排放配额的最优分配，而下层优化问题在受到上层规划模型(U)约束的条件下，通过最优化 GPS，最大限度地减少五大发电集团的碳排放量。最终，在上下两层规划模型共同作用下，决定五大发电集团碳排放配额的最优分配结果。

$$(U) \max_{q_i, w} h(w) + \sum_{i=1}^{5} V_i$$

$$\text{s.t.} \sum_{i=1}^{5} r_i + w = \rho Q$$

$$\sum_{i=1}^{5} q_i + w \leqslant \rho Q \tag{4.13}$$

$$q_i \geqslant \tau_i$$

$$\alpha \leqslant w \leqslant \beta$$

$$(L) \min_{r_i} (\text{GPS}_{i2020} - \text{GPS}_{2020})^2$$

$$\text{s.t.} \ r_i \geqslant \tau_i, \ i = 1, 2, 3, 4, 5$$

其中，BLP 模型的上层优化模型的目标函数是最大化全社会的经济效益，包括政府公共利益、各发电集团的净收入以及碳配额的市场价值，而约束条件为定额的碳排放配额与限定碳排放总量。上层目标函数中考虑了两种分配方式，即免费分配和拍卖。Ahn(2014)认为拍卖是减少发电集团碳排放量的最有效途径，而 Liu 等(2016)更赞成免费分配，因为拍卖会增加发电集团的额外成本而免费分配可以兼顾祖父法和基准线法的优点。因此，为了充分发挥免费分配和拍卖的优势，在上层目标函数的构建中，与 Ahn(2014)和 Liu 等(2016)不同，我们提出了一种同时基于免费分配和拍卖原则的混合原则。

　　上层的碳排放配额分配优化模型是一个单目标优化问题，而下层的优化模型是一个包含五个目标的多目标优化问题，且下层目标函数对碳排放强度的控制是通过测算 GPS 来实现的。电力行业的 GPS 被定义为发电集团单位发电量的二氧化碳排放量，且已被证明是电力行业环境绩效的关键指标(谢传胜等，2011；王敬敏和薛雨田，2013)。为了平衡经济绩效和环境绩效，其目标函数是最小化 2020

年电力行业的 GPS 与各发电集团的 GPS 之间的差距，以实现对五大发电集团碳排放强度的控制。相较于其他分配指标，选用 GPS 更加公平，也更容易被各发电集团接受。GPS 不仅能够促使发电集团提高其发电技术而产生更多的发电量，也能够使各个发电集团提高能源的整体使用效率，减少二氧化碳排放量。

有很多种方法可以求解 BLP 模型。例如，基于 Karush-Kuhn-Tucker（KKT）条件的方法（Gümüş and Floudas，2001；Colson et al.，2007）、DEA 方法（Calvete et al.，2011；Wu et al.，2014a）、梯度下降法（Savard and Gauvin，1994）等。在本章中，我们选用 KKT 条件方法，将 BLP 模型转化为一个单层数学优化问题，求得最优解。表 4.2 描述了 BLP 模型中所有字母的含义。

表 4.2　BLP 模型中的符号

A：指标和参数

指标	定义	计算方式
i	发电集团的编号	$i = 1, 2, 3, 4, 5$
g_{i2020}	发电集团 i 在 2020 年的发电量（单位：亿千瓦时）	GM(1,1) 与后验差检验
g_{2020}	2020 年全国的发电量（单位：亿千瓦时）	GM(1,1) 与后验差检验
Q_i	发电集团 i 在 2020 年的厂用电率	假设 2020 年的厂用电率与 2013 年持平
P_e	2020 年中国的上网电价（单位：元/千瓦时）	对所有省（区、市）的上网电价求均值
C_i	发电集团 i 在 2020 年的发电成本（单位：元/千瓦时）	单位发电成本=发电总成本/发电量
P_c	2020 年中国碳配额交易价格（单位：元/吨）	自回归模型
ρ	2020 年五大发电集团分配总量在整个电力行业的占比	$\sum\limits_{i=1}^{5} g_{i2020} / g_{2020}$
Q	2020 年中国电力行业分配的碳配额总量（单位：吨）	$Q = \mathrm{GPS}_{2020} \times g_{2020} \times 2.493$
τ_i	发电集团 i 在 2020 年所得碳配额下限总量（单位：吨）	$0.5 \times \rho Q \times \left(g_{i2020} \middle/ \sum\limits_{i=1}^{5} g_{i2020} \right)$
α	2020 年五大发电集团预留拍卖量下限（单位：吨）	假设为五大发电集团排放总量的 3%
β	2020 年五大发电集团预留拍卖量上限（单位：吨）	假设为五大发电集团排放总量的 5%
GPS_{i2020}	发电集团 i 在 2020 年的 GPS（单位：吨标准煤/千瓦时）	$\dfrac{r_i}{g_{i2020}}$
GPS_{2005}	2005 年中国电力行业 GPS（单位：吨标准煤/千瓦时）	2006 年《中国电力年鉴》
GPS_{2020}	2020 年中国电力行业 GPS（单位：吨标准煤/千瓦时）	$\mathrm{GPS}_{2005} \times (1 - 0.45)$
$h(w)$	政府公共利益	$24.17w$
V_i	发电集团 i 的最终收入	$g_{i2020} \times (1 - \delta) \times P_e - g_{i2020} \times C_i + (q_i - r_i) \times P_c$

B：决策变量	
上层：	
q_i	2020 年发电集团 i 的初始碳配额分配量（单位：吨）
w	2020 年碳配额的预留拍卖量（单位：吨）
下层：	
r_i	2020 年发电集团 i 的最优碳排放量（单位：吨）

注：①发电成本的计算是分别选择五大发电集团投资者关系下最大的上市产业公司作代表，即华能国际电力股份有限公司、大唐国际发电股份有限公司、国电电力发展股份有限公司、华电国际电力股份有限公司、上海电力股份有限公司。2014 年年报中成本分析表或者主营业务分行业情况中电力的营业成本以及年报中该企业的发电量数据，同时假设 2020 年单位发电成本与 2014 年持平。②碳配额交易价格可以表示为 $p(x)=a-bx, a,b>0$，其中，x 为供需的差值。我们选用北京环境交易所的历史交易数据为代表，样本区间为 2013 年 11 月 29 日至 2015 年 5 月 5 日，其中当日成交均价为 $p(x)$，而市场供需差值 x 为当日成交量/10 000，在此基础上进行回归分析，2020 年中国碳配额价格可以表示为方程 $P_c=54.13-0.21\times\left(\sum_{i=1}^{5}\frac{q_i-r_i}{10\,000}\right)$。③根据国家发展和改革委员会公布的统计数据，1 千克标准煤相当于 2.493 千克二氧化碳。为此，本章基于 2020 年 GPS 的计算结果和 2020 年电力行业发电量预测结果，通过 GPS 的定义计算 2020 年电力行业的碳排放配额总量。④由于中国"十二五"能源规划的发展目标强调煤炭在发电行业中仍将保持主体地位，以及中国政府提出 2020 年碳排放强度要比 2005 年下降 40%～45%（这里选择 45% 为目标），所以这里选择 GPS 代替碳排放强度。⑤中国《碳排放权交易管理暂行办法》明确规定国务院碳交易主管部门在排放配额总量中预留一定数额，用于有偿分配、市场调节、重大建设项目等。有偿分配所取得的收益，用于促进国家减碳以及相关的能力建设

3. ZSG-DEA 评价模型

人们普遍认为，分配效率是评价碳配额分配结果的一个重要标准（Stavins，1995）。因此，采用 BLP 模型计算碳配额分配结果后，有必要对其分配效率进行评价。考虑到如上所述的零和博弈格局，我们采用 ZSG-DEA 模型判断碳配额分配结果的效率，并且以此判断分配结果如何变动。鉴于碳排放的"弱处置性"以及碳排放对于经济-环境系统而言属于非期望产出，而在 DEA 建模过程中经常将非期望产出视同投入来处理，因此，本章选取 2020 年五大发电集团碳配额初始分配量和装机容量[①]作为模型投入变量，将 2020 年五大发电集团的发电量作为产出变量。为了提高低效率决策单元的效率，必须对非有效的决策单元的投入进行调整，而且必须提高其他决策单元在碳配额约束下的投入。投入导向 ZSG-DEA 模型如下：

---

① 通过灰色预测模型 GM(1, 1)预测 2020 年的装机容量。

$$\min \varphi_0$$

$$\text{s.t.} \sum_{i=1}^{5} \lambda_i x_{ji} \left[1 + \frac{x_{j0}(1-\varphi_0)}{\sum_{i \neq 0} x_{ji}} \right] \leqslant \varphi_0 x_{j0}, \ j = 1, 2$$

$$\sum_{i=1}^{5} \lambda_i g_{i2020} \geqslant g_0 \tag{4.14}$$

$$\sum_{i=1}^{5} \lambda_i = 1$$

$$\lambda_i \geqslant 0, \ i = 1, 2, 3, 4, 5$$

其中，φ_0 表示碳排放配额总量固定的限制条件下的分配效率；λ_i 表示发电集团 i 对效率值的贡献程度；$x_{ji}(i=1,2,3,4,5; j=1,2)$ 表示发电集团 i 的第 j 种投入要素，即碳配额初始分配量和装机容量；g_{i2020} 表示发电集团 i 的发电量；x_{j0} 和 g_0 表示待评估发电集团的相应投入和产出要素。

4.4　研究结果讨论分析

4.4.1　发电量预测结果

根据式(4.6)，我们得到了 2020 年中国华能集团有限公司、中国大唐集团公司、中国华电集团有限公司、国家能源投资集团有限责任公司、国家电力投资集团有限公司以及全国发电量的预测值分别是 9242.1 亿千瓦时、6873 亿千瓦时、6958.2 亿千瓦时、12 162 亿千瓦时、5828.7 亿千瓦时、83 158 亿千瓦时(图 4.3)。由图 4.3 可知，五大发电集团及全国的发电量未来仍将呈现增长趋势，这是由于国民经济持续增长会对电力行业产生巨大需求。虽然过去几年中国经济增速放缓，电力消费增长率也开始回落，然而在经济持续增长的驱动下，未来中国电力消费需求的上升趋势不可逆转。特别是，电力体制改革加剧了五大发电集团之间的竞争，导致五大发电集团新装机容量大幅度上升，进而造成发电量大幅增加。

为了验证本章的发电量预测结果是否可靠，根据式(4.11)和式(4.12)，我们采用后验差检验方法对模型的精度(PER 和 SEP)进行检验，结果如表 4.3 所示。可见，PER 小于 0.45，SEP 均为 1，反映出 GM(1, 1)模型能够很好地预测 2020 年的发电量。

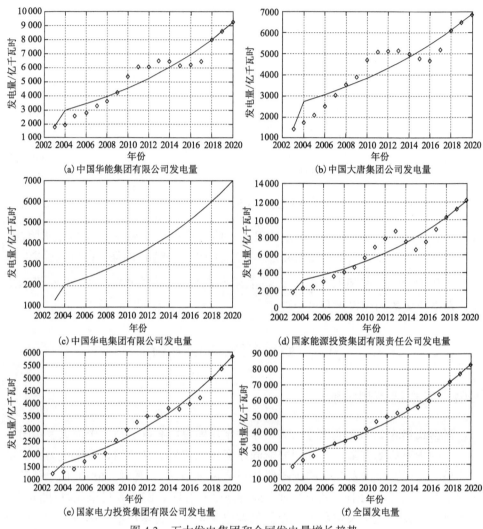

图 4.3　五大发电集团和全国发电量增长趋势

表 4.3　后验差检验计算结果

误差值	中国华能集团有限公司	中国大唐集团公司	中国华电集团有限公司	国家能源投资集团有限责任公司	国家电力投资集团有限公司	全国
PER	0.1927	0.2479	0.2107	0.2353	0.1151	0.0932
SEP	1	1	1	1	1	1

4.4.2　基于 BLP 模型的碳排放配额初始分配结果

根据式(4.13)的 BLP 模型，我们得到五大发电集团的碳排放配额分配结果，如表 4.4 所示，可见中国华能集团有限公司、中国大唐集团公司、中国华电集团有限公司、国家能源投资集团有限责任公司、国家电力投资集团有限公司以及预留拍卖量获得的碳排放配额分别占总配额量的 18.55%、13.82%、13.97%、24.35%、11.68% 和 17.63%。将发电量与碳排放配额分配量作成直方图，如图 4.4 所示。可见，二者的走势基本一致，而且发电集团在 2020 年的发电量越多，则其在 2020 年获得的碳排放配额也越多。相比而言，国家能源投资集团有限责任公司 2020 年获得的碳排放配额量最大，而国家电力投资集团有限公司 2020 年获得的碳排放配额量最小。此外，如果剔除预留拍卖量，中国华能集团有限公司、中国大唐集团公司、中国华电集团有限公司、国家能源投资集团有限责任公司以及国家电力投资集团有限公司的碳排放配额占五大发电集团配额总和的比例分别为 22.52%、16.77%、16.96%、29.56% 和 14.18%[①]。

表 4.4　2020 年五大发电集团碳排放配额分配结果　　　　　单位：亿吨

项目	预留拍卖量	中国华能集团有限公司	中国大唐集团公司	中国华电集团有限公司	国家能源投资集团有限责任公司	国家电力投资集团有限公司
配额分配量	2.31	2.43	1.81	1.83	3.19	1.53

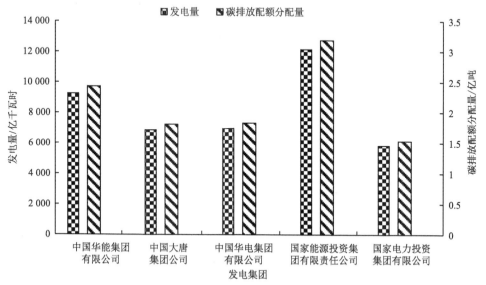

图 4.4　2020 年各发电集团的发电量与碳排放配额分配量

由上可知，在其他条件相同的情况下，发电量较多的企业应分配更多的碳排

---

① 数据未经修约，可能存在比例合计不等于 100% 的情况。

放配额，这与 Li 和 Tang（2016）的研究是一致的，其认为在电力行业分配碳排放配额时，发电量是一个重要因素。中国电力行业的电源结构长期以来以煤炭作为主要燃料，而且中国社会对电力的需求仍处于上升趋势。电力行业碳排放的未来变化对实现国家节能减排目标具有重要影响（Zhao et al.，2013）。因此，我们应该充分利用五大发电集团巨大的减排潜力来实现中国的碳减排目标。例如，可再生能源发电可以有效降低煤炭消耗和提高环境效率（Bi et al.，2014），而且电力结构调整是电力行业碳减排的主战场，所以五大发电集团应该增加可再生能源发电的份额。更重要的是，在未来一段时间，作为高能耗、高排放的五大发电集团仍然是碳交易市场的主要买家，面临着巨大的碳减排压力。为了更好地应对这些问题，五大发电集团或其原集团公司在各自的 2015 年企业社会责任报告中都明确提出要坚持绿色发展战略，尤其是强调了控制碳排放与加强碳资产管理。同时，作为新兴市场的碳交易市场会对五大发电集团的管理产生较大影响。因此，基于五大发电集团在碳市场的关键买方地位，五大发电集团应该提高碳资产的综合管理能力，推动企业低碳发展。

4.4.3　考虑效率的碳排放配额分配结果

本章首先利用 ZSG-DEA 模型计算 2020 年中国五大发电集团的碳排放配额分配效率。2020 年各发电集团的投入指标和产出指标数据如表 4.5 所示。

表 4.5　发电集团投入指标与产出指标数据

决策单元	装机容量/万千瓦时	获得配额量/亿吨	发电量/亿千瓦时
中国华能集团有限公司	25 569	2.43	9 242.1
中国大唐集团公司	19 152	1.81	6 873.0
中国华电集团有限公司	21 606	1.83	6 958.2
国家能源投资集团有限责任公司	35 607	3.19	12 162.0
国家电力投资集团有限公司	18 058	1.53	5 828.7

注：各发电集团 2020 年的装机容量通过 GM(1,1) 模型预测得到

考虑到采用传统 DEA 模型时没有考虑碳排放配额的增加或减少在五大发电集团之间是相互独立的，而且不允许五大发电集团之间存在合作或者竞争，因此，在这些特定情形下使用传统 DEA 模型评价碳排放配额分配效率可能得到有偏的结果。为此，在碳排放配额总量既定的前提下，本章采用 ZSG-DEA 模型[式(4.14)]判断在"零和博弈"状态下碳排放配额分配结果的变动情况，并且通过调整分配

结果使得五大发电集团的碳配额分配效率均达到 DEA 有效状态。根据式(4.15)，调整先前由 BLP 模型分配的五大发电集团的碳排放配额，结果如表 4.6 所示。

$$x_{ji} = \sum_{i \neq 0} \left[\frac{x_{ji}}{\sum_{i \neq 0} x_{ji}} \times x_{j0}(1-\varphi_0) \right] - x_{ji}(1-\varphi_i) \tag{4.15}$$

表 4.6　碳排放配额分配效率及最终分配结果

决策单元	ZSG-DEA 效率值		最终 DEA 效率值	最终碳排放配额分配结果/亿吨
	初始值	第一次迭代		
中国华能集团有限公司	1.0000	1.0000	1.0000	2.43
中国大唐集团公司	1.0000	1.0000	1.0000	1.81
中国华电集团有限公司	0.9978	1.0000	1.0000	1.83
国家能源投资集团有限责任公司	1.0000	1.0000	1.0000	3.19
国家电力投资集团有限公司	1.0000	1.0000	1.0000	1.53

同时，DEA 效率计算结果如表 4.6 所示。可见，基于 BLP 模型的碳排放配额分配效率值都接近 1。具体来说，除了中国华电集团有限公司的 DEA 效率为 0.9978，中国华能集团有限公司、中国大唐集团公司、国家能源投资集团有限责任公司、国家电力投资集团有限公司的 DEA 效率都等于 1。这表明五大发电集团获得了一个公平而有效的分配结果，也说明 BLP 模型是一个可靠的碳排放配额分配模型。特别是经过一次迭代后，五大发电集团 ZSG-DEA 效率值均为 1，表明五大发电集团都达到了 ZSG-DEA 的有效边界，也实现了整体效率的帕累托最优；同时也再次证明，基于 BLP 模型的碳排放配额分配结果是合理、公平和有效的。具体而言，中国华能集团有限公司、中国大唐集团公司、中国华电集团有限公司、国家能源投资集团有限责任公司、国家电力投资集团有限公司以及预留拍卖量最终获得的碳排放配额分别为 2.43 亿吨、1.81 亿吨、1.83 亿吨、3.19 亿吨、1.53 亿吨和 2.31 亿吨。

4.5　主要结论与启示

　　五大发电集团作为中国电力行业的主要代表，其积累的碳排放配额分配经验能够为其他行业提供重要参考，有利于推动碳交易市场稳步发展，进而更好地推动中国实现碳减排目标。本章基于 BLP 模型和 ZSG-DEA 模型，在兼顾公平原则与效率原则的基础上，研究五大发电集团的碳排放配额分配问题。主要结论如下。

　　首先，BLP 模型在兼顾减排目标并反映中央主管机构和五大发电集团的层次关系的情况下，能够公平、有效地分配碳排放配额。其中，国家能源投资集团有限责任公司获得的碳排放配额最多，而国家电力投资集团有限公司获得的碳排放配额最少；而且发电量是影响碳排放配额分配最直接、最关键的因素，其与碳排放配额存在显著的正相关关系。某个发电集团发电量越大，其获得的碳排放配额就越多。

　　其次，中国五大发电集团具有很大的碳减排潜力，在很长一段时间内，五大发电集团获得的碳排放配额与其实际需要的碳排放配额之间存在巨大差距。而且作为碳市场的主要买方，五大发电集团在中国碳市场发展中发挥了举足轻重的作用。

　　最后，五大发电集团中除了中国华电集团有限公司外，其他发电集团的初始碳排放配额分配效率都达到了 1，而使用 ZSG-DEA 模型迭代一次后，五大发电集团的碳排放配额分配结果都达到了 ZSG-DEA 的有效边界。在体现碳排放配额分配的效率原则的同时，也证明 BLP 模型是五大发电集团分配碳排放配额的可靠、有效的方法。

　　根据上述结果，为了更加科学、合理地在电力行业分配碳排放配额，推动电力行业有效实施碳交易，我们也尝试为中国政府和五大发电集团提出如下政策建议。

　　第一，在分配碳排放配额时，中国政府应当在坚持实施兼顾公平原则与效率原则的基础上，纳入无偿分配与有偿分配相结合的分配方式(即免费分配和拍卖相结合)，同时充分利用两种制约因素(即碳排放总量和碳排放强度)。

　　第二，发电集团应该妥善处理火力发电与可再生能源发电之间的平衡关系，继续调整能源结构，降低碳排放强度。虽然大多数可再生能源和绿色科技都具有降低发电成本与减少碳排放量的潜力(Sims et al.，2003)，然而未来很长一段时间内其并不能完全替代火力发电(Zou et al.，2017)，因此，在未来较长时期内，中国政府还需要继续不遗余力地督促发电集团调整能源结构，寻求低碳发展。

　　第三，五大发电集团应该率先成立碳资产管理部门，以专业化的方式管理碳资产。G20 峰会首次提出了"绿色金融"的概念，同时，国家发展和改革委员会等部委于 2016 年 8 月发布了《关于构建绿色金融体系的指导意见》，建议电力集团成立碳资产运营管理部门。由于碳排放配额同时具有商品属性和金融属性，发电集团应该充分利用碳排放配额的这些特征，规避由购买碳排放配额导致生产成本大幅增加的风险。

第5章 碳配额分配机制对控排企业产品定价及减排行为的影响研究

5.1 中国碳交易试点地区的碳配额分配机制

碳交易的实施会对控排企业决策产生深远影响,因此,揭示不同碳配额分配机制对控排企业的产品定价策略和碳减排行为的影响机理,可能会直接影响企业参与碳交易的收益和意愿,这对于我国建设和持续发展碳交易市场意义重大。

中国已于 2011 年明确提出了建立碳市场的计划。从 2013 年开始,中国 7 个碳交易试点地区——深圳市、上海市、北京市、广东省、天津市、湖北省、重庆市先后提出了碳排放配额分配方案。它们根据当地经济和行业的差异,采用了祖父法、基准线法、限额交易下自主申报法和拍卖法等方法分配初始碳配额,如表5.1 所示。同时,当前深圳市、上海市、北京市、广东省、天津市、湖北省的碳配额分配方案以免费分配为主,有偿分配为辅,后期逐步扩大有偿分配比例;而重庆市则采取自主申报法,初期碳配额全部免费分配,后期逐步扩大有偿分配比例。在此背景下,碳交易试点地区的控排企业必须要研究碳配额分配准则对企业产品及自身减排行为的影响,以期调整自己的产品价格,做出最有利的减排决策,从而实现企业利润最大化目标。

表 5.1　中国碳交易试点地区的碳配额分配准则

碳配额分配准则	深圳市	上海市	北京市	广东省	天津市	湖北省	重庆市
祖父法		√	√	√	√	√	
基准线法	√	√	√	√	√	√	
自主申报法							√
拍卖法	√	√		√		√	

实际上,在不同碳配额分配准则下,控排企业获取配额的数量和成本是不相同的,而且都会对企业产品的价格产生影响。如果企业获取较多配额,则企业减排力度会降低,减排成本很低甚至为负(将多余配额拿到市场上交易),在此情况下,控排企业与同类企业竞争时产品定价会处于优势;如果企业获取配额成本较

高，变相地增加了控排企业的生产成本，则控排企业与同类企业竞争时产品定价会处于劣势。另外，在不同碳配额分配准则下，企业获取配额量不同，导致企业自主根据其减排成本判断减排的力度，若企业减排成本较低而市场配额价格较高，企业会加大减排力度使其剩余更多的碳配额去市场上出售获利。

从碳排放研究来看，过去不少文献从宏观角度(如国家、产业、区域等)分析了碳排放空间或碳配额分配(Cong and Wei，2010；Ozturk and Acaravci，2013；Pan et al.，2014b；Zhang et al.，2015b)，而很少有文献从微观角度(如企业)研究碳配额分配方法造成的影响。虽然部分文献研究了特定碳配额分配准则下企业的碳排放决策，如 Zetterberg(2014)分析了 EU ETS 中基准线法对企业产品价格和排放的影响，但是尚未考虑基准线法与其他分配方法对控排企业造成的影响的差异。

实际上，研究不同碳配额分配准则下企业的减排行为及其差异，有助于在碳市场的不同发展阶段制定合适的碳配额分配准则，以保障控排企业相比同类非控排企业的竞争力，防止碳泄漏及企业迁徙。鉴于此，本章将重点考虑如何刻画不同碳配额分配机制对控排企业产品价格和减排行为的影响机理。

5.2　国内外研究状况

EU ETS 的发展经验表明，随着碳减排活跃程度的提高，碳配额分配准则逐步由祖父法过渡到基准线法，然后完全实施拍卖法(Ellerman et al.，2014)。中国碳交易试点地区也尝试在数据可获取的情况下使用基准线法分配碳配额，同时扩大拍卖法实施比例。例如，广东要求所有管控企业购买至少 3%的 2013～2014 年的总配额，最低价为每吨 60 元，否则，企业无法免费获得剩余的配额。该比例在2015 年上升到 10%。由此可见，中国碳市场也会像 EU ETS 一样实现碳配额分配准则的过渡。

作为碳交易市场设计的重点环节，碳排放配额分配方法不仅决定了碳市场的运行机制，还会影响控排企业的碳配额量，进而影响其产品定价及减排决策。因此，在不同碳配额分配准则约束下控排企业面临的产品定价策略和减排决策，以及不同碳配额分配准则对控排企业的影响差异，成为当前碳市场顶层设计过程中重要而紧迫的政策问题。目前，关于碳配额分配准则的研究大致可以分成以下几类。

第一类：从公平角度考虑碳配额分配，具体分配方法主要包括祖父法、基准线法等。例如，Rose 等(1998)在全球气候变化问题上提出了祖父法，以历史排放量作为免费分配碳配额的依据。然而这种分配方法违反了污染者治理原则，容易产生激励扭曲。祖父法依据免费分配原则，在碳市场建立初期更容易被减排单位接受，所以中国的碳交易试点地区主要采用祖父法，如表 5.1 所示。

有学者在公平原则的基础上考虑了历史原则和其他原则。例如，Pan 等 (2014b)提出，要根据人均历史累计碳排放量分配碳配额，实现全球公平的碳排放空间；Ringius 等(2002)从公平角度提出了以综合指标(包括个人平等、主权平等、污染者治理等)来分配碳配额。也有学者从公平角度提出了可以避免祖父法激励扭曲的基准线法。例如，Zetterberg 等(2012)分析了 EU ETS 和北美碳市场的碳配额分配政策，认为基准线法应在碳市场作为祖父法和拍卖法的过渡方法。基准线法可以避免祖父法的激励扭曲，中国大部分碳交易试点地区也在尝试使用基准线法，如表 5.1 所示。

第二类：从效率角度考虑碳配额分配。学者们普遍认为，拍卖法优于传统的祖父法(Pezzey and Park，1998；Cramton and Kerr，2002；Böhringer and Lange，2005)，可以避免祖父法低效的分配问题(Betz et al.，2006)。拍卖法保证了交易系统的高效、透明和简易性，能够极大刺激低碳经济投资，而且拍卖法符合污染者治理原则，有助于避免污染者大量免费排放而获取利润(European Commission，2008)。中国碳交易试点地区广东、湖北、深圳、上海尝试拍卖法，特别是广东率先以拍卖法分配碳配额。湖北于 2014 年 3 月 31 日举行了第一次拍卖，出售了 200 万吨二氧化碳，价格为每吨 20 元。深圳于 2014 年 6 月 6 日拍卖了首批碳配额，共成功拍出 7.4974 万吨碳配额，成交价格为每吨 35.43 元。上海于 2014 年 6 月 30 日首次拍卖了碳配额，2 家试点控排企业通过竞价共购得 2013 年度碳配额 7220 吨。还有学者从效率角度考虑了区域之间的碳排放关系，进而考虑碳配额分配。例如，Zhang 等(2014b)从中国八个区域之间的合作减排关系出发，提出运用 Shapley 值方法为各区域分配碳配额。

第三类：综合公平和效率原则考虑碳配额分配。例如，Wei 等(2012)针对省际碳减排责任多少的问题，从公平和效率角度讨论碳配额分配，给出了偏重公平、偏重效率，以及公平和效率同等考虑来分配碳配额的决策参考方案。Baer 等(2007)构建了综合指数模型，考虑国家的减排能力和责任，并从减排能力、减排责任、减排潜力的角度进行了碳配额分配。在中国碳交易试点地区中，重庆采用了自主申报法，这种分配机制从本质上考虑了公平和效率原则分配碳配额。控排企业会根据减排成本和碳市场价格来决定是否出售及购买碳配额，通过限额交易，控排企业的排放总量会被控制在总量范围以内。控排企业根据市场碳价决定其承担的碳减排量，因此可以灵活决定排放多少，该种限额交易体系会使实现减排目标成本最小化(Stavins，2008)。

另外，大部分现有文献聚焦于探索新的碳配额分配方法，仅有少数文献研究现有方法之间的差异。例如，荷兰环境部环境评估署研发的关于环境经济评估的政策支持工具 FAIR 2.0 同时分析了 10 种分配方案，并计算了 10 种分配方案下世界 17 个地区的碳配额（den Elzen and Lucas，2003）；Pan 等（2014a）将世界划分为八大区域，并分析了八大区域在 20 种碳配额分配方法下所获得的碳配额，指出不同分配方法下碳配额差异很大，自下而上的全球减排承诺是实现气候协议的唯一方法。

鉴于前人的相关研究，我们针对中国不同碳交易试点地区碳分配准则的差异及各试点地区采取不同碳配额分配准则的状况，基于消费者低碳意识假设对控排企业产品需求进行了预测，求解了控排企业产品出售收益，考虑了减排成本和碳配额市场交易收益，提出了"控排企业整体收益函数=产品售出收益+碳配额市场交易收益–减排成本"。同时，我们在不同碳配额分配准则约束下，结合控排企业整体收益函数对产品价格求导数，得出了不同碳配额分配准则下的最优产品定价机制；根据控排企业的产品出售收益函数、减排成本函数和碳市场价格，利用边际减排成本=边际减排收益，确定了最佳碳减排量。而且，我们从控排企业的角度分析了不同碳配额分配准则下控排企业为实现最佳收益而做出的产品定价决策和减排决策，以及不同碳配额分配准则对控排企业收益的影响；在此基础上，比较分析了不同碳配额分配准则下控排企业减排行为的差异。

5.3　研 究 方 法

5.3.1　碳配额分配方法

1. 祖父法

与其他碳配额分配方法相比，祖父法是在实践中更容易被接受且可行的方法（Groenenberg and Blok，2002）。在中国碳市场建立初期，祖父法也是碳交易试点地区使用最广泛的方法。按照祖父法，控排企业所获得的碳配额总量以其历史排放水平为基准。采用祖父法分配碳配额可以满足控排企业以往生产的需求，一般情况下不会对控排企业的经营带来过大影响。而且，因为碳配额是有价值的可转让凭证，控排企业如果降低了碳排放量，还可以出售剩余的碳配额以获得利润，所以控排企业能够充分享受碳交易市场所赋予的减排灵活性。按照祖父法，控排企业分配的碳配额等于其历史参考年的碳排放量与折减系数的乘积，即

$$\hat{e} = f \times e_{\text{c-ante}} \tag{5.1}$$

其中，$\hat{e}$ 表示控排企业本期获取的免费碳配额；f 表示折减系数；$e_{\text{c-ante}}$ 表示历史参考年的碳排放量。

2. 基准线法

基准线法是对控排企业在同类生产活动中的碳排放表现进行比较的一种方法，具体而言，控排企业一般可以根据基准线法与同行做比较（Groenenberg and Blok，2002）。中国碳交易试点地区都在数据允许条件下尝试使用基准线法，通过选择行业基准进一步奖励最高效的控排企业。在比较同类活动时，基准线法一般会选择一个参考基准作为标杆，该参考基准一般是同类活动中表现最好的。控排企业的碳配额 $\hat{e}$ 等于设置的基准标杆 b_{sector} 乘以数量指标 q，如式（5.2）所示，一般来说，q 可以是控排企业产品的需求量、产能或投入量，本章选取产品需求量（Zetterberg，2014）。

$$\hat{e} = q \times b_{\text{sector}} \tag{5.2}$$

另外，按照基准线法，控排企业在第二期获取的碳配额 $\hat{e}_2$ 根据往年数量指标 q_1 与二期标杆系数 b_{sector2} 的乘积来发放，如式（5.3）所示。

$$\hat{e}_2 = q_1 \times b_{\text{sector2}} \tag{5.3}$$

3. 自主申报法

自主申报法是重庆特有的碳排放配额分配方案，重庆以配额管理单位既有产能 2008～2012 年最高年度排放量之和作为基准配额总量，2015 年前，按逐年下降 4.13% 确定年度碳配额限额。基于产品需求量自主申报的碳配额如下。

$$\hat{e} = \frac{q}{q_{\text{sector}}} \hat{E} \tag{5.4}$$

其中，$\hat{E}$ 表示部门碳排放量控制阀；q_{sector} 表示控排企业所在整个部门的需求量。这里，我们假设按控排企业产品需求量申报，控排企业所获取的碳配额为产品需求量占部门总需求量比值乘以碳排放量控制阀。

4. 拍卖法

增加拍卖法的碳配额占比，逐步向拍卖法过渡，是全球各大碳市场改革与完善碳交易制度的重要方向。Cramton 和 Kerr（2002）认为，拍卖法优于其他任何分配方法，拍卖法可以减少税收扭曲，激励技术创新，在分配过程中有更大的灵活

性。拍卖法下控排企业的碳配额均从市场上购买，免费碳配额为零，即

$$\hat{e} = 0 \tag{5.5}$$

5.3.2　控排企业产品需求预测方法

许多研究证明，企业承担社会责任会提高消费者对企业的满意度，从而提升企业的声誉和竞争优势，使企业财务价值提高（Saeidi et al.，2015）。在我国，对于企业的社会责任意识觉醒相对较晚，但随着一系列社会生态问题、资源约束问题、产品质量问题等的出现，人们关注企业和产品的目光开始从"物美价廉"和"高品质"转向了企业社会责任。实际上，随着消费者低碳意识的增强，企业承担减排责任同样会提高消费者对企业的满意度。我们假设，市场上的消费者具有一定的低碳意识，会根据控排企业参与碳减排的力度大小选择消费。具体而言，假设市场上的消费者对控排企业参与碳减排的认知程度服从 $\left[\underline{\delta}, \overline{\delta}\right]$ 上的均匀分布，其中，$\overline{\delta}$ 表示具有极强的低碳意识，消费者完全认可并购买大力实施碳减排的企业的产品；$\underline{\delta}$ 表示没有低碳意识，消费者不认可碳减排，并不会因为控排企业实施碳减排而购买其产品。假设政府对消费者购买低碳排放企业产品的补贴额度如下。

$$\xi = te_{rd} \tag{5.6}$$

$$e_{rd} = e_m - e_c \tag{5.7}$$

其中，e_m 表示控排企业的碳排放限额；e_c 表示实际碳排放量；e_{rd} 表示控排企业的碳减排量；t 表示补贴系数，政府可以调整补贴系数 t 以改变补贴金额的大小。对于消费者而言，他们是否购买该控排企业的产品，取决于其消费效应是否大于购买同类非控排企业的产品。考虑这样一类顾客，其低碳意识为 δ，是低碳意识不强但也具有一定低碳意识的顾客，他们面对两类产品的一定价差，决定是否购买控排企业产品持中立态度，即对他们来讲，购买两类产品的效用相同，如式（5.8）所示。

$$P - P_0 = k(\delta - \underline{\delta}) + te_{rd} \tag{5.8}$$

其中，k 表示消费者低碳意识常数；P 表示控排企业产品的市场价格；P_0 表示同类非控排企业产品的市场价格。由式（5.8）解得

$$\delta = \frac{P - P_0 - te_{rd} + k\underline{\delta}}{k} \tag{5.9}$$

同时，市场上此类控排企业产品的需求量如式(5.10)所示。

$$q = q_{\text{sector}} \int_{\underline{\delta}}^{\overline{\delta}} \frac{1}{\overline{\delta} - \underline{\delta}} \mathrm{d}x = q_{\text{sector}} \left(1 + \frac{te_{\text{rd}} + P_0 - P}{k(\overline{\delta} - \underline{\delta})} \right) \tag{5.10}$$

其中，q_{sector} 表示控排企业所在部门的总需求量，包括控排企业产品和同类非控排企业产品。

5.3.3　收益分析方法

在祖父法、拍卖法、自主申报法下，免费分配碳配额不受前期企业产品的市场需求量影响，只考虑本期利润最大化，即一阶段利润最大化。但是，在基准线法下，由于免费分配碳配额受到前一期企业产品的市场需求量影响，而企业产品价格影响着产品的供求关系，企业在决策时必须考虑第一期产品价格决策对第二期产品价格的影响，即考虑两阶段利润最大化。

1. 一阶段决策

在一阶段利润最大化情况下，控排企业本期的碳减排力度及产品定价决策仅考虑本期利润最大化。企业的总利润 $\varPi$ 如式(5.11)所示。

$$\varPi = (P - c)q - c_d(e_{\text{rd}}) + \varepsilon(\hat{e} + e_{\text{rd}} - e_m) \tag{5.11}$$

其中，P 表示控排企业产品的市场价格，是决策变量；c 表示不考虑碳减排技术投入时的单位生产成本；q 表示控排企业产品的市场需求量；$c_d(e_{\text{rd}})$ 表示碳减排量 e_{rd} 的减排成本函数；ε 表示碳市场交易价格；$\hat{e}$ 表示碳排放配额；e_m 表示控排企业的碳排放限额。为了实现利润最大化，控排企业的最优定价决策根据式(5.12)确定。

$$(\varPi)'_P = 0 \tag{5.12}$$

2. 两阶段决策

在两阶段利润最大化情况下，控排企业本期的碳减排力度及产品定价决策不仅要考虑本期利润，还要考虑本期决策对下期产生的影响。企业的总利润为 $\varPi_1 + \varPi_2$，分别计算如下。

$$\varPi_1 = (P - c)q_1 - c_d(e_{\text{rd}1}) + \varepsilon_1(\hat{e}_1 + e_{\text{rd}1} - e_m) \tag{5.13}$$

$$\varPi_2 = (P - c)q_2 - c_d(e_{\text{rd}2}) + \varepsilon_2(\hat{e}_2 + e_{\text{rd}2} - e_m) \tag{5.14}$$

为了实现利润最大化，企业的最优定价决策可由式(5.15)确定。

$$(\Pi_1 + \Pi_2)'_P = 0 \tag{5.15}$$

5.3.4　最优产品定价方法

1. 祖父法

根据祖父法分配碳配额时，控排企业的碳配额分配量与历史排放量有关，控排企业制定产品最优价格 P^* 使企业碳减排收益最大化，即根据式(5.11)对产品价格求导，并使一阶导数为零。根据式(5.1)、式(5.11)和式(5.12)得到

$$P^* = \frac{1}{2}[c + P_0 + te_{rd} + k(\overline{\delta} - \underline{\delta})] \tag{5.16}$$

2. 基准线法

根据基准线法分配碳配额时，控排企业的碳配额分配与基准有关，该基准往往参照上一阶段的碳排放情况。因此，控排企业在基准线法下确定产品价格时，必须要考虑两个阶段收益的最大化，根据两阶段收益函数 $\Pi_1 + \Pi_2$ 对产品价格求导，并使一阶导数为零。根据式(5.2)、式(5.3)和式(5.15)可得到

$$P^* = \frac{1}{2}[c + P_0 + k(\overline{\delta} - \underline{\delta})] + \frac{1}{4}(te_{rd1} + te_{rd2} - b_{sector2}\varepsilon_2) \tag{5.17}$$

3. 自主申报法

根据限额交易下自主申报法分配碳配额时，控排企业的碳配额与控制总量和企业产量有关。控排企业为了确定产品价格使企业收益最大化，必须要根据式(5.11)对产品价格求导，并使一阶导数为零。根据式(5.4)、式(5.11)和式(5.12)得到

$$P^* = \frac{1}{2}\left[c + P_0 + te_{rd} + k(\overline{\delta} - \underline{\delta}) - \varepsilon\frac{\hat{E}}{q_{sector}}\right] \tag{5.18}$$

4. 拍卖法

根据拍卖法分配碳配额时，控排企业的碳配额由拍卖而来。控排企业为了确定合理的产品价格使企业收益最大化，需要根据式(5.11)对产品价格求导，并使一阶导数为零。根据式(5.5)、式(5.11)和式(5.12)得到

$$P^* = \frac{1}{2}[c + P_0 + te_{rd} + k(\overline{\delta} - \underline{\delta})] \qquad (5.19)$$

5.3.5　最优碳减排量确定方法

控排企业参与碳减排会涉及减排成本、减排配额收益和政府补贴收益，根据利润最大化原理，边际收益等于边际成本时企业利润最大化，即"边际减排成本＝边际减排配额收益＋边际政府补贴收益"时，企业参与碳减排的收益最大。

一般来说，若企业不参与减排，很少或不投资减排技术，则排放量越大，减排成本越小；相反，若企业积极参与减排，大量投资减排技术，则企业减排量越小，减排成本越大。针对具体的企业来说，其减排成本的确定受到诸多因素影响，企业减排收益最大化时达到最优减排量，即

$$c_d'(e_{rd}) = \varepsilon + [(P - c)q]_{e_{rd}}' \qquad (5.20)$$

5.4　优化结果分析

5.4.1　控排企业最优产品定价分析

根据上述方法，我们得出了各种碳配额分配准则下，控排企业确定的最优产品价格，如表 5.2 所示。

表 5.2　最优产品价格计算结果

碳配额分配准则	最优产品价格
祖父法	$P^* = \frac{1}{2}[c + P_0 + te_{rd} + k(\overline{\delta} - \underline{\delta})]$
基准线法	$P^* = \frac{1}{2}[c + P_0 + k(\overline{\delta} - \underline{\delta})] + \frac{1}{4}[te_{rd1} + te_{rd2} - b_{sector2}\varepsilon_2]$
自主申报法	$P^* = \frac{1}{2}\left[c + P_0 + te_{rd} + k(\overline{\delta} - \underline{\delta}) - \varepsilon \dfrac{\hat{E}}{q_{sector}} \right]$
拍卖法	$P^* = \frac{1}{2}[c + P_0 + te_{rd} + k(\overline{\delta} - \underline{\delta})]$

结果显示：第一，在各种碳配额分配准则下，控排企业最优产品定价均受到生产成本、同类非控排企业的产品价格、补贴额度和消费者低碳意识等因素影响；基准线法准则下控排企业的最优产品定价还会受到标杆系数、碳价的影响；自主申报法准则下控排企业的最优产品定价还会受到控制总量及碳价的影响。

第二，祖父法与拍卖法的最优产品定价相同，而拍卖法下控排企业获取碳配额的成本较高。在其他情况相同时，控排企业在祖父法下获取碳配额将获得更大的碳减排收益。目前，中国碳配额拍卖比例较低，拍卖法的实施阻力较大，控排企业更偏向于按照祖父法免费获取碳配额。

第三，与祖父法相比，采用基准线法和限额交易下企业自主申报法时，控排企业的产品价格会因碳价、基准线系数及排放限额与部门产量的比值的影响而下降，而且，采用基准线法和自主申报法时控排企业的收益均低于祖父法，因此，在企业受补贴情况不变时，企业更希望通过祖父法获取碳配额。此外，Schmidt 和 Heitzig（2014）分析认为，在碳交易市场建设初期，采用祖父法可以避免控排企业迁徙，该观点与本章的研究结果一致。

第四，政府外部性管制及政府补贴力度不够而造成的企业迁徙对政府及企业均是非常不利的，也会导致碳交易市场失效。Martin 等（2014）认为，政府干涉市场存在负外部性时，企业常常要求政府补贴，以弥补政府干涉对其竞争力的损害。如果中国碳交易试点地区在初始阶段实施完全拍卖，使试点地区控排企业承担过高的管制负担，可能导致控排企业迁徙到非试点地区，从而造成碳泄漏。从政府角度看，企业迁徙会带走大量就业机会、税收及气候约束政策下的大量碳排放指标；从企业角度看，企业迁徙成本很高，且涉及企业在新环境下的适应性问题。

第五，在不同碳配额分配准则下，控排企业承担的管制负担是不同的，需要政府给予合理的补贴。具体而言，与祖父法相比，采用基准线法时控排企业最优产品价格会因基准线系数和碳价而降低 $\frac{1}{4} b_{\text{sector2}} \varepsilon_2$，使企业利润受损；采用自主申报法时控排企业最优产品价格会因限额、部门产量及碳价而下降 $\frac{\varepsilon \hat{E}}{2 q_{\text{sector}}}$，使企业利润受损；采用拍卖法时控排企业最优产品价格会因获取碳配额的成本而使企业利润下降 εe_c。政府应根据碳配额分配准则对控排企业的利润损失给予一定补贴，以避免控排企业迁徙到非试点地区而使碳市场失效。

5.4.2　控排企业最优碳减排量分析

由于控排企业的具体成本与碳减排量之间的关系相当复杂，只能确定控排企业的碳减排力度越大，则减排成本越高，且减排的边际成本会增加。我们根据 AJ（d'Aspremont-Jacquemin）模型（d'Aspremont and Jacquemin，1988），假设控排企业的减排成本符合式（5.21）。

$$c_d(e_{\text{rd}}) = (\beta \times e_{\text{rd}})^2 \tag{5.21}$$

其中，β表示调整系数；e_{rd}表示控排企业的碳减排量。祖父法、自主申报法、拍卖法根据式(5.20)计算企业最优碳减排量，结果如表 5.3 所示。基准线法涉及两个阶段，因此在考虑最优碳减排量时存在两阶段方程组式(5.22)和式(5.23)：

$$e_{rd1}\left[2\beta-\frac{3t^2 q_{\text{sector}}}{8k(\overline{\delta}-\underline{\delta})}\right]-e_{rd2}\frac{t^2 q_{\text{sector}}}{8k(\overline{\delta}-\underline{\delta})}=\frac{tq_{\text{sector}}}{2k(\overline{\delta}-\underline{\delta})}\left[k(\overline{\delta}-\underline{\delta})+P_0-c-\frac{b_{\text{sector2}}\varepsilon_2}{4}\right]+\varepsilon_1 \quad (5.22)$$

$$e_{rd2}\left[2\beta-\frac{3t^2 q_{\text{sector}}}{8k(\overline{\delta}-\underline{\delta})}\right]-e_{rd1}\frac{t^2 q_{\text{sector}}}{8k(\overline{\delta}-\underline{\delta})}=\frac{tq_{\text{sector}}}{2k(\overline{\delta}-\underline{\delta})}\left[k(\overline{\delta}-\underline{\delta})+P_0-c-\frac{b_{\text{sector2}}\varepsilon_2}{4}\right]+\varepsilon_2 \quad (5.23)$$

两阶段企业最优减排量如表 5.3 所示。

表 5.3　最优碳减排量计算结果

碳配额分配准则	最优碳减排量
祖父法	$e_{rd}^*=\dfrac{2k\varepsilon(\overline{\delta}-\underline{\delta})+tq_{\text{sector}}[k(\overline{\delta}-\underline{\delta})+P_0-c]}{4\beta k(\overline{\delta}-\underline{\delta})-t^2 q_{\text{sector}}}$
基准线法	$e_{rd1}^*=\dfrac{\dfrac{tq_{\text{sector}}}{2}\left[k(\overline{\delta}-\underline{\delta})+P_0-c-\dfrac{b_{\text{sector2}}\varepsilon_2}{4}\right]+\dfrac{k(\overline{\delta}-\underline{\delta})\left\{t^2 q_{\text{sector}}\varepsilon_2+[16k(\overline{\delta}-\underline{\delta})-3t^2 q_{\text{sector}}]\varepsilon_1\right\}}{8\beta k(\overline{\delta}-\underline{\delta})-t^2 q_{\text{sector}}}}{4\beta k(\overline{\delta}-\underline{\delta})-t^2 q_{\text{sector}}}$
	$e_{rd2}^*=\dfrac{\dfrac{tq_{\text{sector}}}{2}\left[k(\overline{\delta}-\underline{\delta})+P_0-c-\dfrac{b_{\text{sector2}}\varepsilon_2}{4}\right]+\dfrac{k(\overline{\delta}-\underline{\delta})\left\{t^2 q_{\text{sector}}\varepsilon_1+[16k(\overline{\delta}-\underline{\delta})-3t^2 q_{\text{sector}}]\varepsilon_2\right\}}{8\beta k(\overline{\delta}-\underline{\delta})-t^2 q_{\text{sector}}}}{4\beta k(\overline{\delta}-\underline{\delta})-t^2 q_{\text{sector}}}$
自主申报法	$e_{rd}^*=\dfrac{2k\varepsilon(\overline{\delta}-\underline{\delta})+2\hat{E}t\varepsilon+tq_{\text{sector}}[k(\overline{\delta}-\underline{\delta})+P_0-c]}{4\beta k(\overline{\delta}-\underline{\delta})-t^2 q_{\text{sector}}}$
拍卖法	$e_{rd}^*=\dfrac{2k\varepsilon(\overline{\delta}-\underline{\delta})+tq_{\text{sector}}[k(\overline{\delta}-\underline{\delta})+P_0-c]}{4\beta k(\overline{\delta}-\underline{\delta})-t^2 q_{\text{sector}}}$

由以上结果可以看出：第一，采用祖父法和拍卖法时，控排企业最优碳减排策略相同。控排企业的减排量受到碳价 ε、消费者低碳意识、政府补贴的影响，控排企业的减排力度会随着这三个因素中任何一个因素的提高而加大。碳价的提升会使控排企业通过减排把多余的碳配额拿到碳市场上出售，从而获取更高收益；消费者低碳意识增强，则会选择对低碳环境贡献大的企业产品，从而拉动控排企业的产品需求，使控排企业受益；政府补贴力度加大时，控排企业会获取更多的减排补贴收益。

第二，采用自主申报法时，控排企业除了受到以上三种因素的影响，还与限

额 $\hat{E}$ 有关。$\hat{E}$ 越大，控排企业的初始减排成本越低，从而愿意加大减排力度以获取多余的碳配额出售，而且加大减排力度会促使产品销量增加，能进一步使企业收益增加。

第三，采用基准线法时，控排企业的碳减排行为受到两阶段影响，且第二阶段碳价的影响大于第一阶段碳价的影响。

5.4.3　基础参数影响分析

假设消费者低碳意识系数 k、政府补贴系数 t、消费者低碳意识分布 $\delta - \underline{\delta}$、碳价 ε 均是变动的基础参数，控排企业产品需求量 q、产品最优价格 P^*、最优减排量 e^*_{rd}、企业整体收益 Π 受到这些基础参数变动的影响。由 q、P^*、e^*_{rd}、Π 对基础参数 k、t、$\delta - \underline{\delta}$、$\varepsilon$ 分别求导，可以得出基础参数对分析变量的具体影响，如表 5.4 所示，其中，如果一阶导数大于 0，则表 5.4 中的符号为"+"；如果一阶导数等于 0，则符号为"X"；如果一阶导数小于 0，则符号为"–"。

表 5.4　参数影响分析

项目	q	P^*	e^*_{rd}	Π
k	×	+	+	+
t	×	+	+	+
$\delta - \underline{\delta}$	–	×	×	
ε	×	–	+	*

注：×代表不相关，+代表正相关，–代表负相关，*代表不确定

表 5.4 中的结果显示：第一，随着消费者低碳意识系数 k 的提高，市场消费趋势偏向于低碳环保，因此控排企业会承担更多减排责任，加大减排力度；控排企业产品在市场中取得优势，其产品最优定价 P^* 和 e^*_{rd} 与 k 正相关，而产品市场需求 q 保持不变，因此控排企业整体收益 Π 会增加。

第二，随着政府补贴系数 t 的提高，政府加大低碳环保的扶持力度，承担低碳环保责任的控排企业将会在市场上取得优势，其产品最优定价 P^* 和 e^*_{rd} 与 t 正相关，而产品市场需求 q 保持不变，因此控排企业整体收益 Π 会增加。

第三，消费者低碳意识区间 $\delta - \underline{\delta}$ 表示"中立者"以下的分布范围，$\delta - \underline{\delta}$ 越小表示消费者群体整体低碳环保意识水平上升，消费者更多地选择承担更大减排责任企业的产品，而产品最优定价 P^* 和 e^*_{rd} 保持不变，因此控排企业整体收益 Π 会增加。

第四，碳市场价格 ε 升高会导致控排企业加大减排力度，以剩余更多的碳配

额投入市场交易，提高碳市场收益，但相应的碳减排成本也会增加，只是碳市场收益增幅大于碳减排成本增幅。而产品最优定价 P^* 相应降低，产品市场需求 q 保持不变，因此，控排企业整体收益 Π 的变动不确定。

5.5　主要结论与启示

本章基于中国碳交易试点地区主要的碳配额分配准则，基于优化理论，考虑控排企业在各种碳配额分配准则下的最优产品定价机制与碳减排决策，主要结论如下。

(1)由于存在政府低碳补贴，控排企业应综合考虑边际减排成本、碳价与补贴收益，制定"边际减排成本=边际减排配额收益[①]+边际政府补贴收益"的最优减排决策。在祖父法、自主申报法、拍卖法下，控排企业在制定最优产品价格与最优碳减排量时，前期或后期的产品价格和减排量不会对本期产生影响，采用本阶段收益最大化的定价机制与减排决策；在基准线法下，控排企业必须要考虑两阶段收益最大化。

(2)控排企业应根据最优减排决策和所采用的碳配额分配准则，制定使利润最大化的产品价格。最优产品价格决策与单位生产成本、同类产品价格、消费者低碳意识、政府低碳补贴正相关。

(3)控排企业在祖父法与拍卖法下最优碳减排决策相同。碳价上升、消费者低碳意识增强和政府补贴提高，都会使企业减排量增大。在基准线法下，最优减排决策与基准线系数负相关，如果企业基准线系数提高，则企业对第一阶段的依赖性增强，第一、第二阶段最优减排量均下降。

基于上述结论，联系中国碳交易市场的发展状况及控排企业碳减排的实际情况，我们得到如下几点政策启示。

(1)国家逐渐扩大拍卖的比例将高能效企业纳入拍卖法来分配碳配额时，应谨慎考虑行业竞争性，给予能效企业低碳补贴以维持其企业竞争力，让污染企业买单。只有市场获得未来政策将从紧的信号，投资才会流向提高能源效率或采取其他减排措施的企业。

(2)在消费者低碳意识逐渐增强、政府逐渐提高低碳补贴的大环境下，控排企业应同样加大碳减排力度，提高低碳产品价格，使企业整体收益最大化。

(3)控排企业应利用政府补贴系数杠杆实现企业利润最大化。政府补贴是企业加大碳减排力度的风向标，政府补贴系数变动会导致产品需求量、产品定价决策和企业最优减排量同向变动，对企业利润具有杠杆效应。

---

① 边际减排配额收益即碳市场价格。

第6章　欧盟碳期货市场多尺度价格关联机制研究

6.1　欧盟碳期货市场定价机制

当前，我国全国碳交易市场设计的核心目标是要形成合理的碳价，使其反映碳市场供给和需求的变化，成为实现碳减排目标的重要手段。实际上，在碳交易市场上，只有在市场供求机制和竞争机制的作用下给碳配额定价，才能够通过价格机制的引导，合理配置碳减排资源，通过市场竞争机制实现优胜劣汰，促使控排企业以较低成本实现节能减排。其中，准确的碳排放数据、从紧的配额总量、严格的履约法规、适度的流动性、相当规模的交易量、多元化的投资者结构和碳金融创新是形成合理碳价的重要条件。作为全球碳交易市场的先驱，EU ETS 在这些方面积累了较为丰富的经验，已经形成了较为成熟的碳期货市场，相关价格机制值得我国借鉴。

在 EU ETS 中，欧洲委员会在第一阶段和第二阶段向各成员方分配免费的EUA，欧盟成员方可根据自己的实际碳排放需求，在碳交易市场上买卖碳配额。此外，欧盟成员方还可利用发展中国家减排成本低的优势，参与发展中国家的相应减排项目，并获得经过 CDM 市场的 CER 来抵减碳排放量。CER 的产品分为两类，通过可减排项目在 CDM 一级市场中进行交易的产品被称为 pCER；而被项目开发者放入碳交易市场，在 CDM 二级市场中进行交易的产品被称为 sCER，目前，在洲际交易所(Intercontinental Exchange，ICE)已有 CER 产品的期货、期权衍生品进行 sCER 交易。一般来说，sCER 较 pCER 更为标准、规范，价格更为透明，市场流动性也更高。虽然 EUA 和 sCER 均表示可在碳交易市场买卖的一吨二氧化碳的可排放额，但由于 CER 的使用量有限制，如不得超过各国 2008～2012 年碳排放配额总量的 13.4%，EUA 和 sCER 之间存在明显的价差。

为了给碳市场参与者提供更多的灵活性，欧洲委员会允许各国参与者在 EU ETS 中使用 EUA 和 sCER 两种碳资产履行碳减排义务，而 EUA 和 sCER 之间的价差恰好为碳市场参与者们提供了一个套利的机会。然而，由于碳市场具有较强的不确定性，两种碳资产的价格走势不易预测，碳市场参与者们的套利行为具有较大的风险。同时，两种碳资产价格关联机制的不确定性也给市场监管者和政策制定者带来了考验。

鉴于此，讨论 EUA 和 sCER 市场的关联机制有利于碳市场套利者准确把握EUA 和 sCER 的价差，创造套利机会(Chevallier et al.，2011)，同时，也有利于碳市场的政策制定者合理估计碳市场对碳配额的需求，有效监管市场风险。事实上，考察 EUA 和 sCER 碳市场的互动关系已经引起部分学者的关注(Chevallier, 2010, 2011a)，但是总体而言，现有文献中的研究方法还较为传统(一般为协整分析、Granger 因果关系检验等传统的计量经济学模型)，研究结果也较为单一，缺乏从多个视角、多个尺度等方面开展的系统深入的研究。为此，我们准备充分利用经验模态分解(empirical mode decomposition，EMD)方法的多尺度分解优势(Huang et al.，1998)，在现有相关研究的基础上，进一步深入考察 EUA 和 sCER 碳期货市场的复杂价格关联机制。

6.2　国内外研究状况

目前，国内外学者已从多个角度对碳市场价格开展了较为深入的研究，对碳市场的规范发展提供了重要参考。

6.2.1　单个碳市场的价格机制

一般认为，Springer(2003)和 Christiansen 等(2005)最早将化石能源价格、异常天气因素视为碳市场价格变动的影响因素，引发国内外学者围绕碳价驱动因素开展了大量研究，而且，大多文献聚焦于 EUA 碳价研究。例如，Betz 和 Sato(2006)认为，天气情况可以通过影响人们对电力的需求而影响碳排放量，从而影响碳市场价格。Alberola 等(2008a)同样验证了天气因素、能源价格对碳价的影响，认为极端的温度、降雨、日照时间可以增加无碳能源的使用，从而间接影响碳价变化，并提出，不仅极端天气可以影响碳市场价格，意外的天气变化也是很重要的影响因素。张跃军和魏一鸣(2010)则利用状态空间模型和向量自回归(vector autoregression，VAR)模型探讨了 2006～2009 年能源价格对碳期货价格的动态影响机制，结果表明，在三种化石能源价格中，油价冲击是影响欧盟碳价波动最显著的因素，其次是天然气和煤炭，但天然气对碳价波动的影响持续时间最长。类似地，Retamal(2009)也认为天然气价格对碳价的影响显著，且具有长期性。此外，一些学者基于发电厂商的燃料转换行为，认为人们对天然气的普遍使用可以通过减少碳排放的需求而引发碳价走低(Mansanet-Bataller et al.，2007；Chevallier，2009)。而 Mansanet-Bataller 等(2010)则认为，能源对 sCER 市场的影响机制与 EUA 市场相似，并通过门限广义自回归条件异方差(threshold generalized autoregressive conditional heteroscedastic，TGARCH)模型证实了能源市场的价格变动可以引起 sCER 的价格变动。

还有很多学者将碳价的影响因素聚焦在工业部门的生产力水平上。Demailly

和Quirion(2008)最初提出了生产力水平与碳价的关联机制问题。随后，学者们开始研究工业部门的生产力水平对碳价的影响。例如，Alberola等(2008b)利用TGARCH模型对2005～2007年EUA价格数据进行了系统分析，认为燃烧部门、钢铁部门、造纸部门等三个工业部门对碳价波动具有显著影响，其中燃烧部门的影响最大。Alberola等(2009)利用2005～2007年的EUA价格数据，进一步从城市角度探讨了工业部门生产力对碳价的影响机制。而Maydybura和Andrew(2011)认为，GDP也是碳价的重要影响因素，其体现为社会总产出的扩大会增加碳排放量，从而影响碳市场价格。

此外，大量学者讨论了碳市场的重大事件及政策变化对碳价的影响。例如，Alberola等(2008a)对碳市场发展过程中两次重大政策变化对碳价的影响进行了剖析，认为2005年的碳配额总量的信息披露和第二阶段国家分配计划(National Allocation Plan，NAP)条例中对碳配额的追加限制这两个重要事件给碳价带来了不可忽视的波动。类似地，Chevallier(2009)、Mansanet-Bataller和Pardo(2009)也认为，第二阶段国家分配计划条例中对碳配额的追加限制给EUA碳价带来了显著影响。Creti等(2012)则聚焦于EU ETS第一阶段和第二阶段之间碳价影响机制的变化，他们基于2005～2010年碳价数据，运用协整理论和完全修正的普通最小二乘法(fully modified-ordinary least square，FM-OLS)进行建模分析，结果认为，2006年的第二阶段国家分配计划限额政策对第二阶段的EUA价格具有深远影响，导致能源价格在第二阶段对碳价的冲击作用更加明显。Lutz等(2013)则认为，EUA价格波动强度主要受到宏观经济状况的影响，他们通过马尔可夫机制转换-广义自回归条件异方差(Markov regime-switching-generalized autoregressive conditional heteroscedastic，MRS-GARCH)模型证实，2008～2009年的金融危机和2011～2012年的债务危机改变了人们对碳价走势的预期，造成了碳价的强烈波动。

实际上，碳市场的存在并不是孤立的，它的持续运行也受到其他市场的左右，因此，在对单个碳市场开展深入研究的基础上，国内外学者又将视角投向了碳市场与其他市场的价格联动关系研究，包括碳市场与股票市场、债券市场、大宗商品市场等。例如，Oberndorfer(2009)将碳价波动的影响因素着眼于股票市场，利用普通最小二乘法(ordinary least square，OLS)对碳价数据进行回归分析，认为碳价的变化可以同向影响电力板块的股票价格，对电力公司股票的长期走向具有重要影响。Chevallier(2009)则利用多种GARCH类模型对碳价进行了系统分析，结果显示，碳市场和股票市场、债券市场的价格联动关系很弱，其中，股息回报率、垃圾债券溢价对碳价的解释力有限。

6.2.2 EUA与sCER市场的价格联动关系

EUA和sCER作为两种同在ICE交易的碳期货产品，其背后都与碳排放需求密切相关，它们之间的联动关系引起了一些学者的关注(Mansanet-Bataller et al.，2011)。例如，Chevallier(2010)利用 VAR 和协整检验，验证了 EUA 和 sCER 两个碳市场相互影响，且影响间隔极短，传导效应极快，具有风险共生性，且它们之间存在长期均衡的协整关系。Chevallier(2011a)运用动态条件相关系数-多变量广义自回归条件异方差(dynamic conditional correlation-multivariate generalized autoregressive conditional heteroscedastic，DCC-MVGARCH)模型研究认为，EUA 和 sCER 两个碳市场的价格具有高度相关性。

此外，也有学者研究 EUA 和 sCER 价格的差异及其影响因素。例如，Mansanet-Bataller 等(2010)认为，两个碳市场的价差归因于市场中投资者的套利行为，投资者们可以通过购买相对便宜的 sCER，卖出相对昂贵的 EUA 来赚取利润，然而 sCER 的份额限制则保证两市场的价格差异不至于过大。Mansanet-Bataller 等(2011)基于 TGARCH 模型研究认为，投资者之间套利行为的普及、EUA 价格水平的降低、EUA 和 sCER 交易量的增加都是两种碳期货产品价格差异的重要影响因素；而且，对碳价的预期、股票市场价格波动、sCER 的市场普及程度、CDM 市场信息等都能影响 EUA 和 sCER 价格差异的变化。后来，Nazifi(2013)运用时变参数模型研究认为，EUA 和 sCER 的不同市场结构、sCER 市场的不确定性、sCER 的限额使用，以及两个碳市场日益减少的竞争可以解释其价格差异的大部分信息。

综上所述，在对单个碳市场进行研究的基础上，国内外学者已经开始建模分析两个碳市场之间的价格联动机制，然而由于该研究方向刚刚兴起，研究方法和研究结果总体而言还较为单一。为此，我们采用 EMD 方法来研究 EUA 和 sCER 碳期货价格之间的复杂关系，试图从不同时间尺度上探究它们的关联机制，以提供更加丰富的研究结果。

6.3　数据说明与研究方法

6.3.1　数据说明

本章采用的 EUA 和 sCER 价格数据是 ICE 的碳期货交易日数据。选取的碳期货合约是欧盟碳市场主力合约 DEC12。样本区间为 2009 年 1 月 12 日至 2012 年 12 月 17 日，共 1005 个日数据样本。单位为欧元/吨二氧化碳。从图 6.1 中可以看出，两个碳期货市场之间始终保持一定的价格差，但同步性较强，而且 EUA 的价格始终高于 sCER。

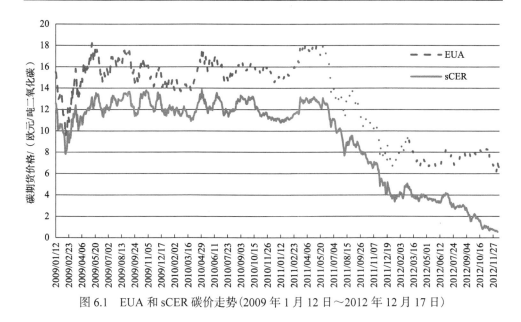

图 6.1　EUA 和 sCER 碳价走势（2009 年 1 月 12 日～2012 年 12 月 17 日）

6.3.2　研究方法

1. EMD

本章采用的 EMD 方法认为，一个非平稳数据序列在同一时间内包含不同时间尺度带来的不同程度的数据波动，可以将信号中同一时间内不同时间尺度的波动或趋势逐级分解出来，得到一系列具有不同特征尺度的子序列［即本征模态函数（intrinsic mode function，IMF）］和残差项，以达到对非平稳信号进行平稳化处理的目的。其中，分解得到的每个子序列包括原数据的一部分特定信息，残差项则代表原数据的整体变化趋势。

经 EMD 方法分解得到的 IMF 均呈现周期性的波形，且频率依次减少，振幅依次增加，其特征满足下面两个条件，从而保证了经 EMD 方法分解得到的 IMF 具有围绕 X 轴呈谐波状波动的特征，唯一不同的是，分解得到的各个 IMF 具有不同的振幅和频率。

(1)极值点的数量与过零点的数量必须相等或最多相差 1 个。

(2)在任何时间上，由信号的局部最大值点确定的上包络线和局部极小值点确定的下包络线均值为 0。

EMD 方法作为一种信号分解方法有其独有的优势，其分解得到的具有不同频率和振幅的 IMF 可以展现不同程度的事件或因素对原序列数据的冲击效果，具有更强的局部表现能力。具体分解步骤如下。

（1）确定碳价序列 X_t 的所有局部最大值点和局部最小值点，并利用三次样条线分别把局部最大值点和局部最小值点连接起来，形成上包络线和下包络线。

（2）对应碳价序列数据，计算出每一观察点在上包络线和下包络线上的观测值的平均值，记为 M_t。

（3）用 $X_t - M_t$ 得到每一观测点的残差值 R_t，并检验得到的 R_t 是否满足上述 IMF 应满足的条件。如果满足，则将 R_t 记为 IMF₁，而且，如果 $X_t - R_t$ 为常数项或呈现单调性，则分解终止，记 $X_t - R_t$ 为残差项，否则将 $X_t - R_t$ 作为原数据，从头进行分解，直到分解终止。如果 R_t 不满足 IMF 的条件，则将 R_t 作为原数据进行分解，重复步骤（1）～（3），直至分解结束。

最终，经过 EMD 方法分解得到若干个 IMF 序列和一个残差项，频率较高的 IMF 的波动代表短期内碳市场受到的冲击效果，这些效果往往在短期内消散，表现为能够引起市场供求变化的短期冲击；频率中等的 IMF 的波动代表碳市场受到的突发事件影响，一般表现为一些作用力较强的影响因素对碳价的冲击作用，在短时间内无法消散；而频率较低的 IMF 的波动则代表碳市场受到的强市场冲击，往往表现为碳市场的政策性改革或者经济危机等重大事件的影响，这种冲击会持续很长时间。残差项则代表原数据的长期变化趋势。

2. 时滞相关关系分析

本章采用 Oladosu（2009）的方法计算各 IMF 之间的相关系数，并引入时滞相关系数的概念将两个碳价序列的相关关系扩展到了多期的水平上。该时滞相关系数用 $\rho_j(j = 0, \pm1, \pm2, \cdots, \pm n)$ 表示，其中，n 表示滞前/滞后期。ρ_j 同时决定了 IMF 之间的同期相关关系和时滞相关关系，其中，$j = 0$ 时，ρ_j 表示 IMF 之间的同期相关关系，且当 $\rho_0 > 0$、$\rho_0 = 0$、$\rho_0 < 0$ 时，IMF 之间分别呈现顺周期、无周期和逆周期相关关系，而 ρ_0 的大小则决定了同期相关关系的强度。例如，一般认为，$\rho_0 \leqslant 0.13$、$0.13 < \rho_0 \leqslant 0.30$、$0.30 < \rho_0 \leqslant 0.50$ 和 $0.50 < \rho_0 \leqslant 1.00$ 分别代表不相关、弱、中等和强相关关系，其中，0.13 为拒绝原假设 $\rho_0 = 0$ 的值（Oladosu，2009）。时滞相关关系由 ρ_j 取最大值时 j 的符号表示，其相关关系强度的评判标准和同期相关关系强度的评判标准相同。

3. IMF 重构

IMF 重构是为了避免分解得到的 IMF 包含过少的原数据信息而进行的数据处理过程。一般按照 IMF 的频率特征进行重构，频率较高的 IMF 重构为高频分量，频率中等的重构为中频分量，而频率较低的 IMF 则重构为低频分量，这三种分量对子序列进行了信息合并，分别代表短期、中期、长期碳市场受到的冲击。本章利用 Zhang 等(2008)提到的由细到粗重构(fine-to-coarse reconstruction)算法对上述分解得到的 IMF 进行重构，具体步骤如下。

(1)计算 $IMF_1 \sim IMF_i$ 的叠加和序列 $S_i = \sum_{s=1}^{i} IMF_s$ 的平均值。

(2)选取显著性水平 α，利用 t 检验判别 S_i 中均值距离原点较远的序列。

(3)如果判断出局部均值 S_i 距离零点较远，便将这个 IMF_i 作为节点，频率比 IMF_i 高的 IMF 重构为高频分量，频率比 IMF_i 低的 IMF 重构为低频分量，频率位于中间的 IMF 重构为中频分量。

6.4　EUA 与 sCER 的多尺度价格关联机制研究结果

6.4.1　EMD 方法分解结果分析

EUA 和 sCER 碳价经 EMD 方法分解后分别得到 7 个 IMF 和 1 个残差项。其中，EUA 分解得到的序列为 $EUA_1 \sim EUA_7$ 和 R_1，而 sCER 分解得到的序列为 $sCER_1 \sim sCER_7$ 和 R_2，如图 6.2 和图 6.3 所示。表 6.1 是 IMF 和残差项的统计描述。

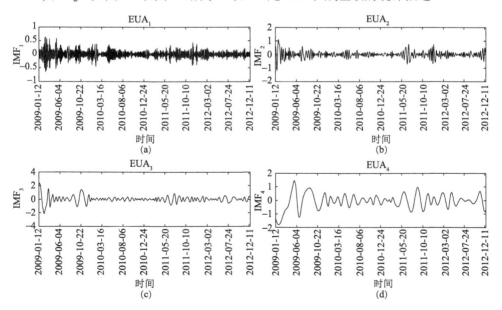

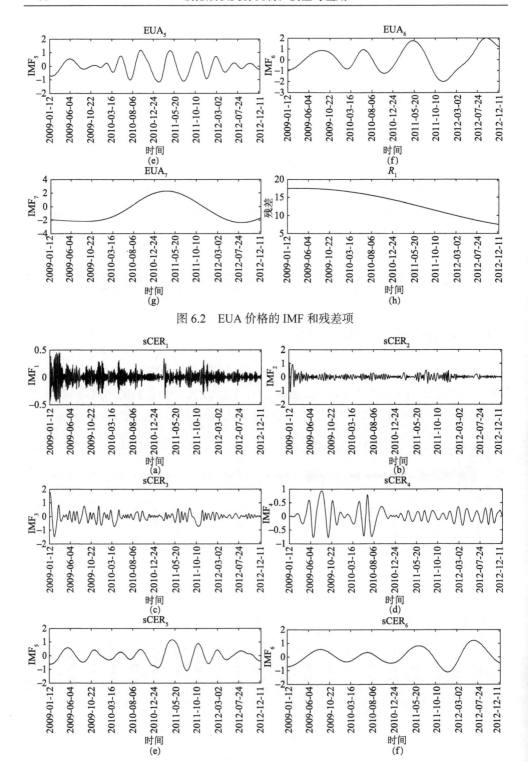

图 6.2　EUA 价格的 IMF 和残差项

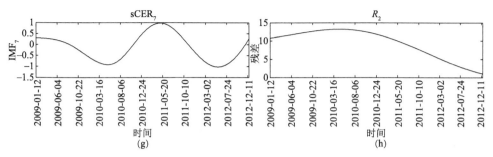

图 6.3　sCER 价格的 IMF 和残差项

表 6.1　EUA 和 sCER 分解后得到的 IMF 的描述统计

项目	平均周期/天	方差	方差占原序列方差的百分比	方差占所有 IMF 及残差序列总方差的百分比
A: EUA 分解结果				
原序列	—	13.9661	—	—
IMF$_1$	3.05	0.0233	0.0017	0.0015
IMF$_2$	8.38	0.0507	0.0036	0.0032
IMF$_3$	15.46	0.2250	0.0161	0.0143
IMF$_4$	47.86	0.2884	0.0207	0.0183
IMF$_5$	100.03	0.3091	0.0221	0.0196
IMF$_6$	279.17	1.1109	0.0795	0.0705
IMF$_7$	741.36	2.7047	0.1937	0.1718
残差	—	11.0353	0.7901	0.7008
合计	—	15.7474	1.1275	1.0000
B: sCER 分解结果				
原序列	—	16.3761	—	—
IMF$_1$	3.24	0.0134	0.0008	0.0008
IMF$_2$	9.57	0.0339	0.0021	0.0021
IMF$_3$	18.27	0.1201	0.0073	0.0074
IMF$_4$	43.69	0.0838	0.0051	0.0052
IMF$_5$	134.07	0.2129	0.0130	0.0131
IMF$_6$	251.25	0.2989	0.0183	0.0185
IMF$_7$	558.33	0.3670	0.0224	0.0227
残差	—	15.0667	0.9200	0.9302
合计	—	16.1967	0.9890	1.0000

综合图 6.2、图 6.3 和表 6.1，我们对其分解结果归纳如下。

首先，两个碳价序列经分解后得到的 IMF 的周期依次增加，其中，EUA 分解得到的 IMF 的周期从 3.05 天到 741.36 天不等，而 sCER 分解得到的 IMF 的周期从 3.24 天到 558.33 天不等，说明经 EMD 方法分解得到的 IMF 的波动可以准确描述原数据在同一时段内所受到的不同时间尺度的冲击效果。

其次，从方差贡献率来看，经 EMD 方法分解后得到的 IMF 的方差分别可以解释原序列方差的约 113% 和 99%，且表示不同时间尺度的 IMF 对原序列的方差贡献率也呈现阶梯式增长，具体表现为从高频 IMF 到低频 IMF，对原序列的方差贡献率逐渐增大，验证了长时间内较强的市场冲击对碳市场冲击较大的事实。对于 EUA 来说，IMF_7 和残差项也可解释原序列方差的 98%，说明长期冲击对原数据的价格带来了较大的波动，但总的来说，其价格在趋势项价格上下波动，但波动不大。对于 sCER 来说，$IMF_1 \sim IMF_7$ 对原序列波动的解释能力均较小，趋势项占到了原数据的 92%，说明 sCER 受到的市场冲击较少，其价格走向主要受趋势项引导。

6.4.2 IMF 重构结果分析

为了分析两个碳期货市场在不同时段内的相互影响机制，我们采用由细到粗重构算法分别对分解 EUA 和 sCER 得到的 IMF 进行重构，将原先得到的 7 个 IMF 重构为高频分量、中频分量和低频分量，结果分别如图 6.4 与图 6.5 所示，并将它们的异常波动解释为短期、中期和长期因素对碳价的冲击，这样，不同频率的分量分别代表了碳价在同一时期受到的不同时间尺度的冲击的影响，残差项则保留不变。

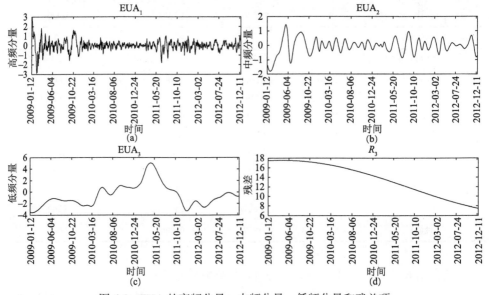

图 6.4　EUA 的高频分量、中频分量、低频分量和残差项

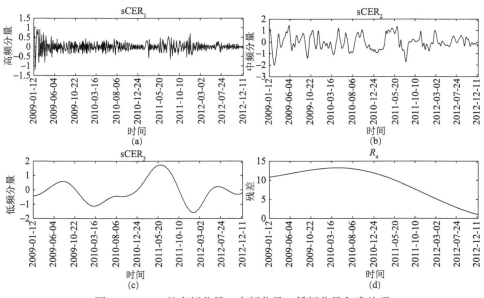

图 6.5　sCER 的高频分量、中频分量、低频分量和残差项

表 6.2 展示了运用由细到粗重构算法对 IMF 的叠加和序列的平均值进行检验的结果。可以看出，对于 EUA 碳市场来说，IMF 的序列在 S_4 和 S_5 处显著异于零，说明波动效应从 IMF_4 和 IMF_5 处出现明显的偏离；而对于 sCER 碳市场来说，IMF 的序列和在 S_3 和 S_6 处显著异于零，说明波动效应从 IMF_3 和 IMF_6 处出现明显的偏离。

表 6.2　EUA 和 sCER 重构的 t 检验结果

项目	S_1	S_2	S_3	S_4	S_5	S_6	S_7
A: EUA 重构							
S_i 均值	−0.0037	−0.0005	0.0070	−0.0442	−0.0528	0.0425	−0.6026
t 检验值	−0.7600	−0.0580	0.4114	−1.8555	−1.6881	0.9084	−8.9202
B: sCER 重构							
S_i 均值	−0.0014	0.0071	−0.0210	−0.0084	−0.0139	0.0480	−0.1025
t 检验值	−0.3794	1.0472	−1.6194	−0.5134	−0.6681	1.6354	−2.9348

为此，我们将分解 EUA 序列所得的前 3 个 IMF 重构为高频分量（记为 EUA 高频），中间一个 IMF 重构为中频分量（记为 EUA 中频），后 3 个重构为低频分量（记为 EUA 低频）。同时，将分解 sCER 所得的前 2 个 IMF 重构为高频分量（记为 sCER 高频），中间 3 个重构为中频分量（记为 sCER 中频），后 2 个重构为低频分

量（记为 sCER 低频）。两个碳价序列分解得到的残差项均保持不变。重构后各分量的描述性统计如表 6.3 所示，主要结果如下。

表 6.3　重构后 EUA 和 sCER 碳价的描述性统计

项目	平均周期/天	方差	方差占原序列方差的百分比	方差占所有分量及残差序列总方差的百分比
A: EUA 重构				
原序列	—	13.9661	—	—
高频分量	5.29	0.2912	0.0209	0.0190
中频分量	47.86	0.2884	0.0207	0.0188
低频分量	143.57	3.7280	0.2669	0.2430
残差	—	11.0353	0.7901	0.7192
合计	—	15.3429	1.0986	1.0000
B: sCER 重构				
原序列	—	16.3761	—	—
高频分量	6.09	0.0463	0.0028	0.0029
中频分量	20.10	0.4013	0.0245	0.0249
低频分量	333.65	0.6278	0.0383	0.0389
残差	—	15.0667	0.9200	0.9334
合计	—	16.1421	0.9856	1.0000

首先，EUA 和 sCER 的 IMF 经重构后，分别描述了原序列信息的约 110% 和 99%，与之前得到的结果无较大偏差，能代表原序列的信息。

其次，重构后的 IMF 保持了未重构前的特性。对于 EUA 来说，低频分量和残差项对原数据的影响最大，方差贡献率达到了原序列的 106%；而对于 sCER 来说，残差项对原序列的影响最大，方差贡献率达到了原序列的 92%。

6.4.3　时滞相关检验及结果分析

我们对重构后两个碳期货市场中不同波段的序列进行时滞相关关系检验，表 6.4 展示了 6 个重构子序列之间的时滞相关系数，其中，$t \pm i$ 时期对应 i 期的滞前/滞后相关系数，主要结果如下。

表 6.4 重构 IMF 之间的相关关系检验结果

时期	EUA 高频			EUA 中频			EUA 低频		
	sCER 高频	sCER 中频	sCER 低频	sCER 高频	sCER 中频	sCER 低频	sCER 高频	sCER 中频	sCER 低频
A: 相关系数									
$t-15$	−0.05	−0.12	0.02	−0.04	−0.04	0.03	0.00	0.19	0.61
$t-14$	−0.03	−0.09	0.02	−0.04	−0.02	0.03	0.00	0.20	0.62
$t-13$	−0.04	−0.06	0.02	−0.05	0.01	0.03	0.00	0.21	0.62
$t-12$	−0.06	−0.03	0.02	−0.06	0.04	0.04	0.00	0.21	0.63
$t-11$	−0.07	0.00	0.01	−0.06	0.07	0.04	0.00	0.22	0.63
$t-10$	−0.06	0.04	0.01	−0.07	0.10	0.04	0.00	0.23	0.64
$t-9$	−0.07	0.08	0.01	−0.07	0.14	0.04	0.00	0.23	0.64
$t-8$	−0.09	0.12	0.01	−0.08	0.17	0.04	0.00	0.24	0.65
$t-7$	−0.15	0.17	0.01	−0.08	0.21	0.04	0.00	0.25	0.65
$t-6$	−0.19	0.22	0.01	−0.08	0.24	0.04	0.00	0.25	0.65
$t-5$	−0.18	0.28	0.01	−0.08	0.27	0.04	0.00	0.26	0.66
$t-4$	−0.12	0.33	0.00	−0.09	0.30	0.04	0.00	0.26	0.66
$t-3$	−0.04	0.38	0.00	−0.09	0.33	0.04	0.00	0.26	0.67
$t-2$	0.08	0.41	0.00	−0.09	0.35	0.05	0.00	0.27	0.67
$t-1$	0.28	0.44	0.00	−0.09	0.36	0.05	0.00	0.27	0.67
$t-0$	0.45	0.44	−0.01	−0.08	0.37	0.05	0.00	0.27	0.68
$t+1$	0.23	0.42	−0.01	−0.07	0.38	0.05	0.00	0.27	0.68
$t+2$	0.03	0.38	−0.01	−0.06	0.39	0.05	0.01	0.28	0.68
$t+3$	−0.04	0.33	−0.01	−0.06	0.39	0.04	0.01	0.28	0.68
$t+4$	−0.10	0.27	−0.01	−0.05	0.38	0.04	0.02	0.28	0.68
$t+5$	−0.13	0.20	−0.01	−0.05	0.37	0.04	0.02	0.28	0.68
$t+6$	−0.09	0.14	−0.01	−0.07	0.36	0.04	0.01	0.28	0.69
$t+7$	−0.03	0.08	−0.01	−0.08	0.34	0.04	0.00	0.28	0.69
$t+8$	0.03	0.03	−0.01	−0.08	0.32	0.04	0.00	0.28	0.69
$t+9$	0.07	−0.02	−0.01	−0.09	0.29	0.04	0.00	0.28	0.69
$t+10$	0.06	−0.06	−0.01	−0.09	0.26	0.04	−0.01	0.27	0.69
$t+11$	0.06	−0.10	−0.02	−0.08	0.24	0.04	−0.01	0.27	0.69
$t+12$	0.08	−0.12	−0.02	−0.08	0.21	0.04	0.00	0.26	0.69
$t+13$	0.09	−0.14	−0.02	−0.07	0.18	0.04	0.00	0.25	0.69
$t+14$	0.06	−0.16	−0.02	−0.06	0.15	0.04	0.00	0.25	0.69
$t+15$	0.02	−0.17	−0.02	−0.04	0.12	0.03	0.01	0.24	0.69

时期	EUA 高频			EUA 中频			EUA 低频		
	sCER 高频	sCER 中频	sCER 低频	sCER 高频	sCER 中频	sCER 低频	sCER 高频	sCER 中频	sCER 低频
B: 同期相关关系									
同期相关	P	P	C	C	P	P	A	P	P
强度	M	M	U	U	M	U	U	W	S
C: 时滞相关关系									
时滞相关	SYN	SYN/Ld	Ld	Ld	Lg	SYN	Lg	Lg	Lg
强度	M	M	U	U	M	U	U	W	S

注：表中上部分反映 EUA 和 sCER 各分量在前后 15 期的相关系数，而下部分总结了各分量之间的同期相关和时滞相关关系及强度，其中，同期相关关系分为顺周期、无周期和逆周期相关关系，分别用 P、A、C 表示；时滞相关关系则分为滞前、同期和滞后，分别用 Ld、SYN、Lg 表示；同期相关关系和时滞相关关系的强度均分为四类，S、M、W 和 U 分别代表强相关、中等相关、弱相关和无相关关系

第一，两个碳市场的价格在短期与长期两个不同时间尺度的波动效应无直接的先导/滞后关系。EUA 低频和 sCER 高频之间，EUA 高频和 sCER 低频之间的相关关系在前后 15 期内均小于 0.13，如前所述，可以认为它们之间呈现不相关关系。由此，可以认为两个碳市场的短期价格决定机制和长期价格决定机制并无直接联系。EUA 价格快速波动反映了该市场的短期供求变动情况，也反映了 EU ETS 参与者根据自身碳减排情况在短期内进行的碳配额买卖行为，而 sCER 的长期重大价格波动主要受到 CDM 市场中一些政策性变化的影响，两种碳价决定机制并无直接联系。同时，sCER 的短期价格影响因素，如 Mansanet-Bataller 等(2010)提到的能源价格，同样无法解释 EUA 价格的长期重大波动。所以，任何一个碳市场的短期微小价格波动都无法为另一碳市场的长期重大价格波动提供指导性的预测，反之亦然。

第二，sCER 在中期尺度上的波动会同期(即同步)于或领先于 EUA 短期尺度上的波动。如表 6.4 所示，EUA 高频与 sCER 低频呈现滞前一期的中等强度相关关系(相关系数为 0.44)，表明 sCER 在中期尺度上的价格波动对 EUA 在短期尺度上的价格变化的引导力度较为显著。

第三，EUA 长期尺度上的波动效应与 sCER 中期尺度上的波动效应之间呈现较弱的双向影响的相关关系。从表 6.4 中可见，两种波动效应呈现较弱的同期和滞后关系。但有趣的是，两种冲击效应在滞前 15 期到滞后 15 期之间的相关系数均维持在 0.19～0.28，呈现较弱的双向相关关系。

第四，两个碳期货市场的同期、同尺度价格波动之间呈现中等相关或强相关关系。如表 6.4 所示，$t = 0$ 时，EUA 高频和 sCER 高频、EUA 中频和 sCER 中频、

EUA 低频和 sCER 低频之间均呈现较强的相关关系，说明同期之间两个碳期货市场的联系较为紧密。一方面，EUA 和 sCER 碳价所受到的短期和中期波动效应在同一段时间内互为引导关系，具有较强的相关性。因为 EU ETS 与 CDM 市场紧密联系，碳市场中的投资者存在套期保值的行为，特别是，sCER 可以作为 EUA 的高度替代品抵扣 EUA，所以其需求必然受到 EUA 价格的影响，导致总体而言它们呈现在同一时段内短期和中期波动效应的一致相关性。另一方面，两个碳市场在同一时段内的长期大幅度价格变化也呈现强烈的相关性，其中滞后相关性最强，为 0.69，且滞前/滞后 15 期之内均表现出强相关关系，相关强度从 0.61 到 0.69 不等。这反映了碳交易市场是基于法律公约制度的现实，而且 EU ETS 碳市场内的制度变化和信息披露及金融危机等重大事件的影响则导致 EUA 碳期货市场波动传导至 sCER 碳市场。同时，重大事件的影响一般冲击效应较强，而且会持续很长一段时间后才逐渐消退。

6.5　主要结论与启示

通过利用 EMD 方法对 EUA 和 sCER 两个碳期货市场进行多尺度价格关联机制分析，得到主要结论及启示如下。

（1）单个碳市场的价格变化可以分为不连续的、不同强度的市场冲击带来的价格变化之和。将碳价变化分为长期、中期、短期市场的冲击带来的价格变化，有利于揭示碳价变化的实际驱动机制，降低碳期货市场的极端价格风险，从而为碳市场政策制定者和投资者提供更为可靠的决策参考。

（2）EUA 和 sCER 碳期货市场的价格变化主要是由长期市场冲击引起的，而短期内的市场供求冲击只能解释碳价变化的很小一部分。因此，碳市场套利者更应关注重大事件及碳市场新政策出台给碳价带来的影响，从而在高风险的碳市场中站稳脚跟，实现获利。

（3）EUA 和 sCER 碳期货市场之间的价格变化呈现受不同强度冲击的非相关性，一个碳市场由短期内供给冲击而引发的价格变动无法解释另一碳市场因长期性制度冲击而引发的变化趋势。而在同等强度的市场冲击下，两种碳价的变化趋势又呈现强烈的相关性，一个碳市场价格的变化可以为另一碳市场的价格变化提供指导，这为碳市场投资者引入了一种全新的、可以预测碳价变化的方法，有助于碳市场投资者更好地把握碳价变化规律，实现在碳市场获利。

第7章 欧盟碳市场与能源市场的波动溢出效应研究

7.1 欧盟碳市场与能源市场的关联机制

尽管 EU ETS 是一种新兴市场，其发展历史只有 10 年左右，但已经成为全球金融市场、大宗商品市场的重要力量，为投资者分散投资风险、获得更多收益提供了一个重要渠道(Zhang and Wei，2010；Subramaniam et al.，2015)，因此，关注碳交易市场的价格形成机制，把握碳市场价格变化规律，规避碳市场投资风险，成为碳市场监管者和投资者高度重视的焦点问题。

近些年，在全球复杂的金融经济形势下，众多因素促使碳价显著波动，其中，碳价波动与能源价格的密切关系最受关注。这主要有三个方面的原因：第一，化石能源消费是碳排放的主要来源，化石能源价格降低会导致能源消费增加，从而导致更多的碳排放；第二，发展中国家的人口和经济持续增长带来更高的能源消费需求，从而影响碳排放和碳价；第三，不同季节的天气变化对能源利用敏感性的影响也存在差异(Fikru and Gautier，2015)，从而影响碳价和能源价格波动。例如，Liu 和 Chen(2013)发现，极端天气会显著影响碳价和能源价格。

在此背景下，探索碳价与能源价格之间的关系尤为重要，主要体现在以下两个方面。首先，因为温室气体排放是环境管理系统纳入的一项绩效指标(Chiarini，2014a；2014b)，碳减排绩效和碳价波动会显著影响控排企业的运营绩效(Gallego-Álvarez et al.，2015)，所以，工业部门必须掌握关于碳价与能源价格的有效信息，从而调整能源消费结构，实施最优的减排策略。其次，随着前沿信息技术和全球金融市场的快速发展，各种资本市场之间的联系变得更加紧密。然而，现有研究还很少考察碳交易市场与化石能源市场之间的动态关联机制和动态波动溢出关系(Marimoutou and Soury，2015；Sheinbaum et al.，2011)。

本章的研究贡献包括以下两个方面：一方面，本章采用 DCC-TGARCH 模型测算价格上涨、价格下跌和波动持久性对碳价与能源价格带来的非对称冲击，并估计碳市场与能源市场之间的动态条件相关关系；另一方面，本章采用 full BEKK-GARCH(Baba-Engle-Kraft-Kroner GARCH)模型测算碳市场与能源市场之间的动态波动溢出关系，包括波动溢出方向和波动溢出大小。

7.2　国内外研究状况

在学术界，碳市场定价机制已成为当前探讨的热点，大量文献研究表明碳市场与化石能源市场密切相关（Nazifi and Milunovich，2010；Aatola et al.，2013），这主要包括以下两方面。

一方面，化石能源消费比重占全球能源消费总量的 80%（International Energy Agency，2015b），是全球碳排放的主要来源。特别地，火电行业主要依赖化石能源市场，导致能源价格和碳价波动成为欧盟火电行业进行生产成本预算和投资决策时需要考虑的关键因素。事实上，化石能源价格与碳价的相关关系备受关注（Alberola et al.，2008b）。

首先，煤炭价格的波动是影响碳价走势的一个重要因素。例如，Castagneto-Gissey（2014）发现，煤炭价格是决定电力价格的首要因素，且碳价与电力价格存在双向因果关系。类似地，Chevallier（2011b）发现，煤炭价格会显著影响碳价。Hammoudeh 等（2014b）认为，美国煤炭价格和欧盟碳价显著负相关，煤炭价格上涨会导致碳价下跌，同时，提高煤炭消费时可以有效降低碳价。再者，Hammoudeh 等（2015）发现，短期而言，相比煤炭价格上涨，煤炭价格下跌对碳价的影响更强烈。

其次，天然气价格波动会显著影响企业碳排放量和碳价，这是由于在发达国家或地区（如欧洲）天然气已成为电力行业的重要燃料。例如，Carlo 和 Derek（2009）认为，碳价通过影响天然气价格进而影响电价，同时，碳价和电价均受天然气价格的影响。Feng 等（2011）发现，自德国 2006 年 9 月实施天然气发电以来，天然气价格和煤炭价格的差距逐渐缩小，这引起了碳价显著波动。Hammoudeh 等（2014a）发现，当碳价处于较高水平时，美国天然气价格上升显著正向影响欧盟碳价，但当碳价处于较低水平时，天然气价格转而负向影响碳价。

再次，电力行业对煤炭和天然气需求的转换会显著影响碳价。例如，Bertrand（2014）发现，当不可控的碳排放增加时，发电厂对煤炭和天然气的消费转换程度会加强，为减少碳排放量，火电厂对天然气消费需求增加，此时天然气价格对碳有更强的影响。Dowds 等（2013）认为，当燃料转换产生边际燃料效应时，即使是相对少量的燃料转换，也会对碳价和电价产生显著影响。

最后，油价的变化会影响交通需求和碳排放的变化，从而影响碳价走势。石油不仅是部分发电厂的重要燃料，与天然气、煤炭等燃料存在转换关系，而且是交通行业的主要燃料。例如，美国交通运输业消费了大部分进口石油，其温室气体排放量占美国温室气体排放总量的 1/3（Morrow et al.，2010）。张跃军和魏一鸣（2010）研究发现欧盟石油价格与碳价之间存在显著的长期均衡比例不断变化的协整关系，而且相对其他两种化石能源而言，油价是碳价变化的主要贡献者。Hammoudeh 等（2015）发现，原油价格对碳价具有长期负向非对称影响。

另一方面，宏观经济政策和金融市场动荡都会传导至碳市场和化石能源市场，导致它们之间出现联动，这是由于碳交易市场和化石能源市场都具有较为复杂的属性。例如，除了商品属性以外，它们还同时具有明显的政治属性和金融属性（Fan et al.，2013；Zhang and Huang，2015）。例如，Reboredo（2014）研究发现，油价变动与宏观经济和金融变量存在密切关系，油价传输着金融的不确定性，进而会蔓延至碳市场。

此外，还有大量的实证研究表明，碳市场与能源市场之间存在明显的波动溢出效应，且研究方法主要采用 GARCH 类模型。例如，Byun 和 Cho（2013）采用 GARCH 类模型考察了 2008 年 1 月 3 日至 2011 年 8 月 15 日的碳期货价格与英国 Brent 原油期货价格、英国天然气期货价格、欧洲煤炭期货价格和欧洲电力价格之间的关系，发现能源市场的波动会溢出到碳期货市场。但是，他们只是指出了波动溢出的方向，并没有计算波动溢出的程度，即波动溢出值的大小。进一步地，Liu 和 Chen（2013）采用分数协整-双曲线记忆广义自回归条件异方差模型分析了 2008 年 1 月 1 日至 2011 年 12 月 31 日的 EUA 期货价格与英国 Brent 原油期货价格、英国天然气期货价格及欧洲煤炭期货价格之间的关系，发现原油和天然气市场都对碳市场存在波动溢出，碳市场对天然气和煤炭市场都存在波动溢出，并计算出了波动溢出值。但是，他们并未指出碳市场与能源市场之间波动溢出效应的动态变化，即时变特征，如随着时间变化，波动溢出效应到底是正向增强，还是负向减弱。

多元 GARCH 模型被广泛用于探讨能源市场和碳市场的波动问题，且具有显著优势。Efimova 和 Serletis（2014）认为，多元 GARCH 模型很适合描述大数据间的动态相关性。多元 GARCH 模型中的 DCC-GARCH 模型由 Engle（2002）提出，可用来探讨市场之间的联动机制（Yue et al.，2015）和风险传染（Naoui et al.，2010；Bouaziz et al.，2012）。例如，Celik（2012）采用 DCC-GARCH 模型考察了全球金融危机期间的风险传染，研究发现，此模型可以描述动态相关性的变化趋势，从而可以观察当投资者面临不同消息时其行为的动态变化。同时，DCC-TGARCH 模型也可以用来描述价格上涨和下跌时带来的非对称性影响（Tao and Green，2012），但是该模型还较少用于考察碳市场与能源市场之间的关联关系。此外，碳市场与能源市场的密切关系可能导致它们之间存在波动溢出效应，部分研究采用 GARCH 类模型探讨过它们之间的波动溢出关系（Byun and Cho，2013），但并没有考察它们之间的动态波动溢出关系，包括动态波动溢出的大小和方向。

基于现有研究的不足，本章采用基于 VAR 模型的 full BEKK-GARCH 模型分别测算碳市场与三种化石能源市场之间的动态相关关系和动态波动溢出关系。

7.3 数据说明与研究方法

7.3.1 数据说明

EU ETS 已经完成了前两个阶段的交易，目前处于第三阶段，本章主要研究第二阶段初期至第三阶段初期的碳交易状况。本章选择 EUA 期货价格作为全球碳交易价格的代表性指标。为了获得持续性的碳期货价格，我们选择 ICE 碳期货市场主力合约 DEC09、DEC10、DEC11、DEC12、DEC13、DEC14、DEC15 交割前一年的日结算价(资料来源：https://www.theice.com)。其中，DEC09 为 2009 年 12 月交割的期货合约，选取其 2008 年的日结算价数据；同样地，DEC10、DEC11、DEC12、DEC13、DEC14、DEC15 分别表示 2010 年、2011 年、2012 年、2013 年、2014 年、2015 年 12 月交割的期货合约。同时，我们分别选取欧洲煤炭价格、德国天然气价格、英国 Brent 原油价格作为欧盟化石能源价格的代表性指标。欧洲煤炭期货价格和德国天然气期货价格源自欧洲能源交易所，均取其期货合约交割前一年的日结算价(资料来源：http://www.eex.com)；英国 Brent 原油价格源自美国能源部能源信息署(EIA)的欧盟 FOB(free on board，离岸价)Brent 原油现货价格(资料来源：https://tonto.eia.gov)。

选取样本数据时，本章以碳市场为基准，考虑能源市场与碳市场在当天均有结算价数据的交易日。样本区间为 2008 年 1 月 2 日至 2014 年 9 月 30 日，最终得到有效样本量分别为：碳市场与煤炭市场 1687 个；碳市场与天然气市场 1678 个；碳市场与英国 Brent 原油市场 1686 个。

此外，本章考虑碳市场与能源市场的对数百分收益率，即价格的自然对数的一阶差分乘以 100。碳市场与能源市场收益率的变化趋势整体上保持一致，表 7.1 中的相关系数显示，它们之间具有显著正相关。

表 7.1 碳市场与能源市场收益率的 Pearson 相关系数

收益率	碳价收益率	煤炭收益率	天然气收益率	原油收益率
碳价收益率	1.000	0.278[***]	0.193[***]	0.231[***]
煤炭收益率		1.000	0.346[***]	0.142[***]
天然气收益率			1.000	0.087[***]
原油收益率				1.000

***表示在 1%的显著性水平下显著

　　表 7.2 描述了碳市场和能源市场收益率的统计结果。首先，不论从能源市场和碳市场的收益率均值，还是从标准差来看，碳市场的波动水平要显著高于能源市场。其次，碳市场与能源市场的收益率均具有"尖峰厚尾"非正态分布的特征。因为碳市场与能源市场收益率的偏度均不为 0，峰度均大于 3，同时 JB（Jarque-Bera）统计量伴随概率均小于 1%。再次，$Q(10)$ 与 $Q(20)$ 自相关统计的结果表示拒绝原假设，即各收益率序列存在显著的自相关性。同时，我们分别采用单位根检验的三种方法，即 ADF（augment Dickey-Fuller）检验（Dickey and Fuller，1979）、KPSS（Kwiatkowski-Phillips-Schmidt-Shin）检验（Kwiatkowski et al.，1992）和 PP（Phillips-Perron）检验（Phillips and Perron，1988），对各收益率序列的平稳性进行检验，结果显示在 1% 的显著水平下均拒绝原假设，即各收益率序列不存在单位根，均为平稳序列。最后，我们采用自回归条件异方差-拉格朗日乘数（autoregressive conditional heteroscedastic-Lagrange multiplier，ARCH-LM）方法检验各收益率序列均值方程的残差是否存在条件异方差，结果显示均拒绝原假设，即存在 ARCH 效应。因此，我们可以采用 GARCH 类模型对碳市场与能源市场的波动性进行建模，并考察它们之间的波动溢出效应。

表 7.2　碳市场与能源市场收益率的描述性统计

项目	碳价收益率	煤炭收益率	天然气收益率	原油收益率
均值	−0.08	−0.02	0.001 3	−0.000 8
标准差	2.99	1.57	2.10	2.13
偏度	−0.82	0.34	2.95	0.03
峰度	18.44	20.27	93.86	11.68
JB 统计量	16 931.68 (0.00)	20 978.60 (0.00)	579 338.50 (0.00)	5 292.97 (0.00)
$Q(10)$	79.85 (0.00)	39.29 (0.00)	82.00 (0.00)	23.40 (0.009)
$Q(20)$	115.80 (0.00)	54.57 (0.00)	102.32 (0.00)	56.53 (0.00)
ADF	−30.83 (0.00)	−38.91 (0.00)	−34.78 (0.00)	−40.22 (0.00)
KPSS	0.04 (0.00)	0.10 (0.00)	0.08 (0.00)	0.11 (0.00)
PP	−35.28 (0.00)	−39.24 (0.00)	−49.01 (0.00)	−40.21 (0.00)
ARCH-LM	57.41 (0.00)	39.56 (0.00)	94.10 (0.00)	48.45 (0.00)

注：小括号内为 p 值。JB 统计量检验正态分布，而 $Q(10)$ 和 $Q(20)$ 统计量检验自相关性

7.3.2　研究方法

　　VAR 模型可用于预测相互联系的时间序列系统及分析随机扰动项对变量系

统的动态冲击，从而解释各种经济冲击对经济变量形成的影响（高铁梅等，2016）。本章采用 VAR 模型对碳市场与能源市场间的收益率进行建模，为后续波动溢出效应研究提供基础（Mensi et al.，2013）。根据赤池信息准则（Akaike information criterion，AIC），我们选择滞后一阶的 VAR(1) 模型刻画碳市场与能源市场收益率的作用关系，以煤炭市场和碳市场为例，两个市场的收益率的 VAR(1) 模型如式(7.1) 和式(7.2)所示。

$$r_t^c = \mu^c + a^c r_{t-1}^c + b^c r_{t-1}^e + \varepsilon_t^c \tag{7.1}$$

$$r_t^e = \mu^e + a^e r_{t-1}^e + b^e r_{t-1}^c + \varepsilon_t^e \tag{7.2}$$

其中，r_t^c、r_t^e 分别表示煤炭市场与碳市场在第 t 日的对数百分收益率；μ^c、μ^e 分别表示煤炭市场与碳市场收益率的条件均值；a^c、a^e 分别表示煤炭市场与碳市场自身收益率的均值溢出；b^c、b^e 分别表示煤炭市场与碳市场之间的跨市场均值溢出；ε_t^c、ε_t^e 分别表示煤炭市场与碳市场的模型残差。

由式(7.1)和式(7.2)，我们可以得到煤炭市场和碳市场条件均值的模型残差，分别为 ε_t^c 和 ε_t^e，其条件方差协方差矩阵 H_t 如式(7.3)所示。

$$\varepsilon_t \big| \Omega_{t-1} \sim N(0, H_t), \qquad \varepsilon_t = \begin{bmatrix} \varepsilon_t^c \\ \varepsilon_t^e \end{bmatrix}, \qquad H_t = \begin{bmatrix} h_t^{cc} & h_t^{ce} \\ h_t^{ec} & h_t^{ee} \end{bmatrix} \tag{7.3}$$

其中，ε_t 表示由 VAR 模型拟合煤炭市场和碳市场收益率所得残差组成的(2×1)阶矩阵；Ω_{t-1} 表示截至 $t-1$ 时期所有可能获得的信息集合；h_t^{cc}、h_t^{ee} 分别表示煤炭市场和碳市场的条件方差，由单变量 GARCH(1,1) 模型估计过程得出。此外，参考 Glosten 等(1993)的研究，我们考虑过去的积极消息和消极消息波动冲击带来的非对称影响。根据 AIC 和施瓦兹准则（Schwarz criterion，SC），以及在 5%的显著水平下其残差均服从白噪声序列，我们采用滞后一阶的 GARCH(1,1) 模型。因此，单变量 TGARCH(1,1) 和 GARCH(1,1) 的方差分别如式(7.4)和式(7.5)所示。

$$h_t^{cc} = \omega^c + \alpha^c \left(\varepsilon_{t-1}^c \right)^2 + \gamma^c \left(\varepsilon_{t-1}^c \right)^2 d_{t-1}^c + \beta^c h_{t-1}^{cc} \tag{7.4}$$

$$h_t^{cc} = \omega^c + \alpha^c \left(\varepsilon_{t-1}^c \right)^2 + \beta^c h_{t-1}^{cc} \tag{7.5}$$

其中，d_{t-1}^c 表示虚拟变量，当 $\varepsilon_{t-1}^c < 0$ 时，$d_{t-1}^c = 1$，否则 $d_{t-1}^c = 0$；γ^c 显著为正时，表示价格下降对方差的影响高于价格上升相等幅度时的影响，也就是说，碳价下

跌对煤炭价格的影响高于碳价上涨相同幅度时对煤炭价格的影响；$\alpha^c + \gamma^c + \beta^c$ 表示价格下降带来的负面波动长期持久性；$\alpha^c + \beta^c$ 表示价格上涨时带来的正向冲击（Tao and Green，2012）。

接下来，我们采用 DCC-TGARCH 模型和 full BEKK-GARCH 模型分别探讨碳市场与化石能源市场之间的动态相关关系和动态波动溢出效应。H_t 的不同定义形式表示不同的多元 GARCH 方程，如 BEKK-GARCH 和 DCC-GARCH。因此，煤炭市场和碳市场之间的 DCC-TGARCH(1,1) 模型如式(7.6)～式(7.6d)所示。

$$H_t = D_t R_t D_t \tag{7.6}$$

$$D_t = \mathrm{diag}(\sqrt{h_t^{cc}}, \sqrt{h_t^{ee}}) \tag{7.6a}$$

$$R_t = \mathrm{diag}(Q_t)^{-\frac{1}{2}} Q_t \mathrm{diag}(Q_t)^{-\frac{1}{2}} \tag{7.6b}$$

$$Q_t = (1 - v_1 - v_2)S_t + v_1(\varepsilon_{t-1}\varepsilon_{t-1}^{\mathrm{T}}) + v_2 Q_{t-1} \tag{7.6c}$$

$$\varepsilon_t = (\varepsilon_t^c, \varepsilon_t^e)^{\mathrm{T}} \tag{7.6d}$$

其中，DCR_t 表示动态条件相关系数矩阵；D_t 表示残差的条件标准差的 (2×2) 阶对角矩阵；Q_t 表示煤炭市场和碳市场的 (2×2) 阶条件协方差矩阵；S_t 表示标准差的 (2×2) 阶非条件协方差矩阵；ε_t 表示 (2×1) 阶标准化残差矩阵；v_1 和 v_2 表示 DCC-TGARCH 模型的相关系数，分别表示对动态条件相关的短期冲击持久性和长期冲击持久性（Mensi et al.，2013）。

类似地，对于煤炭市场和碳市场而言，full BEKK-GARCH(1,1) 模型分别如式(7.7)和式(7.8)所示。

$$H_t = CC^{\mathrm{T}} + A\varepsilon_{t-1}\varepsilon_{t-1}^{\mathrm{T}}A^{\mathrm{T}} + BH_{t-1}B^{\mathrm{T}} \tag{7.7}$$

$$C = \begin{bmatrix} c^{cc} & c^{ce} \\ 0 & c^{ee} \end{bmatrix}, \qquad A = \begin{bmatrix} a^{cc} & a^{ce} \\ a^{ec} & a^{ee} \end{bmatrix}, \qquad B = \begin{bmatrix} b^{cc} & b^{ce} \\ b^{ec} & b^{ee} \end{bmatrix} \tag{7.8}$$

其中，C 表示 (2×2) 阶常数项上三角矩阵；C^{T} 表示矩阵 C 的逆矩阵；a^{ce} 与 b^{ce} 表示煤炭市场向碳市场的波动溢出参数，若两参数不全为 0，表示煤炭市场向碳市场存在波动溢出，参考方霞和张屹山（2007）的研究，若两参数均为正，则表示煤炭市场波动会加剧碳市场波动，若两参数均为负，则表示煤炭市场波动会减弱碳市场波动，若两参数异号，则不能确定煤炭市场对碳市场的波动溢出影响是正向增强作用还是负向减弱作用；同理，a^{ec} 与 b^{ec} 表示由碳市场向煤炭市场的波动溢出参数值，其意义与 a^{ce} 和 b^{ce} 类似；a^{cc} 与 b^{cc} 表示煤炭市场收益率受自身波动影响的持久性；a^{ee} 与 b^{ee} 表示碳市场收益率受自身波动影响的持久性。当 a^{ce} 与 b^{ce} 同时为 0 时，表示煤炭市场对碳市场不存在波动溢出；当 a^{ec} 与 b^{ec} 同时为 0 时，则表示碳市场对煤炭市场不存在波动溢出。

　　然而，式(7.7)和式(7.8)并不能够测量波动溢出值的大小和正负方向。为了刻画两市场间的动态波动溢出关系，方毅和张屹山(2007)定义了 BEKK 模型的溢出项，用来度量变量之间任意时刻波动溢出的大小和方向。他们定义：如果根据含有 N 个变量的 BEKK(p,q) 模型，变量 i 对变量 j 存在波动溢出效应，定义变量 i 对变量 j 的波动溢出项 $\mathrm{VS}_t^{ij}=\left\{\mathrm{vs}_t^{ij}\right\}$ 等于由 H_t 得到的时变方差 $\left\{h_t^{jj}\right\}$ 减去由 H_t 的 A 与 B 中非对角元素任意都取 0 得到的 $\left\{(h_t^{jj})^{\mathrm{T}}\right\}$，这时变量 i 的信息和时变方差对变量 j 的波动的影响都为 0，不存在波动溢出。根据以上定义，我们得到了碳市场与煤炭市场之间的时变波动溢出模型，分别如式(7.9)和式(7.10)所示。

$$\mathrm{VS}_t^{ce}=(a^{ce})^2\varepsilon_{t-1}^{cc}+2a^{ce}a^{ee}\varepsilon_{t-1}^{ce}+(b^{ce})^2h_{t-1}^{cc}+2b^{ce}b^{ee}h_{t-1}^{ec} \tag{7.9}$$

$$\mathrm{VS}_t^{ec}=(a^{ec})^2\varepsilon_{t-1}^{ee}+2a^{ec}a^{cc}\varepsilon_{t-1}^{ec}+(b^{ec})^2h_{t-1}^{ee}+2b^{ec}b^{cc}h_{t-1}^{ce} \tag{7.10}$$

其中，VS_t^{ce}、VS_t^{ec} 分别表示在 t 时刻由煤炭市场对碳市场的波动溢出值序列和由碳市场对煤炭市场的波动溢出值序列；a^{ce}、a^{ec}、a^{cc}、a^{ee}、b^{ce}、b^{ec}、b^{cc} 和 b^{ee} 表示 full BEKK-GARCH$(1,1)$ 模型的估计参数值；ε^{cc} 和 ε^{ee} 分别表示煤炭市场和碳市场的 full BEKK-GARCH$(1,1)$ 残差序列；h^{cc} 和 h^{ce} 分别表示煤炭市场的时变方差和时变协方差；h^{ee} 和 h^{ec} 分别表示碳市场的时变方差和时变协方差。

　　此外，我们以 VS_t^{ce} 为例，在 t 时刻，若 $\mathrm{VS}_t^{ce}>0$，则表示煤炭市场波动会加剧碳市场的波动；若 $\mathrm{VS}_t^{ce}<0$，则表示煤炭市场波动会减弱碳市场的波动；就整个时间序列而言，若 VS_t^{ce} 大于 0 的部分多于小于 0 的部分，则可认为在整个样本区间内波动溢出效应是正向的，即波动溢出效应具有加剧波动的作用；反之，则波动溢出效应是负向的，即波动溢出效应具有减弱波动的作用；波动溢出值序列均值的绝对值越大，表示波动溢出效应的影响程度越高。

　　需要说明的是，关于碳市场与其他两种化石能源市场的研究方法与上述过程类似。

7.4　欧盟碳市场与能源市场的波动溢出实证结果分析

7.4.1　碳市场与能源市场的动态相关性分析

表 7.3 描述了碳市场和能源市场收益率之间的 VAR-DCC-TGARCH(1,1) 模型估计结果，我们得到了以下几点重要发现。

表 7.3　欧盟碳市场与能源市场的 VAR-DCC-TGARCH(1,1) 模型估计结果

碳市场与煤炭市场		碳市场与天然气市场		碳市场与原油市场	
参数	数值	参数	数值	参数	数值
A: 条件均值					
μ^e	−0.0728 (−1.01)	μ^e	−0.0722 (−0.99)	μ^e	−0.0710 (−0.98)
μ^c	−0.0206 (−0.54)	μ^n	−0.0029 (−0.06)	μ^b	−0.0004 (−0.01)
a^e	0.1778*** (7.12)	a^e	0.1451*** (5.89)	a^e	0.1491*** (6.01)
a^c	0.0569** (2.24)	a^n	−0.1904*** (−7.79)	a^b	0.0145 (0.58)
b^e	−0.1794*** (−3.76)	b^e	−0.0011 (−0.03)	b^e	−0.0168 (−0.48)
b^c	−0.0073 (−0.55)	b^n	0.0148 (0.87)	b^b	0.0160 (0.90)
B: 条件方差					
ω^e	0.0737** (2.32)	ω^e	0.0755** (2.22)	ω^e	0.0895** (2.26)
ω^c	0.0020 (0.16)	ω^n	0.0626 (0.65)	ω^b	0.0225 (0.86)
α^e	0.0715*** (3.76)	α^e	0.0714*** (3.69)	α^e	0.0677*** (3.23)
α^c	0.0090 (0.52)	α^n	0.1903** (2.20)	α^b	0.0343** (2.45)
γ^e	0.1140*** (4.36)	γ^e	0.1155*** (4.25)	γ^e	0.1395*** (3.65)

续表

碳市场与煤炭市场		碳市场与天然气市场		碳市场与原油市场	
参数	数值	参数	数值	参数	数值
B: 条件方差					
γ^c	−0.0024 (−0.20)	γ^n	−0.0423 (−0.90)	γ^b	0.0495[*] (1.84)
β^e	0.8713[***] (41.17)	β^e	0.8706[***] (37.33)	β^e	0.8623[***] (33.99)
β^c	0.9920[***] (53.65)	β^n	0.8307[***] (7.05)	β^b	0.9408[***] (28.36)
C: 相关性					
v_1	0.0239[*] (1.86)	v_1	0.0078 (1.62)	v_1	0.0081[***] (2.58)
v_2	0.9498[***] (25.47)	v_2	0.9770[***] (58.59)	v_2	0.9855[***] (167.45)

*、**和***分别表示在10%、5%和1%的显著性水平下显著

注：ω、α、γ、β 是单变量 TGARCH(1,1)模型的待估参数，小括号内为 t 值

首先，碳价上涨或下跌对碳市场与煤炭市场及碳市场与原油市场之间的动态相关关系造成的冲击具有显著的短期持久性，然而这种冲击对碳市场与天然气市场的动态相关关系没有影响。也就是说，碳市场与煤炭市场及碳市场与原油市场间的相关关系具有短期可预测性。由表 7.3 中的 v_1 值可知，这种冲击对碳市场与煤炭市场之间动态相关关系的短期持久性最高。

其次，碳价上涨或下跌对碳市场与三种化石能源市场相关关系的冲击具有长期持久性。表 7.3 中的 v_2 值均显著且接近于 1，说明这种冲击的长期持久性对碳市场与能源市场之间的动态相关关系的长期变化趋势具有重要预测作用。

再次，碳价和能源价格上涨对它们未来的价格具有长期波动持久性。这是因为 $\alpha + \beta$ 的估计值接近于 1，说明其价格上涨具有波动持久性。这些结果说明价格上涨造成的冲击对预测碳价和能源价格未来走势具有重要作用。

最后，三种化石能源价格下降对碳价波动的影响高于它们上涨相同幅度时对碳价的影响，且碳价下降对原油价格波动的影响高于它们上涨相同幅度时对原油价格的影响。具体而言，表 7.3 中 γ^e 对三种化石能源价格的影响均显著为正，说明煤炭价格、天然气价格和原油价格下降时对碳价波动的影响高于它们上涨相同幅度时带来的影响。同时，γ^b 显著为正，而 γ^c 和 γ^n 在10%的显著水平下不显著，说明碳价波动仅对原油市场价格波动具有非对称影响。也就是说，碳价下跌对原油价格的影响高于其上涨相同幅度时带来的影响。

碳市场与能源市场之间的动态条件相关关系如图 7.1 所示，相应的描述性统计结果如表 7.4 所示，我们得到以下发现。

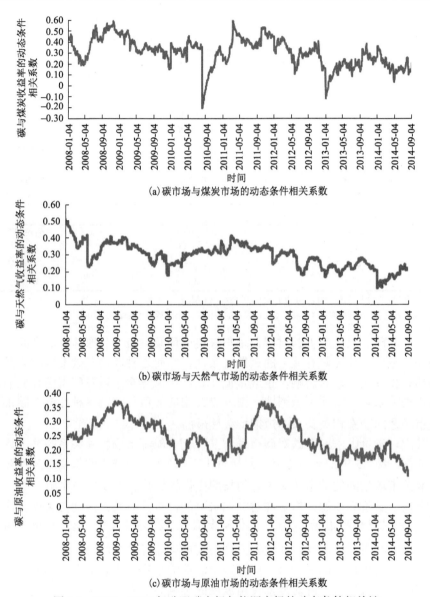

图 7.1　2008～2014 年欧盟碳市场与能源市场的动态条件相关性

表 7.4　欧盟碳市场与能源市场收益率的动态条件相关性的描述性统计

相关性	均值	最大值	最小值	中位数	极差	标准差
碳市场与煤炭市场的动态条件相关性	0.3161	0.5973	−0.1853	0.3278	0.7826	0.1278
碳市场与天然气市场的动态条件相关性	0.3066	0.5145	0.1300	0.3159	0.3845	0.0680
碳市场与原油市场的动态条件相关性	0.2517	0.3829	0.1164	0.2418	0.2665	0.0641

一方面，欧盟碳市场与能源市场显著正相关，碳市场与煤炭市场之间相关程度最高，碳市场与天然气市场的相关性次之，碳市场与原油市场的相关性最低。由表 7.4 可知，碳市场与煤炭市场之间的相关性随着时间的变化最高可达0.5973，说明碳市场管理者要着重关注三种化石能源中煤炭市场价格的变化。类似地，Aatola 等(2013)发现，碳价与能源价格(煤炭价格、天然气价格和电价)之间具有显著相关性。魏一鸣等(2008)发现，从长期来看，油价涨跌对碳价走势具有显著影响。

另一方面，碳市场与能源市场对不确定信息具有风险协同效应。由图 7.2可知，在整个样本区间内，除碳市场与煤炭市场之间存在极少部分小于 0 的异常值外，碳市场与能源市场之间的动态相关系数基本上大于 0。若 DCC 系数大于 0，表示两市场的时变方差是同向变化的，即两市场之间具有风险协同效应(方毅和张屹山，2007)。2008 年金融危机爆发后，全球市场受环境不确定性变化引起的风险增加，碳市场与能源市场的风险协同效应相应增强，DCC值出现上升趋势。2009~2011 年，继金融危机之后爆发了债务危机，经济环境变动带来的不确定风险此起彼伏，碳市场与能源市场之间的风险协同效应相应有较大幅度的波动；2012 年以后，整个经济环境基本趋于稳定格局，随着经济环境中不确定风险的减弱，碳市场与能源市场之间的风险协同效应逐渐下降，DCC 值也逐渐下降。

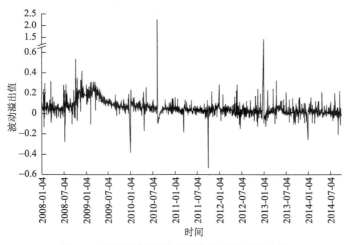

图 7.2　煤炭市场对碳市场的动态波动溢出值

7.4.2　碳市场与能源市场的时变波动溢出效应分析

根据式(7.7)和式(7.8)，我们得到 full BEKK-GARCH(1,1)模型的估计结果如

表 7.5 所示。

表 7.5　欧盟碳市场与能源市场波动溢出 full BEKK-GARCH(1,1)模型估计结果

碳市场与煤炭市场		碳市场与天然气市场		碳市场与原油市场	
参数	数值	参数	数值	参数	数值
c^{ee}	0.2260***	c^{ee}	0.2841***	c^{ee}	0.2966***
	(3.45)		(4.00)		(3.58)
c^{ec}	−0.0060	c^{en}	−0.0163	c^{eb}	−0.0304
	(−0.26)		(−0.59)		(−1.17)
c^{cc}	0.0095	c^{nn}	0.0916**	c^{bb}	0.0712**
	(0.28)		(1.73)		(2.63)
a^{ee}	0.3484***	a^{ee}	0.3202***	a^{ee}	0.3412***
	(10.74)		(8.56)		(5.47)
a^{ec}	0.0003	a^{en}	−0.0181**	a^{eb}	0.0052
	(0.07)		(−1.86)		(0.28)
a^{ce}	−0.0770**	a^{ne}	−0.0424	a^{be}	−0.0238
	(−1.95)		(−0.83)		(−0.37)
a^{cc}	0.0893***	a^{nn}	0.4431***	a^{bb}	0.1818***
	(5.77)		(5.91)		(8.11)
b^{ee}	0.9382***	b^{ee}	0.9452***	b^{ee}	0.9393***
	(94.61)		(82.74)		(48.27)
b^{ec}	0.0003	b^{en}	0.0051**	b^{eb}	−0.0001
	(0.29)		(1.84)		(−0.01)
b^{ce}	0.0222***	b^{ne}	0.0171	b^{be}	0.0096
	(2.72)		(1.49)		(0.70)
b^{cc}	0.9953***	b^{nn}	0.9250***	b^{bb}	0.9822***
	(558.26)		(47.38)		(235.35)

和*分别表示在 5%和 1%显著性水平下显著

注：小括号内为 t 值

(1)煤炭市场对碳市场存在单向显著波动溢出。波动溢出参数 a^{ce} 和 b^{ce} 均显著，说明煤炭市场向碳市场存在显著的波动溢出效应。然而，我们并不能估计出波动溢出方向为正还是为负，因为 b^{ce} 为正，而 a^{ce} 为负。类似地，a^{ec} 和 b^{ec} 并不显著，说明碳市场对煤炭市场并不存在显著的波动溢出效应。

事实上，煤炭市场对碳市场存在单向波动溢出，主要是由于全球化石能源消费导致的碳排放量中 40%源于以煤炭消费为主的火电行业(International Energy Agency，2015c)，所以煤炭价格变化在很大程度上会影响发电成本。因此，煤炭价格波动对电力行业燃料消费转换具有重要影响，进而通过影响电力行业的碳排放需求量影响碳价变化。

同时，碳市场对煤炭市场并不存在显著的波动溢出效应，这可能是由于碳价改变造成的电力行业生产成本变化要低于电力行业燃料转换成本。所以即便碳价变化会影响电力行业的生产成本，但电力行业仍然会继续选择煤炭作为发电燃料。换言之，碳市场管理者可以提出更多有效政策以促进控排企业，特别是电力行业实现碳减排。

(2)碳市场对天然气市场存在显著的单向波动溢出，这是因为碳市场对天然气市场的波动溢出参数 a^{en} 和 b^{en} 均显著。然而 a^{ne} 和 b^{ne} 并不显著，说明天然气市场对碳市场并不存在显著的波动溢出效应。也就是说，碳市场与天然气市场仅存在单向波动溢出关系，这与 Liu 和 Chen(2013)的研究并不一致。他们认为，2008～2011 年，EUA 期货市场与英国天然气市场存在双向波动溢出关系。这可能是由研究对象和研究样本的不同引起的，因为本章把样本区间扩展至 2014 年 9 月，且采用的是德国天然气期货市场价格。此外，a^{en} 为负，而 b^{en} 为正，所以我们并不能估计这种波动溢出关系为正还是为负。

一方面，碳市场对天然气市场的单向显著波动溢出关系可能是因为天然气相对于其他化石燃料(煤炭、原油)，属于低碳清洁能源，天然气成为发达国家发电行业的重要燃料，从而导致碳价波动通过影响天然气需求量最终影响天然气价格。

另一方面，天然气市场对碳市场并不存在显著波动溢出，这主要是因为天然气发电行业对于技术经济要求具有一定的灵活性，并且与风电等新能源发电具有密切相关性，从而具有应对需求高峰的灵活性(International Energy Agency, 2015a)。所以，天然气价格波动对天然气发电行业和碳排放并没有显著影响，从而使其对碳价的影响也并不显著。这些结果在一定程度上可为投资者和政策制定者根据碳价波动管理天然气价格提供参考依据。

(3)碳市场与原油市场之间并不存在显著的波动溢出效应。由表 7.5 可知，波动溢出系数 a^{eb}、b^{eb}、a^{be} 和 b^{be} 并不显著，这些结果与现有研究相一致。例如，Reboredo(2014)采用了多变量条件自回归极差(multivariate conditional autoregressive range，MCARR)、BEKK 和向量自回归移动平均(vector autoregressive moving average，VARMA)三种模型探讨 EUA 期货价格与原油价格之间的波动溢出关系，三种模型的估计结果均表明两市场并不存在显著的波动溢出关系。这可能是由于碳价格和原油价格都具有相对独立的价格形成机制。例如，原油价格波动主要取决于供求关系、美元汇率、原油市场的投机行为，甚至地缘政治事件等(Zhang and Da，2013)。而碳价变化主要取决于气候变化谈判、减排计划及不可预测的天气因素(Zhang and Wei，2010)。

到此为止，我们考察了碳市场与能源市场之间的波动溢出关系，但尚未估计出波动溢出的正负方向及其大小。因此，我们进一步探讨煤炭市场对碳市场及碳市场对天然气市场的动态波动溢出关系。根据式(7.9)和式(7.10)，我们得到了时变波动溢出序列 VS^{ce} 和 VS^{en}（图7.2和图7.3），它们的统计结果如表7.6所示。

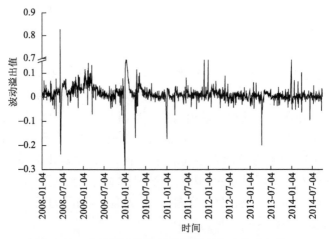

图 7.3 碳市场对天然气市场的动态波动溢出值

表 7.6 动态波动溢出值的描述性统计

波动溢出值	均值	中位数	最大值	最小值	标准差	正向溢出占比/%	负向溢出占比/%
VS^{ce}	0.0561	0.0419	2.2573	−0.5374	0.0979	85.16	14.84
VS^{en}	0.0140	0.0096	0.8275	−0.2856	0.0374	75.78	24.22

注：VS^{ce} 和 VS^{en} 分别表示从煤炭市场到碳市场、从碳市场到天然气市场的动态波动溢出值

我们发现，一方面，不论是煤炭市场对碳市场，还是碳市场对天然气市场，均存在时变波动溢出关系。如图7.2和图7.3所示，2008年左右两者均存在较大波动，这可能是由金融危机引起的。而在2010年，两者均呈现剧烈的波动趋势，这可能是由债务危机引起的。并且，由表7.6可知，VS^{ce} 和 VS^{en} 的正向波动溢出占比均显著高于负向波动溢出占比（分别为85.16%和14.84%，75.78%和24.22%）。因此，煤炭市场对碳市场及碳市场对天然气市场整体上均存在正向波动溢出。也就是说，在样本区间内，在一定程度上煤炭市场会引致碳市场波动，同时碳市场波动也会引致天然气市场波动。这些结果可为投资者和政策制定者的决策提供重要参考依据。

另一方面，平均而言样本区间内煤炭市场对碳市场的波动溢出值高于碳市场对天然气市场的波动溢出值。根据表7.6，煤炭市场对碳市场的波动溢出均值为0.0561，而碳市场对天然气市场的波动溢出均值为0.0140。

7.5　主要结论与启示

考察欧盟碳市场与能源市场的波动关联机制具有重要的理论价值和现实意义，然而，现有研究并没有考虑它们之间的动态关系。因此，本章探讨了欧盟碳市场与能源市场之间的动态条件相关关系和动态波动溢出效应，旨在为投资决策和市场监管提供更多的有效信息。基于以上实证结果，主要得出以下结论。

第一，样本区间内煤炭市场对碳市场及碳市场对天然气市场存在显著的单向时变波动溢出关系，波动溢出均值分别为 0.0561 和 0.0140。也就是说，煤炭市场波动会引致碳市场波动，而碳市场波动会引起天然气市场波动。然而，碳市场与原油市场之间并不存在波动溢出关系。

第二，碳市场与化石能源市场之间存在显著的时变正相关关系，说明它们之间存在风险传染。具体而言，碳市场与煤炭市场、天然气市场和原油市场之间的动态条件相关系数的均值分别为 0.3161、0.3066 和 0.2517。

第三，三种化石能源价格下跌对碳价的影响显著高于它们上涨相同幅度时带来的影响。而且三种化石能源中，碳价上涨或下跌仅对原油价格具有非对称影响。

根据上述结果，我们为碳市场利益相关者提出了以下建议。

首先，碳市场管理者和政策制定者要重点关注碳市场与能源市场之间的金融属性以有效监管它们之间的波动溢出关系及风险传染。

其次，碳市场投资者可以合理利用碳市场与能源市场之间的相关关系，特别是碳市场对原油市场的非对称影响，以实现更有效的投资组合，合理避免投资风险。

最后，基于碳市场与能源市场的相关性和波动溢出关系，控排行业可以通过调整其能源消费结构，调控减排成本，以实现最优的减排目标。

第8章　中国碳交易市场效率研究

8.1　中国碳市场交易状况及问题

2013 年 6 月 18 日，深圳市启动了全国首个碳排放权交易市场。2014 年 6 月 19 日，重庆碳排放权交易中心宣布开市。至此，我国七个碳排放权交易试点地区全部上市交易。截至 2017 年 11 月，七个试点地区累计成交碳配额超过了 2 亿吨二氧化碳当量，成交金额超过了 46 亿元；试点碳市场覆盖了来自电力、钢铁、建筑材料、有色金属、化工、民航等多个领域的 2000 多家企业。自 2013 年以来，我国试点碳市场不断完善创新，在系统平台、体制建设和产品创新等方面都取得了不少成绩，试点碳市场为全国碳市场的启动提供了重要的经验借鉴。

2017 年 12 月 19 日，国家发展和改革委员会正式宣布启动全国碳排放权交易体系。中国碳市场一跃取代 EU ETS，成为全球控排规模最大的碳市场。国家发展和改革委员会预计，到 2020 年，全国碳市场交易规模有望达到 12 亿～80 亿元，若未来打通期货交易通道，则将扩容至 600 亿～4000 亿元。

然而，近几年中国碳市场的发展也暴露出一些问题，有关碳交易的法规体系还不够健全、碳市场的价格还不太稳定、碳市场交易的活跃度还不够高、碳市场的流动性还不够、碳市场成交量和成交额还有待提升、碳金融产品类型比较有限、碳市场的融资作用还没有充分发挥等，严重影响了碳市场的效率。

8.2　国内外研究状况

目前，已有一些文献分析了中国碳市场的相关机制，讨论了中国建设碳市场面临的相关问题。例如，Tang 等（2015）采用多主体模型探索了中国的碳交易机制，结果表明，碳交易能有效减少碳排放，但是对经济有负面影响；在碳配额分配上，采用溯往原则比较温和，而杠杆原则风险较大；碳价在 40 元/吨左右可以达到最佳减排效果；而赔偿率的设定应起到平衡经济发展增速与减速的作用。Liu 等（2015）分析了中国在国际碳市场上的地位，考察了中国政府推出碳市场的动机，并追溯了强制性碳排放交易和自愿减排交易的发展，认为中国的碳交易市场面临着新的挑战，如配额分配不准确、不完善的交易机制及立法滞后等。Zhang 和

Hao(2015)构建多维指标体系,讨论了中国各省(区、市)2020 年之前的碳排放配额分配问题。

然而,现有相关文献还很少考虑中国碳交易市场的效率问题,这可能与之前中国碳市场交易数据比较有限、数据质量有待提高有关。实际上,交易效率是市场运行的重要支撑,因此,研究碳交易市场效率是讨论碳市场机制、规范碳市场建设的关键方面。但是,我们看到,目前对碳交易市场有效性进行实证检验的文献并不多,且主要集中于对 EU ETS 市场有效性的研究。例如,Zhang 和 Wei(2010)从运行机制和经济效益两方面对 EU ETS 碳市场实证研究的主要观点进行了系统梳理,并提出了若干重要研究方向。Milunovich 和 Joyeux(2007)采用持有成本模型检验了 EUA 期货市场的效率,发现 2005 年 6 月 24 日至 2006 年 11 月 27 日,不同到期日的期货合约均不符合持有成本定价模型,而且在现货和期货市场之间存在双向信息传递和波动性溢出。Daskalakis 和 Markellos(2008)利用欧洲气候交易所 2006 年以前的数据对 EUA 现货和期货的弱式有效性进行了检验,发现 EUA市场尚未达到弱式有效。Seifert 等(2008)通过随机均衡模型对欧盟碳市场进行了检验,结果表明碳价是非平稳的,而欧盟碳市场是充分信息有效的。此外,Montagnoli 和 de Vries(2010)采用方差比率法对欧盟碳市场的有效性进行了检验,认为欧盟第二阶段市场弱式有效,并建立了一个基于市场效率的碳交易市场模型,测算了 EU ETS 的市场效率,但是没有比较不同交易方式下市场效率的大小。

另外,在市场效率研究方法方面,现有相关文献较多,但主要是对资产期货价格与现货价格开展对比分析及对分形市场假说进行研究。例如,Charles 等(2013)基于持有成本(cost of carry)假设,研究了欧盟碳市场期货价格与现货价格的关系,据此探讨了市场有效程度。Wang 和 Liu(2010)采用基于多重消除趋势波动分析的滚动窗口技术考察了美国西得克萨斯轻质原油(West Texas intermediate,WTI)市场的效率。Zhuang 等(2015)利用多重分形消除趋势波动分析(multi-fractal detrended fluctuation analysis,MF-DFA)和广义 Hurst 指数评价法,评价了中国十大重要行业指数的有效程度。这些研究为本章探讨中国碳交易市场的效率及其变化态势提供了重要思路。

8.3 数据说明与研究方法

8.3.1 数据说明

由于重庆和湖北碳交易市场的相关数据难以获取,本章只选取北京、上海、广东、深圳、天津五个碳交易市场的数据,时间跨度为 2013 年 6 月 18 日到 2016

年 4 月 7 日。同时，本章剔除了交易价格为 0 的样本。数据来源于五个碳交易所的官网。

1. 碳交易价格基本分析

我们首先对五个碳市场的价格进行描述统计分析，结果如表 8.1 所示。我们得到了以下发现。①2013～2016 年，五个碳市场之间的价格差异较大，碳价均值最小的天津碳市场只有约 26 元/吨，而碳价均值最大的深圳碳市场达到了约 58 元/吨。不同碳市场的价格差异为我国建设全国统一的碳市场增加了难度。②各个试点碳市场的价格波动情况也不一致，其中天津碳市场的价格波动相对最小，标准差只有 5.64，北京和上海次之，碳价波动也较为平缓，而广东和深圳碳交易市场的价格波动比较剧烈。例如，深圳碳市场价格最大值和最小值之间的振幅达到了约 103 元/吨。

表 8.1　碳市场价格的描述性统计

试点地区	样本量	最小值/(元/吨)	最大值/(元/吨)	均值/(元/吨)	标准差	偏度	峰度
北京	401	16.50	77.00	49.61	8.43	−0.35	5.50
上海	443	5.13	44.91	26.72	10.02	−0.37	1.86
广东	335	11.80	77.00	31.28	19.48	0.94	2.24
深圳	502	27.54	130.90	57.60	17.88	0.57	2.64
天津	406	11.20	50.11	26.14	5.64	1.14	5.68

归结起来，碳交易价格是碳市场与碳减排有关的所有经济活动的信号，合理的碳价可以促进我国经济的低碳转型，也有利于推动碳市场优化资源配置、形成激励机制、引导社会投资、开展金融创新、化解体系风险、纠偏政策制度、实现信息公开和增强国际定价等。目前，我国试点碳市场均没有形成完全市场化的碳价形成机制，碳价波动不能反映能源价格、减排技术水平、减排成本和碳配额真实供需情况。另外，与碳交易市场紧密相关的能源市场机制和环境保护市场机制也尚不完善。创新碳市场环境，完善碳交易机制，促使碳价反映碳配额的稀缺性和实际价值，是未来碳价改革的重要目标。

2. 碳交易量基本分析

我国五个碳交易试点的交易量描述统计如表 8.2 所示，从中我们看到：①五个碳交易市场成交量的最大值和最小值差别都很大，这说明开市以来，各个碳市场的交易量都不稳定，市场行情波动较大；②上海碳市场的成交量与其他四个碳市场的差别较大，其日均值约 103 万吨，而其他市场交易量最大的均值也仅有 62 万吨。实际上，上海是我国唯一连续多年 100％按时完成履约的试点地区，地区内参与碳交易的企事业单位相比而言较为积极。

表 8.2　碳市场交易量的描述性统计

试点地区	样本量	最小值/吨	最大值/吨	均值/吨	标准差	偏度	峰度
北京	401	46.70	5 754 369.40	326 617.89	687 524.58	3.81	20.80
上海	443	9.80	12 612 324.00	1 026 872.42	2 423 339.91	3.05	11.36
广东	335	21.46	27 972 000.00	616 079.76	2 140 347.19	7.79	86.36
深圳	502	31.50	9 172 598.79	264 959.97	993 210.78	6.96	54.32
天津	406	249.00	11 206 984.00	85 887.43	705 522.39	12.69	178.01

8.3.2　研究方法

我们采用消除趋势波动分析(detrended fluctuation analysis，DFA)方法和 Hurst 指数研判碳市场的价格长程记忆性及市场有效性，计算步骤如下。

(1)对于长度为 N 的时间序列 $\{x_{ts} \mid ts = 1, 2, \cdots, N\}$，构造去均值的和序列如式(8.1)所示。

$$Y(i) = \sum_{ts=1}^{i} (x_{ts} - \overline{x}), \quad i = 1, 2, \cdots, N \tag{8.1}$$

其中，$\overline{x} = \dfrac{1}{N} \sum_{ts=1}^{N} x_{ts}$。

(2)将新序列 $Y(i)$ 划分为长度为 s 的 N_s 个不相交的区间(即改变时间尺度)，其中，$N_s = \text{int}(N / s)$。为了保证序列 $Y(i)$ 的信息在划分过程中不至于丢失，对 $Y(i)$ 按照 i 由小到大和由大到小各划分一次，由此得到 $2N_s$ 个区间。

(3)对每个区间 $v(v = 1, 2, \cdots, 2N_s)$ 内的 s 个点，用普通最小二乘法进行 N_p 阶多项式拟合，得到式(8.2)。

$$y_v(i) = a_1 i^{N_p} + a_2 i^{N_p - 1} + \cdots + a_{N_p} i + a_{N_p + 1}, \quad i = 1, 2, \cdots, s, \quad N_p = 1, 2, \cdots \tag{8.2}$$

(4) 计算均方误差 $F^2(s,v)$。

当 $v = 1, 2, \cdots, N_s$ 时，有

$$F^2(s,v) = \frac{1}{s} \sum_{i=1}^{s} \{Y[(v-1)s + i] - y_v(i)\}^2 \tag{8.3}$$

当 $v = N_s + 1, N_s + 2, \cdots, 2N_s$ 时，有

$$F^2(s,v) = \frac{1}{s} \sum_{i=1}^{s} \{Y[N - (v - N_s)s + i] - y_v(i)\}^2 \tag{8.4}$$

对于 $2N_s$ 个区间，求 $F^2(s,v)$ 的均值，得到波动函数 $F(s)$，如式 (8.5) 所示。

$$F(s) = \sqrt{\frac{1}{2N_s} \sum_{v=1}^{2N_s} F^2(s,v)} \tag{8.5}$$

其中，$F(s)$ 表示关于数据长度 s 的函数，随着 s 的增大，$F(s)$ 呈幂律关系增加，即

$$F(s) \propto s^H \tag{8.6}$$

其中，H 表示 Hurst 指数。然后，我们根据 H 值判断碳交易价格的长程记忆性。

(1) 当 $H = 0.5$ 时，表示碳价序列中不存在任何相关关系，即碳价序列是随机游走的，现在的碳价走势不会对其未来造成影响，市场处于弱有效状态。

(2) 当 $0 < H < 0.5$ 时，表示碳价序列具有反持续性的长程幂律相关，即如果碳价序列在前一个时期存在向上 (下) 趋势，则它在后一个时期很可能存在向下 (上) 的趋势，这种反持续性行为的强度随 H 的减小而增强。

(3) 当 $0.5 < H < 1$ 时，表示碳价序列具有持续性的长程幂律相关，即如果碳价序列在前一个时期存在向上 (下) 趋势，则它在后一个时期很可能仍然存在向上 (下) 的趋势，这种持续性行为的强度随 H 的增大而增强。

8.4　基于 Hurst 指数的碳市场效率实证结果分析

8.4.1　单一标度 Hurst 指数分析

图 8.1 表示北京、上海、广东、深圳、天津五个碳交易市场波动函数 $F(s)$ 与时间标度 s 的双对数图 (图中直线表示趋势线)；表 8.3 是五个碳市场的 Hurst 指数。我们得到以下主要发现。

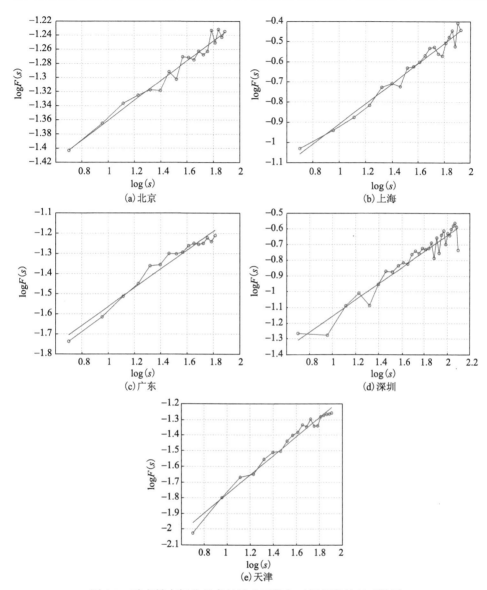

图 8.1　碳交易市场收益率的波动函数与时间标度的双对数图

表 8.3　单一标度 Hurst 指数

碳交易市场	Hurst 指数	碳交易市场	Hurst 指数
北京	0.1402	深圳	0.5143
上海	0.4981	天津	0.6093
广东	0.4666		

（1）上海和深圳的 Hurst 指数分别为 0.4981 和 0.5143，接近 0.5，表明在样本区间内，上海和深圳碳交易市场的价格接近随机游走，市场比较有效。

（2）北京和广东的 Hurst 指数分别为 0.1402 和 0.4666，均小于 0.5，说明这两个碳市场的收益率时间序列呈现了反持续性的行为，即如果碳价在前一个时期是向上（下）的，则它在后一个时期很可能存在向下（上）的趋势。

（3）天津的 Hurst 指数为 0.6093，大于 0.5，说明天津碳交易市场的收益率序列具有持续性特征，即如果碳价在前一个时期是向上（下）的，则它在后一个时期也很可能存在向上（下）的变化趋势。

8.4.2　多重标度 Hurst 指数分析

从图 8.1 中我们看到，波动函数 $F(s)$ 的斜率也在不断变化，即存在标度依赖性。因此，为了对碳市场效率进行更细致的分析，我们将整个标度区间 [1,2] 分为长度为 0.2 的子区间，并计算每个区间的 Hurst 指数如图 8.2 所示。

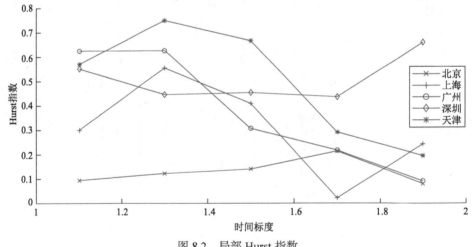

图 8.2　局部 Hurst 指数

从图 8.2 中可以看出，随着时间标度的变化，其对应的局部 Hurst 指数也在变化，但是五个碳市场的变化趋势并不一致，主要表现如下。

（1）深圳碳市场在中短时间间隔 [1.2<log(s)<1.6] 内 Hurst 指数接近 0.5，市场比较有效。

（2）北京碳交易市场在整个时间间隔内的 Hurst 指数都在 0.5 以下，碳市场价格有很强的反持续性。

（3）在长期 [1.8<log(s)<2] 内，深圳碳交易市场的 Hurst 指数大于 0.5，市场价格表现出较强的持续性，而北京、上海、广东和天津碳交易市场的 Hurst 指数均

小于 0.5，市场价格表现出较强的反持续性。

8.4.3　时变 Hurst 指数分析

为了反映碳市场 Hurst 指数变化的动态规律，我们采用滚动窗口的 DFA 方法分别对五个碳市场进行分析，得到时变 Hurst 指数。具体而言，我们将窗口长度设置为 120 天(大约半年的交易日)，两个窗口之间的时间差为 1 天，即第一个窗口表示从第 1 个交易日到第 120 个交易日，第二个窗口的时间段表示从第 2 个交易日到第 121 个交易日。本节各个 Hurst 指数图中，估计某交易日的 Hurst 指数时，对应的时间窗口是该日期往过去算 120 天(含该日)。

1. 北京碳交易市场动态分析

北京碳交易市场自 2013 年 11 月 28 日开始交易，我们得到其 Hurst 指数随时间变化趋势如图 8.3 所示，主要特征如下。

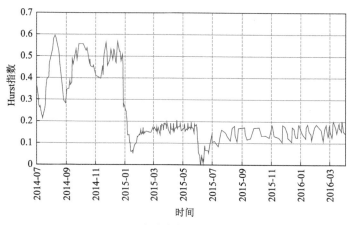

图 8.3　北京碳市场时变 Hurst 指数

(1)北京碳交易市场效率前高后低。从图 8.3 中可以看出，北京碳市场交易的 Hurst 指数绝大部分时期都小于 0.5，说明自上市交易以来北京碳市场并不是有效的，碳价波动具有很强的反持续性。

(2)到期履约时间对北京碳市场影响不大。在履约期，北京碳市场并不是有效的。历史数据表明，履约期前后，北京碳交易的交易价格和交易量都发生了较大波动，而 Hurst 指数虽然有波动，却并未受到显著影响，依然在 0.5 以下低位波动，市场呈现出很强的反持续性。履约期前后，北京碳市场交易量出现爆炸式增长主要和政府的一系列动作及企业履约到期时间临近有关。在政府方面，2014 年 3 月 7 日，北京市发展和改革委员会发布《关于做好 2014 年碳排放报告报送核查及有关工作的通知》，从 3 月 10 日起正式启动 2013 年度碳配额调整、碳排放报告报送及核查与新增设施配额核发等工作。此外，2014 年，北京市要求一般排放单位报送 2013 年度碳排放报告，并于 4 月 24 日对未按要求报送的 439 家一般排放单位公开"点名"催报。5 月 6 日，北京市发展和改革委员会下发《关于规范碳排放权交易行政处罚自由裁量权的规定》，依此规定对碳排放权交易违法行为实施了行政处罚。在企业方面，碳市场开市初期，控排企业不知道如何参与碳市场交易，对碳交易的认识程度有所欠缺，直接影响了企业的减排决策，甚至出现观望态度。履约期临近，部分企业的碳配额需求可能增加，也有部分企业剩余的碳配额急于变现，结果导致碳市场成交量陡增。

2. 上海碳交易市场动态分析

上海碳交易市场自 2013 年 11 月 26 日开始交易。根据前文所述方法，我们得到上海碳市场的时变 Hurst 指数如图 8.4 所示，主要特征如下。

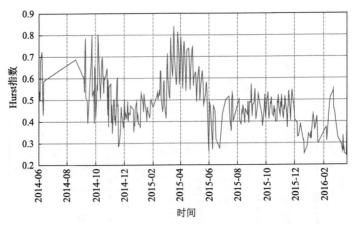

图 8.4　上海碳市场时变 Hurst 指数

（1）上海碳交易市场效率略有下挫。从图 8.4 中看到，上海碳市场收益率的 Hurst 指数自上市以来呈现出先降后增再下降的态势。在上市前期大于 0.5，市场价格表现为持续性；然后逐渐回落到 0.5 左右；接着又经历了一轮上升和下跌，再次回到略低于 0.5 的水平，反映出碳市场价格的反持续性。实际上，经过过去几年的尝试，尽管上海构建了较为完善的碳市场法律法规体系，初步建立了一套统一的碳排放核算、报告和核查体系，但仍然面临企业经营状况、碳配额分配、交易规则、碳泄漏风险和低碳技术发展等方面的不确定性，进而直接影响到控排企事业单位的碳减排率、减排成本及负担分摊，进而影响了碳市场效率（Wu et al.，2014b）。

（2）履约期对上海碳市场效率有较大影响。履约期内，上海碳市场并不是有效市场。图 8.4 显示，2015 年 6~7 月，上海碳市场收益率的 Hurst 指数经历了大幅下跌然后逐渐回升的过程,但 Hurst 指数值始终处于 0.5 以下。实际上,2015 年 2~5 月,上海碳市场交易的碳配额价格和成交量都达到了高峰,而进入履约清缴的 6 月和 7 月后,由于碳配额供需状况变得明朗,碳价反转下跌。碳市场交易量和收益率出现急剧变化,这与 Hurst 指数震荡的时间点是一致的。履约期过后,Hurst 指数继续在略小于 0.5 的水平附近小幅震荡,碳市场表现出一定的反持续性。

3. 广东碳交易市场动态分析

广东碳交易市场自 2013 年 12 月 19 日正式启动,Hurst 指数随时间变化的趋势如图 8.5 所示,主要特征如下。

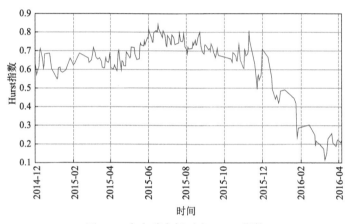

图 8.5　广东碳市场时变 Hurst 指数

(1)广东碳市场前期呈现高度持续性而后期转向反持续性。从图 8.5 中可以看出,在 2015 年 12 月以前,广东碳市场的 Hurst 指数始终大于 0.5,表明市场并不是有效的,碳配额价格表现出持续性特征。此后,Hurst 指数稳步下挫,直至小于 0.5,碳价波动转向反持续性。实际上,这种无序变化对应着广东碳市场的价格持续下挫,成交长期低迷。

(2)履约期与 Hurst 指数变化相关。虽然广东碳市场的 Hurst 指数在动态变化中并没有任何一段时间在 0.5 左右,但是我们发现,Hurst 指数在 2015 年 6~7 月比较稳定,维持在较高水平,而这段时间正是即将履约的时期。在履约月,碳配额需求增加,碳市场交易量明显上升,但是履约期后,碳市场行情继续大幅下降,Hurst 指数又开始剧烈波动。

4. 深圳碳交易市场动态分析

深圳碳交易市场自 2013 年 6 月 18 日开始交易,是我国最早上市的试点碳市场。其时变 Hurst 指数如图 8.6 所示，主要特征如下。

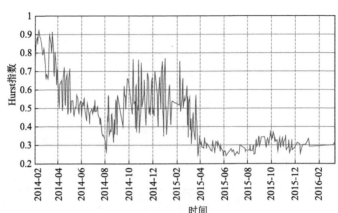

图 8.6　深圳碳市场时变 Hurst 指数

（1）深圳碳市场的 Hurst 指数呈现先降后增再下降的整体态势。在上市之初，深圳碳市场的 Hurst 指数大于 0.5，碳价表现出持续性特征，然后 Hurst 指数逐渐回落，趋近于 0.5，并且在 0.5 左右窄幅波动，表明市场逐渐接近有效。随后，由于碳市场行情变化，Hurst 指数持续下挫至小于 0.5，并维持低位震荡，碳配额价格呈现出反持续性特征。

（2）与其他试点不同的是，虽然深圳碳市场大部分时期的成交较为活跃、流动性表现较好，但在履约期来临时并没有出现预期中的成交量和 Hurst 指数陡增，甚至出现了下降情况。出现这种状况可能是由于碳市场上市初期市场活跃时控排企业就基本上完成了交易需求。这也正是 Hurst 指数在 2014 年 4～6 月维持在 0.5 左右，但在履约期（即 6 月）后骤降的重要原因。而 2015 年的履约期对 Hurst 指数的影响较小，2015 年 4～12 月，深圳碳市场 Hurst 指数始终小于 0.5，维持在 0.3 左右。碳市场的效率与市场流动性密切相关，而供需关系又是影响市场流动性的重要因素。就单个控排企业而言，如果发放的碳配额能够与企业自身的排放量相匹配，甚至有富余，企业的购买意愿就会降低，而且不愿意增加技术创新投入以达到节能减排效果；同时，对于个人和机构投资者而言，如果市场供大于求，则不会轻易进入碳市场。因此，碳排放配额分配的科学性对政府而言是一个重要考验（de Perthuis and Trotignon，2014）。

5. 天津碳交易市场动态分析

天津碳交易市场自 2013 年 12 月 26 日开始交易，其时变 Hurst 指数如图 8.7 所示，主要特征如下。

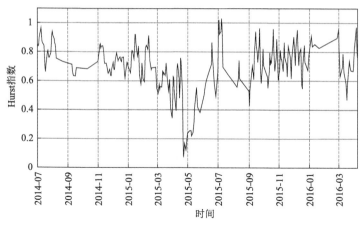

图 8.7　天津碳市场时变 Hurst 指数

（1）天津碳市场的价格呈现很强的持续性。由图 8.7 可以看出，天津碳市场自上市以来绝大部分时期的 Hurst 指数都大于 0.5，长期保持高位震荡，表明碳价波动呈现出很强的持续性。

（2）履约期内天津碳市场的效率并未得到提高。在 2015 年的履约期（即 6～7 月），天津碳市场的 Hurst 指数增大，但从 7 月中旬开始，Hurst 指数又开始下降。履约期内 Hurst 指数有较大波动，但天津碳市场效率并未得到提高，碳价仍然有很强的持续性。

造成上述结果的原因可能主要包括两个方面：一是天津碳市场参与企业相对较少，碳市场交易量相对较低；二是企业参与度较低。例如，天津碳市场纳入的控排企业仅有 110 余家；同时，协议转让交易占据主导比例，碳交易的"非市场化"特征明显。

8.5　主要结论与启示

本章首先运用 DFA 方法分析了我国试点碳交易市场 2013～2016 年碳价收益率的分形特征，然后基于试点碳市场价格波动的标度依赖性，采用不同的时间标度进行了分析，并运用滚动时间窗口技术计算了试点碳交易市场的时变 Hurst 指数。主要结论如下。

（1）本书考察的五个碳市场中，上海碳市场和深圳碳市场的单一标度 Hurst 指数接近 0.5，碳价变化接近随机游走，但其他三个碳市场的单一标度 Hurst 指数均偏离 0.5，碳市场价格不服从随机游走状态，呈现出较强的持续性或反持续性。同时，各个碳市场的价格变化都存在标度依赖性。

（2）样本区间内，试点碳市场中，天津碳市场的 Hurst 指数长期维持在 0.5

上方，碳价变化呈现很强的持续性，而其他碳市场的 Hurst 指数呈现不同程度的走低趋势，甚至较长时期低于 0.5，碳价变化逐渐出现较为显著的反持续性特征。我国试点碳市场的效率仍然较低，市场暂时无法发挥价格发现的作用。

（3）多数试点碳市场的投资者交易的时间比较集中，在正式启动交易后的一段时期，试点碳市场的交易量基本上较为冷清，但在履约到期时间前 1～2 个月，市场参与主体往往迅速增多，交易量呈现爆炸式增长。但是，随着履约清算结束，投资者纷纷离场，交易量开始下降，市场重新归于平静。

基于上述研究结论，我们尝试为碳市场主管部门提出以下建议。

首先，积极推动碳市场与金融业相结合，大力发展碳金融业务。目前，试点地区控排企业参与碳市场交易的积极性较差，主要是由于企业履约所承担的成本较高，碳市场交易普遍低迷。而专业化的碳金融产品可以提高碳资产的吸引力，锁定碳价风险，进而有效降低相关企业的履约成本，激活碳交易二级市场的活跃性。

其次，尽快出台碳交易相关法律法规，增强碳交易的约束力。虽然试点地区已制定相关地方性法规保障碳交易运行，但其法律效力较弱，对企业的约束能力较差。建议国家碳交易主管部门推动全国人民代表大会启动碳交易立法，提高碳交易制度的约束力，以确保碳交易的可持续发展。

最后，推动碳交易信息公开，提高公众参与度。建议在借鉴国外经验的基础上，推动试点地区逐步实现碳交易信息的公开透明，并设计相关机制吸引公众参与到碳交易的监督中来，从而有效提升社会公众的节能减排意识，为建设全国统一的碳交易市场提供关键基础。

第9章 欧盟碳期货市场极端风险测度研究

9.1 欧盟碳期货市场的风险特征

2005年1月1日，为了实现《京都议定书》确定的温室气体减排目标，EU ETS正式运行。此后，EU ETS发展迅速，逐渐在全球碳市场中占据主导地位，成为全球碳市场的风向标(Linacre et al.，2011)。随着EU ETS交易额的扩大，越来越多的金融中介与服务提供商参与到EU ETS的期货期权交易中来，市场微观结构也越来越复杂。投资者在关注碳配额长期价格趋势的同时，更注重短线操作(期货合约迅速升高的换手率就是证明)，因此正确衡量EU ETS市场风险，对市场投资者具有重要现实意义。同时，对于EUA的实际需求者，EU ETS的价格风险将会影响他们参与市场的信心和减排效果。

另外，有别于一般的金融市场。碳排放权作为一种交易商品，对于不同的市场交易主体而言，碳价风险具有不同含义。碳价上涨时，碳配额出售者将获得收益，但碳配额缺乏者(碳配额购买者)将会遭受损失；碳价下跌时，碳配额购买者获得收益，但碳配额出售者将会遭受损失。因此，度量碳价上涨和下跌的单侧市场风险更具有现实意义。

碳市场作为一种新兴市场，不仅受到市场机制的影响，还受到外界不确定环境的影响。例如，国际政治(气候谈判)、能源价格、异常气温、碳排放配额的分配等因素都会对碳市场产生重要影响，使得碳价出现较大幅度波动。因此，碳市场出现极端风险的可能性很大。在这种情况下，继续使用一些传统的风险测量方法可能出现有偏的结果。

为此，本章将在前人相关研究的基础上，拓展两个方面的研究工作：一是引入极值理论(extreme value theory，EVT)更为准确地刻画欧盟碳市场的风险波动情况；二是从碳价上涨和下跌两个角度考察EU ETS三个阶段的极端风险，以对欧盟碳市场的风险状况形成较为系统的认识，并为规避碳市场极端风险提供决策参考。

9.2 国内外研究状况

碳价变化的不确定性、随机性导致碳市场风险明显，而风险管理是现代金融的重要支柱，也是投资决策的重要关切点，如何有效度量市场风险是金融市场、大宗商品市场研究的热点。目前，碳市场风险研究主要包括如下几种类型。

首先是碳市场给能源部门(如电力部门、风能部门等)带来的风险。Daskalakis 和 Markellos(2009)通过对欧洲能源交易市场(European Energy Exchange，EEE)、北欧电力市场(Nord Pool，NP)及法国电力交易所(Powernext)的实证研究，证实了电力风险溢价受 EUA 价格的影响。Oberndorfer(2009)使用面板 GARCH 模型研究了碳市场和股票市场之间的关系，结果表明，碳价和欧洲重要的电力公司的股票收益率成正相关，并且碳价的增值或贬值对股票市场的影响是对称的。因此，EU ETS 对金融市场具有重要影响，并且会影响其所覆盖企业的价值。Blanco 和 Rodrigues(2008)探讨了 EU ETS 对能源投资的影响。他们发现，EU ETS 在碳价较低时会给风能投资带来负面影响，因此，至少保持大约 40 欧元/吨二氧化碳的碳价才能维持当前对风能的支持力度。

其次是外界环境(如宏观经济状况、政策不确定性、研发投入、能源价格等)给碳市场带来的风险。Alberola 等(2008a)研究了 EU ETS 中工业部门的产量变化对碳价的影响，结果表明，2005～2007 年，在 9 个工业部门中，只有燃料部门、造纸部门及矿业部门等 3 个工业部门的产量对碳价具有显著影响。Chevallier(2009)检验了宏观经济风险对碳期货的影响，结果显示，股票和债券市场的两个指标，即平均股票收益率和垃圾债券溢价，对碳期货收益率的预测作用甚微；并且，与利率波动和全球商品市场的经济趋势密切相关的两个指标，即美国短期债券收益率和路透商品研究指数的超额收益，对碳市场的预测能力有限。Blyth 等(2009)提出了基于边际减排成本曲线的分析框架，旨在提供对碳市场动态特征和风险因素的直观认识。结果表明，早期的研究与开发投入既可以降低减排总成本，又可以降低碳市场风险。Blyth 和 Bunn(2011)利用一个随机模拟模型分析了 EU ETS 碳价风险的主要驱动因素，他们将碳市场风险分解为政策风险、市场风险和技术风险，结果表明，三种风险是相互关联的，而且当碳价较低时，政策风险占主导地位；当碳价较高时，市场风险占主导地位。

另外，随着欧盟碳市场交易数据的增多，一些文献从金融视角尤其是价格波动视角研究碳价机制。例如，Reilly 和 Paltsev(2005)使用 MIT-EPPA(MIT emissions prediction and policy analysis)模型模拟了 EU ETS 碳市场形势，并重点探讨了碳价的波动。结果表明，2005～2007 年，对于具有竞争性的碳市场，碳价应该在 0.6～0.9 欧元/吨二氧化碳，这与 2005 年的实际碳价(20～25 欧元/吨二氧化碳)明显不同。Alberola 等(2008b)的研究显示，EU ETS 碳价在 2005～2007 年出现了两次结构性突变：第一次发生在 2006 年 4 月，主要是由于欧盟公布了 2005 年已核证的碳排放数据；第二次发生在 2006 年 10 月，主要是由于欧盟发布了限制 2008～2012 年配额分配的公告。从结构性突变中，我们可以看出制度和市场事件对碳价波动的影响。张跃军和魏一鸣(2011)引入均值回归理论和 GED[①]-GARCH 模型,考察了 EU ETS 碳期货市场在 2005~2008 年的运行特征,结果发现,EU ETS 的碳交易期货市场的价格、收益、市场波动及市场风险的变化均不服从均值回归过程,即它们的运动具有发散性,暂时不具有可预测的特性,这主要是政治决策、能源价格、股票市场、异常天气等一系列复杂因素的综合作用,导致碳市场效率不高,市场反应过度。Feng 等(2011)从非线性动力学角度检验了 EU ETS 碳价波动,结果显示,碳价不服从随机游走,而具有轻度的混沌现象;并且,碳价波动不仅受内部市场机制的影响,还受外界异构环境的影响。

相比而言,目前还较少有文献从碳市场自身价格变化视角分析它的极端风险度量问题。极值理论提供了一个研究极端风险的强有力分析框架。传统方法通常关注整个分布,而极值理论关注分布的尾部特征。极值理论已经被证实在度量极值变化方面具有很大优势(Longin,2000;Marimoutou et al.,2009),并已被广泛应用于存在极值的领域,如水文学、保险学、金融学、石油市场等。鉴于此,本章引入极值理论度量欧盟碳期货市场的极端 VaR,并与传统的 VaR 计算方法——方差-协方差方法和蒙特卡洛方法进行了比较。需要说明的是,本章使用的方差-协方差方法引入了 GED-GARCH 模型,模型设定的详细内容可阅读 Fan 等(2008)或张跃军和魏一鸣(2013)的研究。

9.3　数据说明与研究方法

9.3.1　数据说明

本章主要研究 EUA 碳期货市场的极值风险问题,而且按照 EU ETS 三个阶段分别度量市场风险(2005~2007 年为第一阶段,2008~2012 年为第二阶段,2013~2020 年为第三阶段)。由于在同一阶段内,各种主力碳期货合约的价格走势基本一致,为方便研究,我们在每个阶段选取其中一个主力合约作为代表。具体而言,我们选取 ICE 2007 年 12 月交割的碳期货合约 DEC07 作为第一阶段的代表,样本区间为 2005 年 4 月 22 日至 2007 年 10 月 22 日;选取 2012 年 12 月交割的碳期货合约 DEC12 作为第二阶段的代表,样本区间为 2008 年 6 月 13 日至 2012 年 12 月 13 日;选取 2016 年 12 月交割的碳期货合约 DEC16 作为第三阶段的代表,样本区间为 2013 年 1 月 2 日至 2016 年 11 月 2 日。三个阶段的样本均为日数据样本量分别为 682 个、1149 个和 1018 个,价格走势如图 9.1 所示。资料来自 ICE(https://www.theice.com/marketdata/reports/82)。

---

① GED 是 generalized error distribution 的首字母缩写,即广义误差分布。

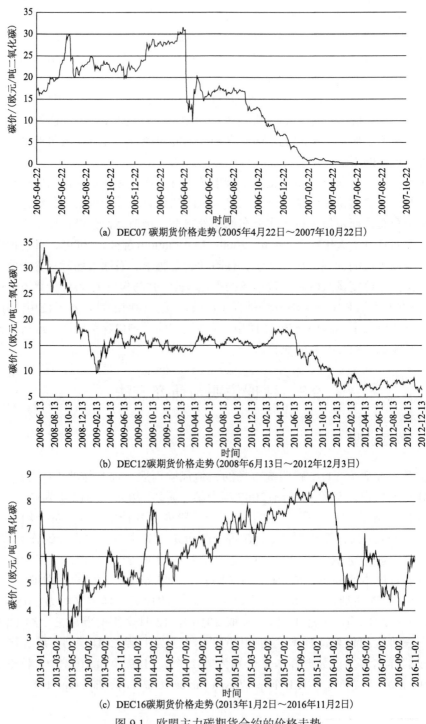

(a) DEC07 碳期货价格走势（2005年4月22日～2007年10月22日）

(b) DEC12碳期货价格走势（2008年6月13日～2012年12月3日）

(c) DEC16碳期货价格走势（2013年1月2日～2016年11月2日）

图 9.1　欧盟主力碳期货合约的价格走势

9.3.2　研究方法

假设碳期货市场第 t 日的碳价为 P_t，那么第 t 日的碳期货收益率定义为

$$R_t = 100 \times (\ln P_t - \ln P_{t-1}) \tag{9.1}$$

假设碳收益率序列 $\{R_t\}$ 的分布函数如式(9.2)所示。

$$F(r) = \Pr\{R_t \leqslant r\} \tag{9.2}$$

则给定一个阈值 u，收益率 R 超过阈值 u 的超限值 $(R-u)$ 的条件分布如式(9.3)所示，即在收益率 $R > u$ 的条件下，$R - u \leqslant y$ 的概率。

$$F_u(y) = \Pr\{R - u \leqslant y | R > u\} = \frac{F(y+u) - F(u)}{1 - F(u)}, \quad y > 0 \tag{9.3}$$

根据 Balkema 和 de Haan (1974) 提出的定理，对于足够大的阈值 u，超限值的分布 $[F_u(y)]$ 近似于广义帕累托分布(generalized Pareto distribution，GPD)，即

$$G(y) = \begin{cases} 1 - \left(1 + \xi \dfrac{y}{\beta}\right)^{-1/\xi}, & \xi \neq 0 \\ 1 - \mathrm{e}^{-y/\beta}, & \xi = 0 \end{cases} \tag{9.4}$$

其中，当 $\xi \geqslant 0$ 时，$y \geqslant 0$；当 $\xi < 0$ 时，$0 < y < -\beta/\xi$。ξ 是形状参数，$\beta > 0$ 是规模参数。因此对于足够大的阈值 u，我们可以用 $G(y)$ 估计 $F_u(y)$。设 $r = y + u$，由式(9.3)可得

$$F(r) = [1 - F(u)] G(y) + F(u) \tag{9.5}$$

其中，方程 $F(u)$ 可以通过非参数方法的累积分布函数(cumulative distribution function，CDF)获得。

$$F(u) = \frac{s_n - S_N}{s_n} \tag{9.6}$$

其中，s_n 表示样本量；S_N 表示失效数(即比阈值 u 大的收益率个数)。将式(9.4)和式(9.6)代入式(9.5)，得到 $F(r)$ 的估计值如式(9.7)所示。

$$\overline{F(r)} = 1 - \frac{S_N}{s_n} \left(1 + \overline{\xi} \frac{r - u}{\overline{\beta}}\right)^{-1/\overline{\xi}} \tag{9.7}$$

其中，$\overline{\xi}$ 和 $\overline{\beta}$ 分别表示 ξ 和 β 的估计值，它们可以通过对式(9.4)的极大似然估计得到。

对于给定的置信水平 $p > F(u)$，VaR 是分布函数 F 的 p 分位数。因此 VaR 可以通过式 (9.7) 求解 r 得到，如式 (9.8) 所示。

$$\mathrm{VaR} = u + \frac{\overline{\beta}}{\overline{\xi}}\left(\left(\frac{s_n}{S_N}(1-p) \right)^{-\overline{\xi}} - 1 \right) \tag{9.8}$$

下面介绍阈值 u 的估计。阈值 u 可以通过平均超限函数 (mean excess function，MEF) 进行估计，如式 (9.9) 所示。

$$e(u) = \frac{\sum_{t=1}^{s_n}(R_t - u)}{\sum_{t=1}^{s_n}1_{\{R_t > u\}}} \tag{9.9}$$

其中，$1_{\{\cdot\}}$ 表示指示函数。MEF 是所有大于阈值 u 超限值之和除以大于阈值的数据个数，它描述的是一旦有大于阈值 u 的情况发生，那么我们估计大于阈值的平均超限值是多少。如果在某个阈值 α 之后，MEF 为向上倾斜的直线，说明数据服从 GPD 分布，并且具有正的形状参数 ξ，则我们取 $u = \alpha$（Marimoutou et al.，2009）。

最后，我们介绍 VaR 可靠性的检验方法。根据 Kupiec (1995) 提出的检验方法，假定 VaR 的置信度为 p，样本量为 s_n，失效数为 S_N，失效率为 $\mathrm{fr} = S_N / s_n$，失效的期望值为 $1 - p$。根据 Kupiec (1995) 提出的似然比率 LR，如式 (9.10) 所示检验原假设 $H_0 : 1 - p = \mathrm{fr}$，即 VaR 的失效率是否显著等于 $1 - p$。

$$\mathrm{LR} = -2\ln\left[p^{s_n - S_N}(1-p)^{S_N} \right] + 2\ln\left[(1-\mathrm{fr})^{s_n - S_N}\,\mathrm{fr}^{S_N} \right] \tag{9.10}$$

在原假设的条件下，统计量 LR 服从自由度为 1 的 χ^2 分布，其 95% 的置信区间临界值为 3.84。如果 LR>3.84，则拒绝原假设，即认为估计的碳市场 VaR 是不可靠的；反之，接受原假设。

9.4　基于 EVT-VaR 方法的欧盟碳市场极端风险测度结果分析

9.4.1　碳市场收益率的基本统计特征

欧盟碳期货合约 DEC07、DEC12 和 DEC16 的收益率统计特征如表 9.1 所示。我们发现，DEC07 的标准差明显大于 DEC12 和 DEC16，反映出 EU ETS 第一阶段碳期货价格的剧烈波动。此外，JB 统计量显示，三个阶段的碳价收益率都不服从正态分布，这与 Paolella 和 Taschini（2008）、Zhang 和 Sun（2016）的研究结果是一致的；而且，三个收益率序列的峰度均大于 3，偏度不为 0，说明它们都具有明显的"尖峰厚尾"特征。而且，EU ETS 第一阶段碳期货收益率的"尖峰厚尾"特征更为明显，这主要是由于在第一阶段，欧盟碳交易市场处于尝试阶段(pilot phase)，各种突发事件都能引起碳价的剧烈波动(Zhang and Wei，2010)。

表 9.1　DEC07、DEC12 和 DEC16 碳期货合约收益率的基本统计特征

碳合约	样本量	均值/%	标准差	最大值/%	最小值/%	偏度	峰度	JB 统计量
DEC07	681	−1.091 8	10.728 1	−138.629 4	109.861 2	−3.173 8	75.923 1	152 035.20
								(0.000 0)
DEC12	1 148	−0.135 5	2.471 5	19.399 0	−11.844 4	0.259 5	8.389 4	1 402.25
								(0.000 0)
DEC16	1 017	−0.039 0	3.456 4	29.468 0	−33.868 5	−0.377 1	25.219 8	20 945.44
								(0.000 0)

注：小括号内为相应的显著性概率

9.4.2　基于 EVT-VaR 方法的碳市场极端风险测度结果分析

鉴于传统 VaR 方法(如方差-协方差方法、蒙特卡洛方法等)难以刻画收益率的尾部极端特征，我们引入极值理论计算碳市场的 VaR。在计算过程中，使用收益率序列计算碳价上涨时的 VaR，并将收益率序列转换成损失率序列再计算下跌 VaR。以 DEC07 的下跌 VaR 为例，展示基于极值理论的在险值(EVT-VaR)的计算过程。

首先，估计阈值 u。做出 DEC07 损失率的 MEF 图(图 9.2)，可见，当 $R>6.9$ 时，$e(u)$ 是近似线性的，因此取 $u = 6.9$。

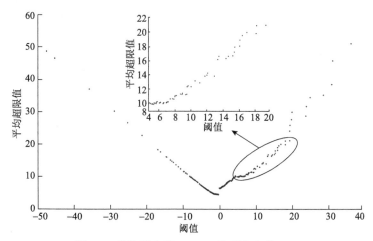

图 9.2　碳期货合约 DEC07 的损失率的 MEF

其次，估计参数 ξ 和 β。由式(9.4)，通过极大似然估计得到：$\xi = 0.4272$，$\beta = 5.6635$。然后，根据式(9.8)分别计算 EU ETS 三个阶段的碳期货合约价格的 VaR，结果如表9.2所示。同时，我们基于式(9.10)检验 VaR 计算结果的可靠性，发现以下几点。

表 9.2　碳期货合约 DEC07、DEC12 和 DEC16 的 VaR 计算结果

碳合约	风险类型	阈值 u	系数 ξ	系数 β	VaR	样本量	失效数	失效率	LR 值
DEC07	下跌	6.9	0.4272	5.6635	12.7383	681	36	5.29%	0.1155
	上涨	3.8	0.4370	4.2741	7.5038	681	35	5.14%	0.0277
DEC12	下跌	4.1	0.3738	1.1650	4.9032	1148	53	4.62%	0.3639
	上涨	3.9	0.4131	1.0094	4.5800	1148	52	4.53%	0.5514
DEC16	下跌	5.1	0.3918	1.9571	6.5642	1017	49	4.82%	0.0717
	上涨	4.8	0.3513	2.2745	6.5363	1017	50	4.92%	0.0150

注：表中 VaR 的置信水平为95%

首先，不管是哪种碳期货合约，也不管是碳价下跌还是上涨，在样本区间内，VaR 方法的 LR 值都远小于临界值3.84，即接受原假设，可以认为极值理论计算出来的碳交易市场 VaR 方法是可靠的。

其次，三种碳期货合约的平均下跌风险都大于上涨风险。尤其是在第一阶段，其下跌风险是上涨风险的1.7倍，这与第一阶段欧盟碳交易市场的动态特征有关。因为 EU ETS 的市场机制中规定，各个阶段之间不能存储(banking)剩余的配额，所以它们之间出现了明显的裂缝(seam)。加上第一阶段分配的碳排放配额相对充足，结果导致在第一阶段后半期，欧盟碳期货价格以下降态势为主，到2007年底，碳价甚至跌至0附近(图9.1)。同时，我们也发现，与第一阶段相比，第二阶段、第三阶段碳期货市场上涨风险与下跌风险的不对称性明显减弱。具体而言，下跌风险与上涨风险的比值从第一阶段的1.7下降到第二阶段的1.07、第三阶段的1.00，这在一定程度上反映出 EU ETS 碳期货市场的经营环境正在逐步改善。

最后，不论是下跌风险还是上涨风险，第二阶段和第三阶段的平均 VaR 都要分别小于第一阶段对应的风险程度，而且都呈现出先下降后有所抬升的趋势。这是由于与第一阶段相比，投资者更加看好第二阶段、第三阶段欧盟碳市场的发展前景，从而促使碳价变化相对平稳。当然，也应该看到，在 EU ETS 第三阶段，国际社会热烈讨论"后京都时代"全球应对气候变化的政策如何调整，温室气体减排义务如何分担，一度争议较大，导致投资者情绪和对未来的预期波动较大，受其影响，碳市场风险略有上扬也能理解。

9.4.3 基于 EVT-VaR 方法与传统 VaR 估计方法的结果比较

为了比较极值理论与传统的、经典的 VaR 计算方法在度量碳市场风险方面的差异，我们引入了方差-协方差方法和蒙特卡洛方法，分别计算样本区间内三个阶段碳期货合约的 VaR。需要说明的是，这里的方差-协方差方法采用的是 GED-GARCH 模型。计算结果如表 9.3 所示。

表 9.3　基于三种方法的碳期货合约 DEC07、DEC12 和 DEC16 的 VaR 结果

碳合约	风险类型	方法	VaR	样本量	失效数	失效率	LR 值
DEC07	下跌	极值理论	12.7383	681	36	5.29%	0.1155
		方差-协方差方法	10.3469	681	49	7.20%	6.1192
		蒙特卡洛方法	20.6997	681	11	1.62%	22.0531
	上涨	极值理论	7.5038	681	35	5.14%	0.0277
		方差-协方差方法	9.7555	681	20	2.94%	7.1190
		蒙特卡洛方法	16.0291	681	9	1.32%	27.1068
DEC12	下跌	极值理论	4.9032	1148	53	4.62%	0.3639
		方差-协方差方法	4.0780	1148	93	8.10%	19.7302
		蒙特卡洛方法	4.3085	1148	83	7.23%	10.6259
	上涨	极值理论	4.5800	1148	52	4.53%	0.5514
		方差-协方差方法	4.2011	1148	86	7.49%	13.0968
		蒙特卡洛方法	4.3375	1148	80	6.97%	8.3880
DEC16	下跌	极值理论	6.5642	1017	49	4.82%	0.0717
		方差-协方差方法	5.7156	1017	67	6.59%	4.9303
		蒙特卡洛方法	5.5985	1017	71	6.98%	7.5228
	上涨	极值理论	6.5363	1017	50	4.92%	0.0150
		方差-协方差方法	5.6468	1017	70	6.89%	6.8282
		蒙特卡洛方法	5.9200	1017	60	5.90%	1.6427

注：表中 VaR 的置信水平为 95%

我们发现，不论是碳市场下跌风险还是上涨风险，不论是哪种碳期货合约，不论是 EU ETS 的哪个阶段，我们采用极值理论方法度量 VaR 的 LR 统计量都远

小于临界值 3.84，表明结果是较为可靠的。而且，采用极值理论方法计算 VaR 的 LR 统计量值都要小于采用方差-协方差方法和蒙特卡洛方法计算 VaR 的 LR 值，表明极值理论方法在样本区间内碳期货市场的 VaR 度量方面更胜一筹。

应该看到，不论是碳市场下跌风险还是上涨风险，不论是哪种碳期货合约，不论是 EU ETS 的哪个阶段，采用方差-协方差方法和蒙特卡洛方法计算 VaR 的失效率与 5%都相差较大，LR 统计量值都大于 3.84（采用蒙特卡洛方法计算 DEC16 合约的上涨风险例外），因此，采用这两种传统方法求得的碳市场 VaR 存在较大偏误。具体而言，在第一阶段，采用方差-协方差方法计算主力碳期货合约的 VaR 时，低估了下跌风险而高估了上涨风险；采用蒙特卡洛方法计算主力碳期货合约的 VaR 时，不论是下跌风险还是上涨风险，计算结果都高估了碳期货市场的实际风险。而在第二阶段和第三阶段，方差-协方差方法和蒙特卡洛方法的计算结果都低估了碳期货市场的实际风险。

造成这种现象的原因可能在于，方差-协方差方法和蒙特卡洛方法都属于参数方法，对碳价收益率的分布有特定假设，而碳期货价格变化受到市场供需、能源价格、经济金融形势、气候政策变化、异常气温等多方面因素的综合影响，不确定性很大，导致基于特定统计分布的计算结果难免出现偏差。相反，极值理论属于非参数方法，没有假设特定的模型或分布，能够有效描述碳价收益率的厚尾特征，而且对突发/极端事件具有较强的预见性。

9.5　主要结论与启示

鉴于欧盟碳期货市场剧烈波动的市场行情，我们基于历史交易数据，引入了极值理论，实证研究了 EU ETS 三个阶段的碳期货价格极端风险，得到主要结论如下。

首先，在样本区间内，基于极值理论的在险值方法能够充分度量 EU ETS 三个阶段碳期货合约的市场风险，而且效果好于传统的常用的 VaR 度量方法——方差-协方差方法和蒙特卡洛方法。

其次，在 EU ETS 碳期货市场，碳价下跌时的平均 VaR 要大于碳价上涨时的 VaR，即碳排放配额出售者面临的市场极端风险平均而言要大于碳配额购买者面临的风险。尤其是在第一阶段，DEC07 碳期货合约的价格下跌 VaR 与上涨 VaR 的比值高达 1.7，这主要是因为市场机制尚不成熟，政府为控排设施和企业分配碳排放配额过于充足，所以碳配额持有者面临的市场风险较大。然而，随着交易机制和市场环境不断完善，进入第二阶段和第三阶段后，欧盟碳期货合约的价格上涨和下跌风险的不对称性明显减弱。

最后，在 EU ETS 碳期货市场上，不论是下跌风险还是上涨风险，第二阶段和第三阶段的平均 VaR 都要分别小于第一阶段对应的风险值。这表明与第一阶段相比，第二阶段、第三阶段欧盟碳市场的交易机制不断规范，投资者的信心不断增强，发展前景总体向好。

第10章 欧盟碳期货市场动态最优套利策略研究

10.1 欧盟碳市场套利环境及主要问题

碳市场是人类利用市场机制解决全球气候变暖问题的重要制度创新。为了帮助欧盟成员方完成《京都议定书》提出的数量化温室气体减排目标，欧洲委员会从2005年开始建立EU ETS。按照EU ETS规定，各成员方的排放设施每年都要在实际排放量和被分配配额之间寻找平衡，如果实际排放量超过了EUA，可以从EU ETS碳市场购买EUA填补空缺，也可以使用CDM项目提供的CER弥补配额的不足。在CDM市场中，一旦减排量得到联合国CDM执行委员会的核准，就可以由项目开发者引入碳市场交易，从而形成CDM二级市场的CER，即sCER。

由于EUA和sCER碳市场之间的这种可替代性，它们成为碳期货市场投资者的重要选择。但是，欧洲委员会限制了CER的使用比例。例如，2008~2012年，CER的使用量最高占总EUA的13.4%。为了突破排放限额，相关排放设施可以采取不同的策略组合，如实质减排、购买EUA、购买sCER等。Trotignon和Leguet(2009)指出，2008年，欧盟成员方中96%的配额是EUA，3.9%是sCER［另外还有0.1%是排放减量单位(emission reduction unit，ERU)］。在EU ETS中，如何混合投资EUA和sCER期货合约，如何获得最大的套利收益，取决于它们之间的价格差异，本质上体现了两种碳期货合约价格趋势的不同驱动机制。

欧盟自2005年实施碳交易以来，其EUA期货市场规模和影响力都快速增长，目前已经成为全球碳市场的风向标；而sCER期货市场经过几年发展，也逐渐成为碳期货市场的重要组成部分。目前，两种碳资产的期货合约都在ICE自由交易，吸引了排放设施(企业)、碳基金、国际投资银行等相关利益方的密切关注。虽然跨市套利是一种较为稳健的保值和投资方式，但也面临比价稳定性、市场风险、信用风险、时间敞口风险、政策性风险等挑战，鉴于此，考虑它们之间的套利策略及其有效性问题，对于市场投资者具有重要的理论价值和现实意义[①]。

---

① 有学者曾在与我们讨论时提出，"既然套利机会存在，那么为何国际市场没有机构注意到这种套利机会？按照经济学常识理论，只要市场是有效的，即使存在各种套利机会，但市场上投资者的涌入会使这种套利机会消失"，对此，我们认为，EUA和sCER市场套利机会的存在或者讲两者价差的存在是由多种原因造成的。例如，EUA和CER具有不同的市场架构和管理制度，使用CER抵消EUA具有上限(cap)，参与CER二级市场交易的金融机构可能出现违约风险从而导致sCER市场面临不确定性。关于这方面的详细论述，可以参阅Nazifi(2013)的研究。本章的贡献在于，在确认存在套利机会的情况下，我们通过动态模型，定量地分析、跟踪时变的套利机会，为投资者发现盈利机会和市场监管者预见市场极端风险提供决策支持。

10.2　国内外研究状况

碳排放权交易是国际社会为应对全球气候变暖并探索低碳经济发展而进行的金融创新，也是我国中央政府目前正在努力推动的一种减排市场机制。关于碳交易价格形成机制的研究主要包括三个方面。

首先，大量文献考察了碳价的影响因素及其影响机制。碳市场不是一个简单的线性系统，它受到一系列风险因素的综合影响，如市场供需、天气变化、国家配额分配计划、政府公告等。例如，Mansanet-Bataller 等(2007)讨论了 EU ETS 碳价与极端天气、能源价格的关系，发现大多数高碳能源都是决定碳价的主导因素，而且异常天气变化会影响碳价。Bunn 和 Fezzi(2007)采用结构 VAR 模型研究了 EU ETS 碳价与英国零售电力、天然气现货价格的关系，发现天然气价格会影响碳价。张跃军和魏一鸣(2010)利用状态空间模型、VAR 模型等方法，发现欧盟化石能源价格与 EU ETS 碳价之间存在显著的长期均衡比例不断变化的协整关系，而且三种化石能源价格中，油价对碳价的影响相对较大。

其次，部分文献深入研究了碳市场价格波动及其金融特征。在各种风险因素的综合作用下，碳市场的价格波动特征复杂，特别是后京都时代气候变化谈判存在不确定性，促使碳市场风险加剧，为此，很多文献讨论了碳价的波动规律和风险状况。例如，Seifert 等(2008)采用随机均衡模型分析了 EU ETS 碳现货价格的行为特征，发现碳价没有表现出季节性特性。Paolella 和 Taschini(2008)分析了欧盟碳价和美国二氧化硫价格的非条件尾部特征与异方差性，发现混合正态 GARCH 模型能够较好地反映价格的波动性。Benz 和 Trück(2009)对 EU ETS 碳现货价格收益率进行建模，发现自回归-广义自回归条件异方差(autoregression-generalized autoregressive conditional heteroscedastic，AR-GARCH)模型与马尔可夫机制转换模型能够反映碳价波动行为。Daskalakis 等(2009)考察了 EU ETS 三个交易所(即 Powernext、Nord Pool 和 ECX)碳价的关系，发现 EU ETS 禁止在各阶段之间储存 EUA 会增加碳期货定价的复杂度，对市场流动性和有效性形成负面影响。凤振华和魏一鸣(2011)运用资本资产定价模型分析了 EU ETS 的市场风险，结果发现，2005～2007 年第二阶段的碳期货合约(DEC08～DEC12)对市场风险的敏感性小于第一阶段，而且 2005～2007 年的系统风险和 2008～2009 年较为一致。Lucia 等(2015)使用成交量和未平仓合约指标讨论了欧盟碳期货市场的投机和套期保值行为的演变特征，发现每年一季度投机程度较高，而且主要发生在近月合约中，而套期保值需求集中于将要到期的合约。

最后，部分文献讨论了碳市场与其他市场之间、不同碳市场之间的联动关系。

例如，Oberndorfer(2009)分析了 EU ETS 碳价与电力公司股票价格的联动机制，发现 EUA 价格与欧盟最重要电力公司的股价之间呈现正相关，但是碳价上扬和下挫时，它们的相关性并不对称，而且在不同时段、不同国家的情况有所区别。刘维泉和赵净(2011)利用 DCC-MVGARCH 模型分析了主要股票市场与 EU ETS 碳期货价格的联动关系，结果表明，主要股票市场对 EU ETS 期货价格具有单方向的引导关系。Nazifi(2013)利用时变参数模型考察了 2008～2011 年 EUA 和 CER 价格差异的动态演化特征，研究指出，缺乏市场竞争、使用和获取 CER 受到限制、EUA 和 CER 管理制度的改变及 CER 的不确定性，都对它们的价差产生了显著影响。Mansanet-Bataller 等(2011)讨论了第二阶段 EUA 与 sCER 的驱动因素，着重分析了它们之间出现价差的原因，文章为我们理解这两种不同碳市场的运行机制提供了重要参考。此外，Zhang 和 Huang(2015)引入 EMD 方法，从多个尺度考察了 EUA 和 sCER 期货市场的关联机制，结果发现，两个碳市场的价格变化呈现受不同强度冲击的非相关性，一个市场由短期供给冲击引发的价格变动难以解释另一个市场由长期制度冲击导致的变化；而在同等强度的市场冲击下，两种碳价的变化趋势又呈现显著相关性，一个碳市场价格的变化可以为另一个市场提供预判。可见，除了一些共同变化趋势和驱动因素之外，两种碳期货市场的演变还具有一定的独立性。

此外，前人在商品或股票期货市场套期保值或套利策略方面也开展了大量实证研究，为本章研究碳市场的跨市场套利问题提供了重要的方法基础。例如，Johnson(1960)、Ederington(1979)等较早提出用 Markowitz 的投资组合理论来解释套期保值。之后，最优套期保值比率及套期保值有效性问题成为期货市场研究的热门话题(Lee，2009；Chiu，2013)。在最优套期保值比率方面，Johnson(1960)提出的基于普通最小二乘法的最小方差套期保值比率计算方法得到了广泛使用，但是该方法假定资产收益率残差服从正态分布或联合正态分布，具有固定的方差和协方差，因而计算得到的最优套期比率为常数，难以反映市场条件的不确定性，所以后来很多学者提出了最优动态套期保值比率问题，并开展了实证研究(Lien and Tse，1999；廖厥椿，2011)。在选择不同的套期保值策略时，一般依赖于 Ederington(1979)提出的套期保值有效性度量方法。不过，目前讨论碳期货市场套利策略及其有效性的文献还很少见。

综合起来，本章对现有文献的拓展主要表现在三个方面。首先，目前讨论碳市场的文献一般聚焦于单个碳市场价格波动、风险度量、制度分析等，而本章考虑了两个典型碳期货市场(即 EUA 和 sCER)之间的关系。其次，现有相关研究主要以静态分析为主，而本章考虑了两个碳期货市场的动态时变相关性，研究结果更加贴近现实。最后，本章讨论了碳期货市场的时变动态套利问题，以及不同套利策略的有效性，目前相关研究还较少。

10.3　数据说明与研究方法

10.3.1　数据说明

本章样本区间为 2009 年 1 月 12 日至 2016 年 9 月 12 日。因为欧盟碳期货市场中没有一种合约的交易活动能够覆盖本章的样本区间，所以，为了获得连续的碳期货价格，本章将主力碳期货合约到期前一年的日收盘价格组合而成建模所用的碳期货价序列。例如，DEC10 表示 2010 年 12 月到期交割的碳期货合约，我们选取 DEC10 在 2009 年的日收盘价格作为碳期货价格序列 2009 年的数据。类似地，DEC11、DEC12、DEC13、DEC14、DEC15、DEC16 和 DEC17 分别表示在 2011年、2012 年、2013 年、2014 年、2015 年、2016 年和 2017 年 12 月交割的碳期货合约，我们选取这些合约到期前一年相应的日收盘价格，由此得到一条连续的碳期货价格序列。最终得到碳期货价格样本量为 1975 个，单位为欧元/吨二氧化碳。资料源自 ICE。EUA 和 sCER 期货价格的变化趋势如图 10.1 所示。

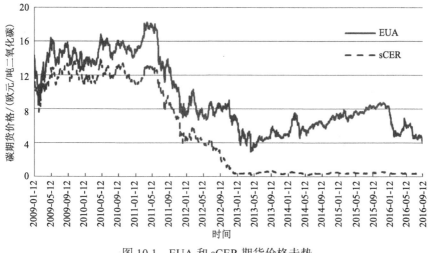

图 10.1　EUA 和 sCER 期货价格走势

为了缓冲碳期货价格序列的波动程度，我们采用对数百分收益率，即 $R_t = 100 \times \ln(P_t / P_{t-1})$，其中，$P_t$ 表示第 t 日的碳期货价格。EUA 和 sCER 的收益率分别如图 10.2 和图 10.3 所示。另外，计算结果显示，样本区间内 EUA 和 sCER 期货价格收益率具有较高的相关性（相关系数为 0.4867），表明两者比较适合进行跨市场套利交易。

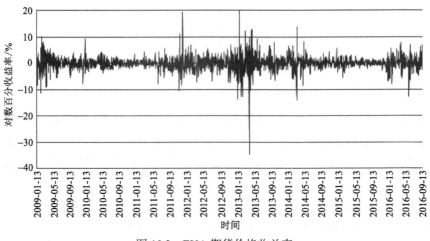

图 10.2　EUA 期货价格收益率

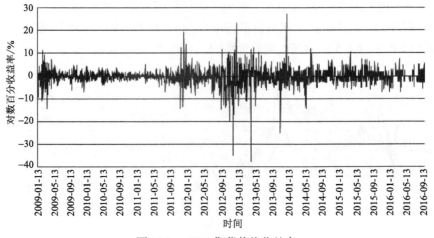

图 10.3　sCER 期货价格收益率

10.3.2　研究方法

1. DCC-TGARCH 模型

本章采用 DCC-TGARCH 模型考察 EUA 和 sCER 期货收益率之间的动态相关性。DCC-GARCH 模型由 Engle (2002) 提出，它使用了协方差的动态自回归过程，而 DCC-TGARCH 模型则基于 DCC-GARCH 模型进一步考虑了碳期货价格上涨和下跌带来的不对称影响。模型估计包括两步：首先，估计单变量 TGARCH 模型的参数，并采用残差除以条件方差得到标准化的残差序列；其次，采用标准化的残差序列估计出动态协方差矩阵的系数和条件相关系数。关于 DCC-TGARCH 的详细探讨可以参阅 Zhang 和 Sun (2016) 的研究。

2. 动态最优套利比率及套利效果评价模型

在上述动态相关性研究的基础上,本章基于投资组合收益风险最小化(即最小方差)构建 EUA 和 sCER 两种碳期货市场投资组合的动态最优套利比率。以使用 sCER 期货合约对 EUA 期货合约进行跨市场套利为例,动态最优套利比率的求解及其有效性的测度方法如下。

为了实现跨市场套利,sCER 和 EUA 的头寸总是相反的,sCER 和 EUA 期货合约构成的套利组合收益率(R_p)及其方差(σ_p^2)分别如式(10.1)和式(10.2)所示。

$$R_p = R_{\text{eua}} - h \times R_{\text{scer}} \tag{10.1}$$

$$\sigma_p^2 = \sigma_{\text{eua}}^2 + h^2 \times \sigma_{\text{scer}}^2 - 2h \times \rho \times \sigma_{\text{eua}} \times \sigma_{\text{scer}} \tag{10.2}$$

其中, R_p 表示套利组合的收益率; R_{eua} 和 R_{scer} 分别表示 EUA 和 sCER 碳期货收益率; h 表示最优套利比率; ρ 表示两种碳期货收益率的相关系数; σ_{eua}、σ_{scer} 分别表示 EUA 和 sCER 期货收益率的标准差,其平方表示收益率的方差。

对式(10.2)求关于 h 的一阶导数和二阶导数,分别如式(10.3)和式(10.4)所示。

$$\mathrm{d}\sigma_p^2/\mathrm{d}h = 2h \times \sigma_{\text{scer}}^2 - 2\rho \times \sigma_{\text{eua}} \times \sigma_{\text{scer}} \tag{10.3}$$

$$\frac{\mathrm{d}^2\sigma_p^2}{\mathrm{d}h^2} = 2\sigma_{\text{scer}}^2 \tag{10.4}$$

令式(10.3)等于 0,解得

$$h = \rho \times \sigma_{\text{eua}}/\sigma_{\text{scer}} \tag{10.5}$$

式(10.4)右端恒大于 0,即二阶导数值恒大于 0,故式(10.5)为基于最小方差原则的最优套利比率。

为了真实反映碳期货市场各种不确定因素对跨市场套利的影响,我们考虑动态最优套利比率,包括三种思路:一是根据两种碳期货收益率的常相关系数,并考虑由 TGARCH 模型求得时变标准差,代入式(10.5)得到时变套利比率;二是通过 DCC-TGARCH 模型估计出两种碳期货收益率的条件协方差矩阵,求得时变相关系数,同时考虑固定标准差,代入式(10.5)得到时变套利比率;三是在时变相关系数的基础上,由 TGARCH 模型求得时变标准差,代入式(10.5)计算时变套利比率。但因为固定标准差难以反映碳期货市场风险的变化,所以本章研究动态套利时仅考虑时变标准差,即考虑基于常相关-TGARCH 模型和 DCC-TGARCH 模型的动态套利策略。

实际上，投资者对不同套利策略的选择取决于套利策略的有效性。跨市场套利有效性表示使用某种套利比率进行交易时，相对于没有套利时投资组合收益率风险的减少程度。本章采用在最优套期保值比率领域得到广泛认可的 Ederington 方法来度量两种碳期货合约跨市场套利的有效性（Ederington，1979），如式（10.6）所示。

$$H_{ec} = 1 - \sigma_p^2 / \sigma_u^2 \qquad (10.6)$$

其中，H_{ec} 表示套利的有效性；σ_p^2 表示碳期货套利组合收益率的方差；σ_u^2 表示不进行套利时收益率的方差，在此指 EUA 期货收益率的方差 σ_{eua}^2。H_{ec} 越大，说明跨市场套利效果越好，反之则套利效果越差。

应该指出的是，Ederington 方法忽视了不同套利策略下的收益。为了更加全面、客观地评判套利模型的实践价值，我们也考虑套利组合的收益，即采用套利时的平均收益与未采用套利时的平均收益之差来评价套利组合的效果，如式（10.7）所示。

$$R_{ec} = R_p - R_u \qquad (10.7)$$

其中，R_p 表示采用套利策略的平均收益；R_u 表示不进行套利时的平均收益，此处指 EUA 的平均收益率。

另外，使用 EUA 期货合约对 sCER 期货合约进行跨市场套利的模型和效果评价方法与上述过程相似。

10.4 欧盟碳期货市场最优套利策略实证结果分析

10.4.1 碳期货收益率的基本统计特征

样本区间内 EUA 和 sCER 期货收益率的基本统计特征如表 10.1 所示。可见，JB 统计结果在 1%的显著水平下拒绝原假设，说明两种碳期货收益率序列都拒绝正态分布的原假设。同时，EUA 和 sCER 期货收益率的偏度都不等于 0，而峰度都大于 3，说明它们都具有"尖峰厚尾"特征。另外，ADF 检验结果均在 1%的显著水平下拒绝原假设，表明两种碳期货具有平稳性特征，说明可以对其进一步建模。

表 10.1　EUA 和 sCER 期货收益率的描述性统计

收益率	均值/%	标准差	最大值/%	最小值/%	偏度	峰度	JB 统计量	ADF-t 统计量
EUA	−0.05	2.85	20.26	−34.57	−0.80	19.45	22 481.45 (0.00)	−33.71 (0.00)
sCER	−0.18	3.64	27.33	−37.73	−1.14	19.11	21 778.68 (0.00)	−42.58 (0.00)

注：小括号内为相应的显著性概率

10.4.2　碳期货收益率的波动集聚性分析

由于金融资产的价格波动往往存在杠杆效应，为了考虑 EUA 和 sCER 期货价格上涨和下跌带来的不对称影响，我们采用 TGARCH 模型分别对 EUA 和 sCER 碳期货收益率的波动集聚性建模。根据 AIC 最小值准则，比较 TGARCH(1,1)、TGARCH(1,2)、TGARCH(2,1) 和 TGARCH(2,2) 模型，发现 TGRACH(1,1) 的 AIC 值最小，因此本章选择 TGARCH(1,1) 建模。在建立 TGARCH 模型的过程中，一般假定模型的残差服从正态分布，但是 EUA 和 sCER 期货收益率的 TGARCH(1,1) 模型残差显著不服从正态分布，而是具有"尖峰厚尾"的非正态分布特征，因此利用正态分布建模会产生有偏的结果。鉴于此，本章引入 Nelson(1990) 提出的广义误差分布对 TGARCH(1,1) 模型的残差建模，结果如表 10.2 所示。

表 10.2　EUA 和 sCER 期货收益率的 TGARCH(1,1) 模型估计结果

参数	EUA 收益率	sCER 收益率
均值方程：		
自回归项 AR(1)	−0.3791(0.00)	0.0014(0.99)
移动平均项 MA(1)	0.5638(0.00)	−0.0014(0.99)
方差方程：		
常数项	0.0529(0.00)	2.2162(0.00)
ARCH 项	0.0852(0.00)	0.2690(0.00)
GARCH 项	0.8754(0.00)	0.5049(0.00)
杠杆效应系数	0.0821(0.00)	0.1786(0.11)
AIC 值	4.3706	4.7176
对数似然值	−4304.61	−4646.92
GED 参数	1.4553(0.00)	0.6273(0.00)

注：小括号内为相应的显著性概率

　　我们发现，碳期货收益率波动的衰减速度较慢，且 EUA 期货收益率波动的衰减速度低于 sCER。在 GARCH 类模型中，ARCH 项系数与 GARCH 项系数之和刻画了波动冲击的衰减速度，其值越接近 1 表明衰减速度越慢。由表 10.2 可知，在 1%的显著性水平下，方差方程中 ARCH 项和 GARCH 项的系数都显著。具体而言，EUA 收益率的 ARCH 项和 GARCH 项系数之和为 0.9606，说明碳期货收益率波动的衰减速度较慢，持续时间较长，而且杠杆效应系数显著为正(0.0821)，说明 EUA 期货价格上涨和下跌的信息作用是非对称的，价格下跌过程伴随着更剧烈的波动性(即市场利空消息对价格收益率波动性的影响更大)。sCER 期货收益率的 ARCH 项和 GARCH 项系数之和为 0.7739，其波动衰减速度显著高于 EUA 期货价格波动衰减速度，然而其杠杆效应系数不显著，说明 sCER 期货价格上涨和下跌的信息作用基本对称。另外，本章进一步采用 ARCH-LM 模型检验了上述两种 TGARCH 模型估计结果的残差序列，结果表明，已不存在显著的 ARCH 效应，说明经过 TGARCH(1,1)模型的拟合后，碳期货收益率的波动性明显降低，而且基本去掉了条件异方差性。

10.4.3　碳期货收益率的动态相关系数

　　本章采用 DCC-TGARCH(1,1)模型研究 EUA 和 sCER 期货收益率的动态相关关系，结果如图 10.4 所示。可见，EUA 和 sCER 期货收益率的相关系数随时间而动态变化，而且除部分时段外，大多数时段呈正相关，但相关程度近些年呈下滑趋势。

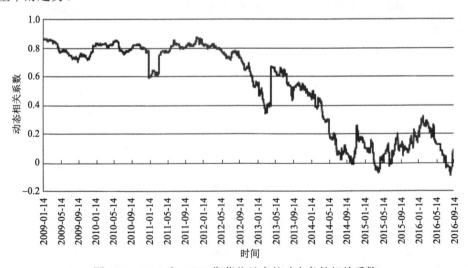

图 10.4　EUA 和 sCER 期货收益率的动态条件相关系数

统计结果表明，EUA 和 sCER 期货收益率的动态相关系数的最大值为 0.8759，最小值为–0.0939，均值为 0.5185，标准差为 0.3069。具体而言，2009～2011 年，两者存在高度稳定的正相关关系，但 2012 年下半年开始，两者的相关关系出现陡然下降。这可能是因为在全球金融危机缓慢复苏、债务危机前景渺茫的背景下，欧盟碳市场不确定性陡增，而 EUA 供给量更容易预测、程序相对简单，但 CDM 市场的政策性风险、项目风险等较为突出，所以一些先前大力参与 CDM 市场的主权买家纷纷转向碳配额交易市场；同时，CDM 市场需求方（欧盟）因低碳经济政策效应逐步显现使得温室气体排放的需求逐步减少。另外，金融危机后一些金融机构和中介机构为了避险，更倾向于投资被低估的资产，造成 CDM 市场需求减少，导致两者的相关关系下降。尤其在 2013 年以后，EUA 和 sCER 期货价格收益率的动态相关系数出现显著下降，这可能是由于受到欧盟经济下滑、国际气候谈判前景不明朗等因素影响，sCER 价格出现显著下降（2013 年 sCER 的平均价格仅为 0.37 欧元）。同时，第二阶段碳配额剩余 3.87 亿吨、新加入者储备剩余 1.92 亿吨和未使用的补偿信用 7.89 亿吨转入第三阶段，也显著压低了碳价。归结起来，EUA 和 sCER 作为两种不同的碳期货产品，具有不同的定价机制，两者的收益率存在显著相关性，但相关性近些年呈现下降的趋势。

10.4.4　碳期货合约套利比率的比较分析

本章分别采用常相关-TGARCH(1,1) 和 DCC-TGARCH(1,1) 模型，讨论了 EUA 和 sCER 期货合约之间的动态最优套利比率。而且，为了比较动态与静态套利策略的效果差异，本章也考虑了 Johnson(1960) 提供的普通最小二乘法套利方法[①]。基于这三种套利策略，本章考察了两个方向的套利交易，得到了最优套利比率，分别如图 10.5 和图 10.6 所示。

可以发现，不论是哪个方向的套利交易，基于常相关-TGARCH(1,1) 与 DCC-TGARCH(1,1) 模型的最优套利比率都随时间不断变化，且动态策略与静态策略的最优套利比率高低互现。具体而言，由图 10.5 和图 10.6 可知，样本区间内随着时间变化，动态套利的最优套利比率均在普通最小二乘法的静态最优套利比率上下波动。这主要是由于相比动态套利模型，基于普通最小二乘法的套利策略可能高估或低估碳期货市场风险。

---

① 基于普通最小二乘法套利的最优套利比率即 EUA 和 sCER 期货收益率的回归系数（两个方向的套利应分别计算回归系数）。

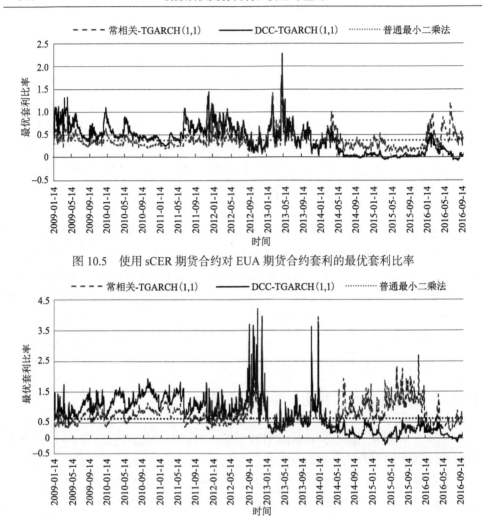

图 10.5　使用 sCER 期货合约对 EUA 期货合约套利的最优套利比率

图 10.6　使用 EUA 期货合约对 sCER 期货合约套利的最优套利比率

　　另外，在普通最小二乘法套利策略下，使用 sCER 期货合约对 EUA 套利时，最优套利比率为 0.3808，说明每单位 EUA 期货合约需要 0.3808 单位的 sCER 期货合约来对冲风险；而使用 EUA 期货合约对 sCER 套利时，最优套利比率为 0.6221，表示每单位 sCER 期货合约需要 0.6221 单位 EUA 期货合约来对冲风险。

10.4.5　套利效果评价分析

　　根据式(10.6)得到上述三种套利策略的有效性，并与完全套利策略(即两种碳期货合约的套利比率固定为 1)的有效性相比较；同时，根据式(10.7)评价套利组合的收益(表 10.3)，我们得到以下发现。

表 10.3　各种套利策略的效果比较

套利策略	sCER→EUA		EUA→sCER	
	H_{ec}	R_{ec}	H_{ce}	R_{ce}
常相关-TGARCH(1,1)	0.2597	0.0469	0.2344	0.0542
DCC-TGARCH(1,1)	0.2938	0.0595	0.2704	0.0939
普通最小二乘法	0.2369	0.0680	0.2369	0.0330
完全套利	−0.3894	0.1786	0.1495	0.0530

注：sCER→EUA 表示使用 sCER 合约对 EUA 合约进行套利，H_{ec} 和 R_{ec} 分别表示此时套利的有效性和采用套利与不采用套利时平均收益之差。EUA→sCER 表示使用 EUA 合约对 sCER 合约进行套利，H_{ce} 和 R_{ce} 分别表示此时套利的有效性和采用套利与不采用套利时平均收益之差

　　首先，EUA 与 sCER 期货合约之间不论采用哪个方向的套利，动态套利的有效性都优于静态套利，而且 DCC-TGARCH(1,1) 套利的有效性优于常相关-TGARCH(1,1)。具体而言，使用 sCER 期货合约对 EUA 套利时，DCC-TGARCH(1,1) 模型套利的有效性相对最高。因为跨市场套利的有效性表示使用某种套利比率进行交易时，相对于没有进行套利时投资组合收益风险的减少程度，所以，常相关-TGARCH(1,1)、DCC-TGARCH(1,1) 和普通最小二乘法分别使投资组合的收益风险降低了 25.97%、29.38% 和 23.69%。同时，使用 EUA 期货合约对 sCER 套利时，依旧是 DCC-TGARCH(1,1) 模型套利的有效性相对最高，而且常相关-TGARCH(1,1)、DCC-TGARCH(1,1) 和普通最小二乘法分别使投资组合的收益风险降低了 23.44%、27.04% 和 23.69%。综上所述，可见动态套利的有效性基本上优于静态套利，这可能是由于 TGARCH 模型考虑了碳期货价格波动的异方差特征，当碳期货价格波动较大时，动态套利可以更准确地评估期货市场的风险变化。此外，DCC-TGARCH(1,1) 模型的套利有效性优于常相关-TGARCH(1,1) 模型，这可能是由于两种碳期货合约的相关性随时间而逐渐减弱，而 DCC-TGARCH(1,1) 模型能够更准确地反映两者关系的变化。类似地，Dupoyet 等 (2012) 与 Basher 和 Sadorsky(2016) 也认为，DCC-GARCH 模型有利于进行跨市场交易。

　　其次，套利策略使投资组合的平均收益有了不同程度的提高。由表 10.3 可知，不论是使用 EUA 合约对 sCER 进行套利，还是反向交易，这些套利策略的收益与未采用套利策略的平均收益之差均为正，说明套利策略提高了投资组合的平均收益。

　　再次，使用 sCER 期货合约对 EUA 套利时，相对于未采用套利策略，普通最小二乘法使投资组合的平均收益提高程度 (6.80%) 略高于动态套利。可见，从投资组合收益的角度来看，静态套利策略未必不如动态套利策略。

　　最后，使用 EUA 期货合约对 sCER 套利时，相对于未采用套利策略，

DCC-TGARCH(1,1)模型使投资组合的平均收益提高程度相对最大(9.39%)，而且其有效性相对最高，可见其是投资者进行套利的较优选择。

10.5　主要结论与启示

我们分别采用常相关-TGARCH(1,1)、DCC-TGARCH(1,1)和普通最小二乘法，研究了 2009~2016 年欧盟碳期货市场 EUA 和 sCER 合约之间的最优套利比率和套利效果。主要结论及启示如下。

首先，样本区间内 EUA 和 sCER 期货收益率之间存在显著的时变正相关，相关系数的均值为 0.5185，但随着时间的变化，两者的相关性呈现下降趋势。

其次，样本区间内不论使用 sCER 期货合约对 EUA 期货合约套利，还是反向操作，常相关-TGARCH(1,1)与 DCC-TGARCH(1,1)模型的最优套利比率随时间不断变化，且动态策略与静态策略的最优套利比率高低互现。

最后，样本区间内动态套利的有效性基本上优于静态套利，同时DCC-TGARCH(1,1)模型的套利有效性优于常相关-TGARCH(1,1)；而且相比不采用套利策略，基于常相关-TGARCH(1,1)、DCC-TGARCH(1,1)和普通最小二乘法的套利策略均提高了投资组合的平均收益。

从全国碳市场交易状况来看，各试点碳市场的交易机制和管理制度并不一致，市场价格相差较大，将来全国统一的碳市场上市交易、允许全国范围内买卖和抵消碳排放配额时，将面临不同区域碳市场之间的套利问题。因此，本章关于欧盟市场套利问题的研究结果对于我国政府顶层设计碳市场制度、规范碳市场建设、防范碳市场套利风险及投资者布局投资组合具有重要的借鉴价值。

第11章 中国碳交易对试点地区碳排放的影响研究

11.1 问题的提出

自1978年改革开放以来，中国经济持续迅猛增长。据世界银行统计，1978～2016年，中国GDP年均增长率达到9.58%（2010年不变价美元）。经济持续增长拉动了能源需求全面提高和碳排放量持续攀升，对生态环境造成了巨大压力。事实表明，中国2006年二氧化碳排放总量首次超过美国，成为全球最大的碳排放国，2009年成为全球最大的能源消费国。2017年，中国二氧化碳排放量达到92亿吨，占全球二氧化碳排放总量的27.6%，超过美国、加拿大、墨西哥和印度的总和(BP，2018)。在此背景下，中国在国际社会面临巨大的舆论压力，节能减排形势相当严峻，特别是在以北京、上海、广州等为代表的很多大城市，环境问题已严重威胁到城市居民的生存发展。

面对本国环境恶化和国际气候变化谈判的双重压力，中国政府在国际上做出了一系列有魄力的碳减排承诺。例如，2014年，在《中美气候变化联合声明》中，中国首次正式提出将于2030年左右使二氧化碳排放量达到峰值，并争取尽早实现；2015年，中国进一步提出，到2030年，全国单位GDP二氧化碳排放量要比2005年下降60%～65%。为此，如何制定合理的环境政策，寻求有效的碳减排途径，尽早实现碳峰值，是中国当前迫切需要解决的重大现实问题。

常见的碳减排途径主要包括以下几个方面。第一，提高能源使用效率，有效减少碳排放。例如，Buchanan和Honey(1994)发现，节约能源与提高能源使用效率是短期内最佳的碳减排方式。López-Peña等(2012)研究发现，在西班牙短期和中期碳减排过程中，相较于使用可再生能源，提高能源效率更加经济。第二，调整能源需求结构，降低能源强度是重要的减排手段。Chang等(2008)运用结构分解模型，研究了影响台湾1984～2004年碳排放量变化的因素，结果显示，高速公路、石油化工和钢铁行业是碳排放的主要来源，主要碳减排动力来源于调整能源需求结构。类似地，Tian等(2013)以北京为例，强调了降低能源强度，优化产业结构是低碳发展的主要途径。其他碳减排途径还有外商直接投资的溢出效应(Elliott et al.，2013；Lee，2013)、贸易模型调整(Davis et al.，2011；Peters et al.，2012)等。

然而，上述文献中的碳减排途径都忽视了创新的作用。实际上，创新是经济结构优化和转型的关键。2012 年，中国共产党第十八次全国代表大会提出了创新驱动发展战略，要求中国经济增长模式由过去传统的要素驱动、投资驱动转向创新驱动。深入实施创新驱动发展战略，将创新发展贯穿经济结构调整始终，有助于中国发展动力和发展模式转换，带动发展效益不断提高。但是，为了尽早实现碳峰值，各种创新制度改革可能会给中国碳排放带来什么变化，如何更好地发挥创新的作用推动碳减排，都是亟须回答的重要现实与学术问题。特别是，2011 年12 月，为了推动运用市场机制以较低成本实现中国控制温室气体排放行动目标，加快经济发展方式转变和产业结构升级，国家发展和改革委员会发布了《关于开展碳排放权交易试点工作的通知》，启动"两省五市"碳排放权交易试点(包括北京、天津、上海、重庆、湖北、广东和深圳)。作为中国践行碳减排承诺和应对气候变化的重大环境创新举措，碳排放权交易的配额分配方案(Zhang et al.，2014a；Zhang and Hao, 2015；Zhou and Wang, 2016)、运行框架和机制(Jiang et al., 2014)、市场效率和经济影响(Wang et al.，2016)及其对相关控排企业碳减排决策、产品定价和低碳投资等方面的影响(Zhang et al.，2015b)越来越受到学术界的关注。

鉴于此，本章以创新作为立足点，研究环境创新对中国 30 个省(区、市)2000～2013 年碳排放的影响。特别地，我们试图评估中国碳排放权交易制度是否有助于减少中国碳排放，以期为中国相关环境政策制定者提供决策参考。

总体说来，本章的研究贡献主要包括三个方面。第一，现有对环境创新的研究多集中于个别因素(如市场需求、环境技术、环境管制等)，缺乏系统的变量体系，为此，本章在相关环境创新研究的基础之上，构建了相对系统的环境创新指标体系，主要包括四个方面，即创新绩效、创新资源、知识创新和创新环境；第二，目前环境创新研究多集中在企业或者部门层面，还很少从地区层面讨论中国环境创新对碳排放的影响，为此，本章运用基于系统广义矩估计方法(system generalized method of moments，SGMM)的面板数据模型，从地区层面上考察上述环境创新变量对中国省级碳排放的动态影响；第三，为了消除样本自选择偏差，本章引入基于倾向得分匹配的双重差分法，分离出碳排放权交易对碳减排的政策效果。

11.2 国内外研究状况

11.2.1 环境创新相关研究

环境创新是指创新主体(企业、工会、家庭等)利用各种手段(如引入创新理念、创新生产工艺、应用创新技术等)，降低环境压力，实现可持续发展(Rennings，

2000)。因此，环境创新是将经济发展与环境保护统一起来，推动可持续发展的重要手段(Aggeri，1999)。当经济发展和环境目标相互冲突时，环境创新作为公共产品的"外部性"往往会降低企业对环境创新的投资意愿。

归结起来，现有对环境创新的相关研究主要包括三个方面，即环境创新的驱动因素、环境创新的效益和环境创新对减少碳排放的作用。

首先，大量研究表明，环境创新的驱动因素主要包括四类，即企业自身因素、技术推动、市场拉动和政府政策影响。例如，Costantini 等(2015)选取生物燃料部门为对象，证实了在技术成熟的不同阶段，市场需求拉动和技术推动都促进了环境创新。类似地，Triguero 等(2013)基于欧盟 27 个国家的数据，发现现有的政策因素对中小企业环境创新具有显著作用。同时，很多相关文献强调了政府环境政策对环境创新的重要影响(Horbach，2008；Johnstone et al.，2010；Kneller and Manderson，2012)。

其次，在环境创新的效益方面，现有相关文献大多采用行业问卷调查数据，集中考察了企业环境创新产生的效益。例如，Eiadat 等(2008)根据对约旦化工企业经理人的问卷调查分析，指出环境创新能积极协调企业经济利益与承担环境责任的关系。Cai 和 Zhou(2014)从企业层面研究了技术能力、环境管理系统和创新意愿等内部因素，以及环境管制、消费者需求、竞争者压力等外部因素，均能提高企业的综合能力。

最后，近几年，部分文献关注到环境创新对碳排放的积极影响。例如，Huaman 和 Tian(2014)证实了碳捕捉与碳封存技术在应对国际气候变化形势下的重要减排作用。Lee 和 Min(2015)研究发现，日本制造企业的研发投入所驱动的环境创新在减少企业碳排放的同时，实现了企业效益最大化。在近期研究环境创新的文献中，越来越强调了市场监管和政策管制的碳减排作用。例如，Zhao 等(2015)研究了环境创新中命令和控制政策、基于市场的管制和政府补助三种环境创新政策对中国发电厂的效率和二氧化碳排放量的影响，发现基于市场的政策和补贴政策能有效减少碳排放。

11.2.2　碳排放权交易相关研究

碳排放权交易作为重要的环境创新政策之一，和其他行政手段相比，减排成本更低，效果更好(Zhang and Wei，2010)，因此全球围绕碳排放权的研究与日俱增，研究的话题主要围绕三个方面，即碳排放权交易系统的运行机制、碳排放权交易的风险管理机制及碳排放权交易的碳减排效果。

首先，在碳排放权交易系统运行机制方面，现有相关研究主要集中在评价运行模式的效率，选择最佳运行模式。例如，Kuik 和 Mulder(2004)认为，限额交易能最大程度减少排放，但会导致较高的行政费用，同时对国家竞争力产生消极影响。Klaassen 等(2005)通过比较双边交易、连续交易、拍卖交易三种交易方式的效率，发现拍卖交易模式价格透明而且公平，因此成为碳排放权交易系统的最优模式。因为中国碳排放权交易开始于 2011 年 11 月，目前相关交易和监管制度尚处于探索初期，研究成果还很缺乏，特别是关于碳排放权交易系统的运行机制设计方面的研究还处于初步阶段，所以，相关研究对于决策的指导意义还有待深入考究(Wu et al.，2014b；Liu et al.，2015)。

其次，因为碳市场的运行受到一系列风险因素的综合影响，碳排放权定价相当复杂，所以，碳价波动及其风险管理机制引起了全球范围内众多学者的关注(Zhang et al.，2016)。受资料可获得性的影响，研究对象主要集中于 EU ETS。研究内容主要包括以下几方面：碳价的影响因素(Alberola et al.，2008b；Creti et al.，2012；Aatola et al.，2013)、碳价的波动性和风险测度(Benz and Trück，2009；Chevallier et al.，2011)，以及不同碳市场之间的关联机制或碳市场对其他经济变量和市场的影响机制(Chevallier，2009；张跃军和魏一鸣，2011；Blyth and Bunn，2011；Aboura and Chevallier，2014)。

最后，关于碳排放权交易的减排效果，现有相关文献存在两种典型的不同观点。一种观点认为，碳排放权交易有助于实现碳减排，特别是根据 EU ETS 的实际情况，证实了该系统对减少碳排放的显著效果。例如，Jong 等(2014)发现，通过形成对 EU ETS 未来政策趋于严格的预期，能够有效限制环境污染。另一种观点则对碳排放权交易的碳减排作用持怀疑态度。例如，Chappin 和 Dijkema(2009)发现，EU ETS 的电力行业中，碳排放权交易的作用成效缓慢且不显著，原因在于电力行业以煤炭为主要燃料的经济利益仍大于碳排放权交易带来的收益，因此，碳排放权交易的碳减排作用十分有限。类似地，Streimikiene 和 Roos(2009)聚焦于波罗的海国家(立陶宛、拉脱维亚和爱沙尼亚)的能源部门，认为碳排放权交易制度并没有发挥其减排潜力。这可能与这些文献分析的数据集中于 EU ETS 的第一阶段有关，当时碳市场刚起步，相关制度尚不完善。即便如此，目前定量分析中国碳排放权交易的碳减排效果的相关文献还很少。

11.2.3　相关研究小结

归结起来，现有相关文献已经关注环境创新对环境保护和经济发展的重要作用，但仍然存在几个方面的不足。首先，现有相关研究多集中于个别环境创新影响因素，而缺乏系统的变量体系，因此对中国环境创新的碳减排效果的理解不够全面；其次，现有相关研究多停留在企业或者部门等微观层面，鲜有文献考察地区环境创新对碳排放的影响；最后，部分研究只考虑控排企业或设施在碳排放权交易实施前后的实施效果,忽略了地区的异质性对碳排放权交易减排效果的影响。因此,本章考虑建立相对系统的环境创新变量体系,研究环境创新对中国 30 个省(区、市)(不包括港澳台地区及西藏)2000~2013 年碳排放的影响,以期为中国制定环境创新政策提供更全面和科学的依据;同时,构建基于倾向得分匹配的双重差分模型,评估中国碳排放权交易制度的碳减排效果,希望能为中国建设全国统一的碳排放权交易市场提供决策参考。

11.3　数据说明与研究方法

11.3.1　数据说明

本章选取人均二氧化碳排放量作为因变量。考虑到目前化石能源的燃烧是中国碳排放的主要来源(Zhang and Da,2015),本章在 IPCC 框架下选取中国消费的三种主要化石能源(即煤炭、石油和天然气),按照式(11.1)计算得到人均二氧化碳排放量。

$$C_{lt} = \frac{J_{lt}}{L_{lt}} = \frac{\sum_i J_{lt}^i}{L_{lt}} = \frac{\sum_i E_{lt}^i \times F^i \times 44/12}{L_{lt}} \tag{11.1}$$

其中,C_{lt} 表示地区 l 第 t 年的人均二氧化碳排放量,$t = 2000, 2001, \cdots, 2013$;$L_{lt}$ 和 J_{lt} 分别表示地区 l 第 t 年的人口和二氧化碳排放量;J_{lt}^i 表示地区 l 第 t 年第 i 种能源($i = 1, 2, 3$,分别代表石油、煤炭和天然气)消耗排放的二氧化碳,单位是万吨;E_{lt}^i 表示地区 l 第 t 年第 i 种化石能源消耗量,单位是标准煤;F^i 则表示第 i 种化石能源的二氧化碳排放系数。煤炭、石油、天然气的排放系数分别为 0.7476、0.5825 和 0.4435,单位都是千克/标准煤;44/12 是二氧化碳到碳的转换系数。

基于中国科学技术部公布的《国家创新能力评价指标体系》与现有环境创新相关研究成果(Brunnermeier and Cohen,2003;Carrión-Flores and Innes,2010;Borghesi et al.,2015),本章构建环境创新变量指标体系如表 11.1 所示[①],所有变量的含义和数据来源如表 11.2 所示。如表 11.1 所示,本章采用了四个维度的环境创新变量,具体来说,创新绩效反映环境创新活动对经济产出的作用及对减少能源消耗的效果;而创新资源反映地区企业自主创新能力和企业主体创新投入的主动性及强度;知识创新则主要反映地区专利产出应用能力和知识溢出

---

① 国家创新能力的提升主要通过创新资源不断投入,知识的持续创造、传播和应用来实现,企业是创新主体,政府为其营造的创新环境是创新的必要保障,其绩效体现在经济社会和人民生活的改善上。

水平；创新环境则包括管制性政策和引导性政策两类（Mazzanti and Zoboli，2006；Kesidou and Demirel，2012），在本章中，引导性政策对应的是污染治理，管制性政策对应的是环境管制。

表 11.1　环境创新变量指标体系

环境创新维度	具体指标	环境创新维度	具体指标
创新绩效	经济发展水平	创新资源	研发活动贡献率
	能源效率		研发人力投入强度
知识创新	专利产出水平	创新环境	污染治理
	技术创新水平		环境管制
	信息化水平		

注：指标体系基于中国科学技术部发布的《国家创新能力评价指标体系》报告和相关研究构建而成

表 11.2　变量和数据说明

变量	定义	计算方法	单位
C	人均二氧化碳排放量	地区二氧化碳排放总量与人口的比值	吨/人
GDP	经济发展水平，属于创新绩效指标	人均生产总值，即地区 GDP 与人口的比值	万元/人
EE	能源效率，属于创新绩效指标	单位能源消耗的经济产出，即地区 GDP 与能源消耗量的比值	万元/吨标准煤
REC	研发活动贡献率，属于创新资源指标	地区研发经费总额与 GDP 的比值	%
RPI	研发人力投入强度，属于创新资源指标	地区研发人员当量与人口的比值取对数	—
PAT	专利产出水平，属于知识创新指标	地区发明专利申请授权量与 GDP 的比值	项/万元
TECH	技术创新水平，属于知识创新指标	地区技术市场合同成交额取对数	—
INP	信息化水平，属于知识创新指标	互联网用户数与人口的比值，即网络普及率	%
PG	污染治理，属于创新环境指标	地区污染治理投资与 GDP 的比值	%
GR	环境管制，属于创新环境指标	地区排污费取对数	—

注：表中所有涉及价格的数值已剔除了通货膨胀因素，以 2000 年为基期计算得到；鉴于资料可得性，暂时不包括西藏；其他部分数据缺省值根据移动平均的方法计算补足

资料来源：科学技术部、环境保护部、《中国统计年鉴》、《中国能源统计年鉴》、《中国科技统计年鉴》

11.3.2　研究方法

本章的研究内容主要包括两个方面。首先运用基于 SGMM 的面板数据模型研究中国 30 个省(区、市)不同时期环境创新对碳排放量的影响,然后使用基于倾向得分匹配的双重差分模型,考察中国碳交易政策是否有助于减少碳排放。

1. SGMM

为了避免混合效应普通最小二乘法回归和固定效应模型中存在的不可观测的异质性、遗漏变量、测量误差等问题,本章引入 SGMM 进行实证分析(Teixeira and Queirós,2016),研究中国环境创新对碳排放的动态影响。而且考虑到本章部分自变量可能具有内生性问题,使用 SGMM 能获得一致和无偏的结果(Biresselioglu et al.,2016)。此外,相较于差分 GMM 模型,SGMM 可以通过使用更多的工具变量提高估计效果[1]。因此,本章使用式(11.2)中部分自变量的滞后项作为工具变量,将静态模型转为动态模型。需要注意的是,在应用过程中需要进行残差的二阶序列相关检验和工具变量的有效性检验。如果残差存在显著二阶序列相关,说明内生变量的滞后项不适合作为工具变量[2];而工具变量的有效性一般是借助 Sargan 检验和 Hansen 检验方法[3]。因为 Sargan 检验更适用于小样本同方差的情况(Iqbal and Daly,2014),所以,本章采取 Hansen 检验来评估工具变量的有效性。基于 SGMM 估计中国 30 个省(区、市)2000~2013 年环境创新对碳排放的影响,其回归模型如式(11.2)所示。

$$
\begin{aligned}
C_{lt} = \psi &+ \tau_0 C_{l(t-1)} + \tau_1 GDP_{lt} + \tau_2 EE_{lt} + \tau_3 REC_{lt} + \tau_4 RPI_{lt} \\
&+ \tau_5 PAT_{lt} + \tau_6 TECH_{lt} + \tau_7 INP_{lt} + \tau_8 PG_{lt} + \tau_9 PG_{l(t-1)} \\
&+ \tau_{10} GR_{lt} + \tau_{11} GR_{l(t-1)} + \mu_l + \varepsilon_{lt}
\end{aligned}
\tag{11.2}
$$

其中,C_{lt} 表示地区 l 在 t 年的人均二氧化碳排放量;τ 表示不同环境创新变量(表 11.2)对应的回归系数;μ_l 表示各省(区、市)不随时间变化的独有特征;ε_{lt} 表示随机扰动项。同时,考虑到政策实施过程中可能存在时滞性,本章也引入政策变量[如污染治理(PG)和环境管制(GR)]的一阶滞后项作为自变量。

2. 基于倾向得分匹配的双重差分方法

中国碳排放权交易是在准实验框架下,具有重大改革意义的一项环境创新政策,因此,研究过程中可能存在潜在处理效应和反向的因果关系。本章使用倾向得分匹配(propensity score matching,PSM)方法,通过为非随机实验中的样本进行

---

① SGMM 的详细讨论可参见 Arellano 和 Bover(1995)与 Blundell 和 Bond(1998)的研究。

② 二阶自相关检验的原假设为差分后的残差项不存在二阶自相关。

③ Sargan 检验和 Hansen 检验的原假设是工具变量有效。

倾向得分匹配，筛选出无系统性差异的样本来解决上述问题，并达到控制样本自选择偏差的目的(Lechner，2002)。在本章中，所谓样本自选择偏差，是指由于各种可观察的个体特征，碳排放权交易试点地区的选择是非随机的[①]。也就是说，各地区碳排放量变化的原因可能并非只来自实施碳排放权交易，可能也与各地区经济发展水平、能源消费水平等差异显著的个体特征密切相关。因此，为了保证碳排放权交易对碳排放的影响效果不受样本自选择偏差的干扰，本章采用 PSM 方法筛选与碳排放权交易试点地区可观察的个体特征相似的非试点地区，而不是对所有原始样本进行比较。具体操作过程如下。

(1)通过 Logit 回归得到各地区进行碳排放交易试点的倾向得分。

由于各种个体特征能影响碳排放权交易实施，倾向得分匹配过程实际上是一个降维过程，将多个影响碳排放权政策实施的个体特征通过倾向得分这个综合指标反映出来[②]。本章通过 Logit 回归得到各个地区实施碳排放权交易的倾向得分，如式(11.3)所示。

$$p(x_b^\varphi) = \Pr(D_\varphi = 1 \mid x_b^\varphi) = \frac{\exp(\lambda_b x_b^\varphi)}{1 + \exp(\lambda_b x_b^\varphi)} \tag{11.3}$$

其中，x_b^φ 表示影响地区 φ 是否成为碳排放权交易试点的个体特征；倾向得分 $p(x_b^\varphi)$ 表示给定个体特征 x_b^φ 的情况下地区 φ 实施碳排放权交易的条件概率；根据国家发展和改革委员会 2011 年发布的《国家发展改革委办公厅关于开展碳排放权交易试点工作的通知》，本章选取的个体特征包括经济发展水平(GDP)、产业结构(SER)、市场化水平(MA)、能源消费结构(ECS)、企业数量(ENT)[③]，请见附录；D_φ 表示一个虚拟变量，当地区 φ 是碳排放权交易试点地区时，$D_\varphi = 1$，反之，$D_\varphi = 0$；λ_b 表示回归参数。

(2)基于各地区的倾向得分，寻找与碳排放权交易试点地区最为接近的非试点地区，作为前者的匹配对象。

根据三种最常见的匹配原则(即最近邻匹配、半径匹配和核匹配)，筛选与试点地区无系统性差异的非试点地区，以控制样本自选择偏差。以最近邻匹配为例，计算碳排放权交易试点地区和非试点地区倾向得分的最小距离[式(11.4)]，每一

---

① 例如，经济发达的地区更有可能选为试点；同时，试点地区因为碳排放权交易规则约束更可能主动控制能耗，减少碳排放。

② 倾向得分就是在给定可观察的特征变量后，非碳排放权交易试点地区进行碳排放权交易试点的可能性，即碳排放权交易试点的条件概率。

③ 因为经济发展水平更好、碳排放强度更高的省(区、市)可能承担更大的碳强度减排目标，同时，地区的经济发展水平和能源消费情况也是制定环境创新政策时需要考虑的重要因素，另外，碳交易政策是一项市场化机制，所以市场化水平和企业数量也是重要变量。

个试点地区与 KN 个最近的非试点地区进行匹配［通常情况下，根据 Abadie 和 Imbens（2002）与 Khandker 等（2009）的研究，KN=3～5，考虑到本章的样本大小，设定 KN=3］；半径匹配将给定距离作为半径进行筛选；核匹配则根据核函数对不同的非试点地区设定不同权重来构建相应的匹配对象［式（11.5）］。

$$D(m,n) = \min_{n} \left\| p_m - p_n \right\| \tag{11.4}$$

$$\omega(m,n) = \frac{K\left(\dfrac{p_m - p_n}{\mathrm{BD}}\right)}{\sum K\left(\dfrac{p_m - p_n}{\mathrm{BD}}\right)} \tag{11.5}$$

其中，p_m、p_n 分别表示试点地区 m 和非试点地区 n 的倾向得分值；$D(m,n)$ 表示倾向得分的最小距离；$\omega(m,n)$ 表示核函数的权重；$K(\cdot)$ 表示核函数；BD 表示带宽。

　　在研究碳排放权交易的碳减排绩效时，如果只考虑某一试点地区在碳排放权交易实施前后的变化，得到的政策效果除了包括碳排放权交易的影响外，还包括组间差异（试点地区和非试点地区的地区异质性）和时间因素的影响，因此，单一前后对比的分析方法会导致对碳排放权交易实施效果的有偏估计。因为这些特征是非时变的，所以仅比较控排企业和设施在碳排放权交易实施前后的效果，会忽略那些可能遗漏的不可观测的组间差异（例如，即使没有实施碳排放权交易，随着时间变化，试点地区和非试点地区仍存在差异）。另外，PSM 不能有效消除这种偏差，因此为了准确地定量评估实施碳排放权交易对碳排放量的影响，本章采用双重差分（difference-in-difference，DID）模型（Heckman et al.，1998；Abadie，2005）。DID 模型可以剔除使用 PSM 后仍然存在的不可观测的地区异质性和时间趋势的影响，从而将试点地区和非试点地区在碳排放权交易实施前后的碳排放量平均差异有效分离出来，如式（11.6）所示。本章以 2011 年启动碳排放权交易试点为界，分为实施前（2000～2011 年）和实施后（2012～2013 年）两个时段，并将所有省（区、市）分为试点地区和非试点地区[①]。

$$C_{lt} = \pi_0 + \pi_1 \mathrm{Tr} + \pi_2 \mathrm{Pe} + \pi_3 \mathrm{TP} + Z_{lt} + \xi_{lt} \tag{11.6}$$

其中，$\mathrm{Tr} = 0$ 和 $\mathrm{Tr} = 1$ 分别表示碳排放权交易实施前和实施后；$\mathrm{Pe} = 1$ 和 $\mathrm{Pe} = 0$ 分别表示碳排放权交易试点地区和非试点地区；TP 表示交互项，$\mathrm{TP} = \mathrm{Tr} \times \mathrm{Pe}$，其系数 π_3 表示分离出的碳排放权交易政策效果。式（11.6）中估计系数的含义如图 11.1 所示。

---

　　① 由于资料原因，本章将深圳市并入广东省一起考虑，即试点地区为 6 个省（区、市），非试点地区为 24 个省（区、市）。

	非试点地区	试点地区	地区差异
碳交易政策实施前	$\pi_0+\pi_1$	π_0	π_1
碳交易政策实施后	$\pi_0+\pi_1+\pi_2+\pi_3$	$\pi_0+\pi_2$	$\pi_1+\pi_3$
时间差异	$\pi_2+\pi_3$	π_2	

图 11.1　四种情景下的政策效应

11.4　中国碳交易对碳排放的影响结果分析

本章主要从三个方面讨论中国环境创新对碳排放量的影响。首先，讨论 2000～2013 年中国环境创新对碳排放的影响；其次，将其划分为两个子阶段 (2000～2005 年、2006～2013 年)，分析中国环境创新对碳排放量的影响及其变化；最后，考察中国碳排放权交易政策对碳排放的减排效果。

11.4.1　2000～2013 年中国环境创新对碳排放的影响

在进行时间序列分析时，单位根的存在可能导致面板模型的伪回归。因此，本章使用 Levin 等 (2002) 和 Choi (2001) 的面板单位根检验方法判断每个变量是否存在单位根。单位根检验的结果如表 11.3 所示，所有变量在 1% 的显著性水平下拒绝了存在单位根的原假设，也就是说，所有的变量不存在单位根，均为平稳序列，这是 SGMM 模型的基础。

表 11.3　面板单位根检验结果

变量	LLC-T	ADF-FCS
C	$-2.61\,(0.0045)$	$3.54\,(0.0002)$
GDP	$-3.35\,(0.0004)$	$8.20\,(0.0000)$
EE	$-5.67\,(0.0000)$	$15.64\,(0.0000)$
REC	$-6.32\,(0.0000)$	$5.15\,(0.0000)$
RPI	$-8.06\,(0.0000)$	$7.92\,(0.0000)$
PAT	$-5.87\,(0.0000)$	$13.16\,(0.0000)$
TECH	$-7.23\,(0.0000)$	$10.34\,(0.0000)$
INP	$-4.17\,(0.0000)$	$6.64\,(0.0000)$
PG	$-13.72\,(0.0000)$	$23.32\,(0.0000)$
GR	$-6.53\,(0.0000)$	$9.31\,(0.0000)$

注：LLC-T 代表 Levin 等 (2002) 提出的 LLC 方法的 t-统计量，ADF-FCS 代表 Choi (2001) 提出的 ADF 统计量，小括号内是显著性概率

　　然后，根据式(11.2)，我们计算得到 2000～2013 年中国环境创新对 30 个省（区、市）碳排放的动态影响，如表 11.4 所示。其中，模型(1)～模型(3)分别表示在创新绩效基础上依次加入三类环境创新变量(创新资源、知识创新和创新环境)后的回归结果。同时，本章对 SGMM 估计结果的残差进行自相关检验。检验结果表明，所有模型残差的二阶自相关检验均无法拒绝原假设，模型残差不存在二阶序列相关。同时，Hansen 统计量的 p 值在 10%的显著性水平下均不显著，无法拒绝原假设，即模型的工具变量选择是合适的。根据表 11.4 中的估计结果，我们得到了如下几点重要发现。

表 11.4　环境创新对中国碳排放的影响(2000～2013 年)

变量	模型(1)	模型(2)	模型(3)
$C(-1)$	0.947(0.000)	0.915(0.000)	0.935(0.000)
GDP	6.819(0.000)	3.379(0.000)	3.381(0.000)
EE	−7.119(0.000)	−8.536(0.000)	−9.234(0.000)
REC	−0.801(0.000)	−0.949(0.000)	−1.134(0.007)
RPI	−2.416(0.000)	−0.402(0.081)	−0.003(0.993)
PAT		−0.445(0.000)	−0.482(0.003)
TECH		0.230(0.000)	0.301(0.000)
INP		−0.017(0.000)	−0.036(0.000)
PG			−0.018(0.000)
PG(−1)			−0.006(0.136)
GR			0.316(0.077)
GR(−1)			−0.628(0.000)
Constant	3.820(0.000)	5.414(0.000)	8.787(0.000)
AR(1)	−1.659(0.097)	−1.638(0.101)	−1.637(0.102)
AR(2)	1.098(0.272)	1.146(0.252)	1.213(0.225)
样本量	390	390	390
Hansen stat.	28.454(0.241)	24.996(0.406)	22.858(0.410)

注：小括号内是显著性概率

　　首先，在整个样本区间内，中国大部分环境创新变量基本上都能显著减少碳排放。这说明，中国在环境创新方面的努力已经对改善环境质量产生了积极影响。

其次，在各种环境创新变量中，创新绩效变量中的能源效率是推动中国碳减排的关键因素。从表 11.4 的模型(1)～模型(3)中我们看到，能源效率的系数一直在 1%的显著性水平下显著为负。这表明，资源密集型的经济增长模式是中国碳排放量的主要来源，也就是说，经济低碳增长关键在于能源消费模式转型。实际上，中国已经在节能减排方面做了大量努力，据统计，"十二五"时期，中国节能减排重点工程投资达到了 2.3 万亿元，高效节能技术与装备市场占有率由 5%提高到30%。同时，本章中的经济发展水平回归系数值在 1%的显著性水平下显著为正，说明经济增长是驱动碳排放上升的重要因素，与 Zhang 和 Da(2015)的发现一致。归结起来，转型为重质量、低碳化发展方式是中国刻不容缓、亟待解决的碳减排对策。

再次，创新资源和知识创新均有助于显著减少碳排放，而企业研发经费投入对碳减排的作用尤其重要。如表 11.4 中的模型(3)所示，研发人力投入强度、研发活动贡献率、专利产出水平和信息化水平均与碳排放之间存在显著的负向关系。因为企业是中国研发经费支出的绝对主体[①]，所以这些结果表明企业作为创新的主体，加大对研发活动的资源投入，提高自主创新能力，对碳减排的作用功不可没。当然，也不能忽视知识溢出的作用，特别是专利产出水平和信息化水平，其负向的回归系数说明，在当前信息化背景下，完善创新网络服务体系对碳减排的作用日益凸显。信息传播网络是环境实时监管的手段、环境管理决策的后盾，环境经济政策需要信息化作载体，控制碳排放。例如，Cai 和 Zhou(2014)认为，企业在一个有效网络系统中，更易进行自愿环境创新。可见，企业的知识网络能够刺激环境创新，减少碳排放(Cainelli et al.，2012)。可以认为，随着互联网普及程度快速发展，专利产出应用能力稳步提高，知识溢出效应对碳减排产生了积极作用。2015 年，中国共产党十八届五中全会提出网络强国战略、大数据战略、"互联网+"行动计划等重大信息化科技战略，都有利于进一步在中国构建良好的创新环境和网络，抑制碳排放增长。

最后，在创新环境方面，虽然当期管制性政策下碳排放有上升的趋势，但过去的政府环境政策会抑制碳排放。表 11.4 中模型(3)的估计结果表明，环境管制的回归系数为 0.316，且在 10%的显著性水平下具有显著的统计意义，我们认为，这反映了中国企业生产面临的特殊环境。虽然中国政府的管制会导致企业环境成本增加，但与国外情况不同的是(Walker，2011；Borghesi et al.，2015)，中国企业环境成本的增加量往往小于其高能耗、粗放式发展方式带来的经济利益；同时，中国处在由要素驱动、投资驱动转向创新驱动的经济发展转型期，原有的市场管

---

① 根据科学技术部统计，最近几年，在全国研发经费支出中，企业支出约占 80%，政府所属研究机构和高等学校支出经费约占 20%。

理体制和运行机制处于重组优化阶段。因此，过多的政府干预往往会对市场配置资源的决定性作用产生不确定性，甚至相反的影响。然而，环境管制的滞后一阶项[GR(-1)]在 1%的显著性水平下显著为负，这反映了环境管制政策的滞后效应及其对碳减排的长期积极作用。

另外，我们也不能因此就忽视政府引导性政策对碳减排的积极作用。例如，如表 11.4 所示，政府污染治理的当期值具有显著的碳减排效果，实际上，污染治理投资为碳减排提供了直接的经济支撑和创新动力，能够有效地促进碳减排。因此，政府制定引导性政策可以鼓励企业提高创新能力，引导企业改善环境质量。

11.4.2　中国环境创新对碳排放的分时段影响分析

根据式(11.2)，我们计算得到 2000～2005 年、2006～2013 年两个时间段中国环境创新对 30 个省(区、市)碳排放的影响情况及其阶段性变化，如表 11.5 所示[①]。

表 11.5　环境创新对中国碳排放的影响(2000～2005 年和 2006～2013 年)

变量	2000～2005 年			2006～2013 年		
	模型(1)	模型(2)	模型(3)	模型(1)	模型(2)	模型(3)
$C(-1)$	0.979(0.000)	0.954(0.000)	1.017(0.000)	0.946(0.000)	0.856(0.000)	0.817(0.000)
GDP	2.724(0.000)	2.290(0.0001)	2.836(0.000)	4.119(0.000)	3.551(0.000)	6.256(0.000)
EE	-3.385(0.000)	-3.232(0.000)	-4.788(0.000)	-8.158(0.000)	-10.747(0.000)	-14.003(0.000)
REC	0.173(0.000)	0.190(0.003)	0.436(0.032)	-0.995(0.000)	-1.646(0.000)	-0.968(0.003)
RPI	-1.670(0.000)	-0.459(0.047)	-2.224(0.001)	-0.766(0.000)	-0.958(0.002)	-1.605(0.000)
PAT		0.718(0.000)	0.485(0.001)		-1.202(0.000)	-1.514(0.000)
TECH		0.173(0.000)	0.395(0.069)		0.517(0.000)	-0.188(0.194)
INP		-0.176(0.000)	-0.062(0.051)		0.059(0.000)	0.038(0.041)
PG			-0.020(0.005)			0.011(0.003)
PG(-1)			0.038(0.000)			-0.078(0.000)
GR			-0.387(0.037)			1.653(0.000)
GR(-1)			0.879(0.000)			-1.548(0.000)

① 从 2006 年开始，中国中央政府高度重视节能减排问题，提出了"十一五"规划期间(2006～2010 年)能源强度下降 20%、主要污染物排放总量减少 10%等约束性目标，由此可能导致中国能源结构、经济结构等产生明显变化，为了避免估计偏误，本章除了 2000～2013 年整体上的考虑之外，也以 2006 年为界，分成两个时段分别考虑，从而更为系统、完整地揭示中国环境创新变量对碳排放的影响。

变量	2000～2005 年			2006～2013 年		
	模型(1)	模型(2)	模型(3)	模型(1)	模型(2)	模型(3)
Constant	2.986(0.000)	−1.365(0.002)	−3.660(0.028)	2.737(0.000)	9.667(0.000)	13.243(0.000)
AR(1)	−1.173(0.241)	−1.134(0.257)	−1.545(0.122)	−2.398(0.017)	−2.431(0.015)	−1.751(0.080)
AR(2)	1.050(0.294)	0.862(0.389)	−1.036(0.300)	−1.455(0.146)	−1.281(0.200)	0.339(0.734)
样本量	150	150	150	210	210	210
Hansen stat.	26.600(0.486)	21.612(0.658)	14.938(0.826)	26.866(0.416)	25.795(0.364)	19.452(0.617)

注：小括号内是显著性概率

与表 11.4 类似，我们发现，模型残差的二阶自相关检验和 Hansen 检验都无法拒绝原假设，即模型设定基本合理。主要结果如下。

第一，绝大部分环境创新变量对碳排放的影响显著，而且与 2000～2005 年相比，2006～2013 年环境创新变量对碳减排具有更为显著的积极作用。如表 11.5 所示，2006～2013 年，研发活动贡献率、专利产出水平等有利于碳减排的环境创新变量显著为负的回归系数绝对值相较于 2000～2013 年变大了。这主要是由于 2006 年以后，中国中央政府出台了一系列节能减排举措，而环境创新相关投入持续增加，创新能力明显增强，对碳排放形成了有效的抑制作用。

第二，2006～2013 年，中国企业的自主创新能力是抑制碳排放的强大引擎。如表 11.4 和表 11.5 所示，研发人力投入强度在两个子时段和整个样本区间内，均具有显著的碳减排作用。研发活动贡献率的系数在 2000～2005 年为正，而在 2006～2013 年显著为负，说明 2006 年以后，研发创新在经济发展中的地位不断凸显。据统计，在 2000 年、2006 年和 2013 年，中国研发经费投入占 GDP 的比重分别为 1%、1.42%和 2.08%，研发经费投入增长率分别为 17.9%、22.6%和 15%，同期，GDP 增长率分别为 8.43%、12.69%和 7.68%[①]。可见，全国对研发经费投入力度不断加大，且研发经费投入增长程度远远快于 GDP 增速。实际上，前人的部分研究已经证实了研发活动对德国、中国台湾等的宏观经济变量(就业、税收等)的积极作用(Horbach，2008；Yang et al.，2012)。从全球范围来看，提升企业自主创新能力和研发能力，是减少企业环境影响、促进碳减排的重要手段，也是提高企业社会效应的需求所在。

第三，2006～2013 年，专利产出水平的碳减排程度与之前相比明显增强。可见，知识溢出能够刺激环境创新，减少碳排放(Cainelli et al.，2012)。表 11.5 中 2000～2005 年和 2006～2013 年的结果表明专利产出水平的回归系数由正变负，

---

① 资料来源于国家统计局、科学技术部和财政部 2015 年 11 月 23 日联合发布的《2014 年全国科技经费投入统计公报》。

碳减排作用显著增强，因此，中国应加强知识产权保护，提高专利产出应用能力，以减少碳排放。

第四，无论是引导性政策还是管制性政策，对碳减排均存在滞后效应，且这种滞后效应主要来源于 2006～2013 年。如表 11.4 和表 11.5 所示，2000～2005 年和 2006～2013 年政府管制对碳排放的影响均存在滞后效应，主要发生在 2006～2013 年。事实上，高排放、高污染企业在中国的经济结构中仍然占据主导地位，当期的环境管制可能会打击这些企业的生产积极性，降低其碳减排意愿，这可能导致了政府环境政策的滞后效应。另外，政策间的相互影响值得关注，因为这些影响可能减少企业的创新动力（Rogge and Hoffmann，2010）。因此，如何解决区域经济发展与政府环境管制之间的不协调，如何处理好企业与政府之间的博弈关系，以产生更多高质量的创新推动碳减排，在环境政策制定和执行过程中至关重要。

11.4.3　中国碳排放权交易对减少碳排放的影响

考虑到碳排放权交易作为一种备受关注的环境创新政策，本章在控制了 SGMM 模型中关键的环境创新影响因素后（如经济发展水平、能源效率等），根据式（11.6）计算得到中国碳排放权交易在实施前后对碳排放的影响，如表 11.6 所示。结果显示，对比实施碳排放权交易前后的系数，发现实施碳排放权交易后，试点区和非试点区的碳排放量差距进一步扩大。同时，无论我们使用一般 DID 模型，还是 PSM-DID 模型，碳排放权交易政策效应始终为负。在使用 PSM-DID 模型后，政策效应系数的绝对值有所减少，但仍在 5%的水平下显著为负。这表明，碳排放权交易政策显示出了显著的碳减排绩效。

比较不同的 PSM-DID 方法，我们发现估计系数的结果是一致的。在进行样本匹配以消除样本自选择偏差和时间趋势后，碳排放权交易政策效果系数的绝对值相较于没有使用 PSM 的一般 DID 模型有一定程度的减小，这说明碳排放权交易政策有助于碳减排的结果是稳健的。因此，市场机制创新在碳排放试点地区发挥了积极的碳减排作用（以试点地区深圳市为例，据统计，截至 2015 年，深圳市635 家工业企业碳排放量较 2010 年下降了 11%）。

简而言之，本章实证证明了中国碳排放权交易能显著促进碳减排。这与部分文献研究 EU ETS 实施初期的结果相似（Zhang and Wei，2010；Borghesi et al.，2015）。考虑到中国的实际情况，原因可能包括两个方面：一方面，在中国高度集中的行政管理体制下，和行政程序太多的宏观政策相比，微观政策能够更加直接传导给政策受众；另一方面，与欧盟不同，中国碳排放权交易政策的参与者主要是国有企业，政府微观政策间接影响其生产决策。因此，碳排放权交易政策具有显著的碳减排作用也从侧面反映出国家对微观主体的创新需求，有助于推动碳减排。

表 11.6　碳交易对中国碳排放的影响

项目	标准 DID			最近邻匹配			半径匹配			核匹配		
	π_1	$\pi_1+\pi_3$	π_3	π_1	$\pi_1+\pi_3$	π_3	π_1	$\pi_1+\pi_3$	π_3	π_1	$\pi_1+\pi_3$	π_3
系数	-0.803	-2.535	-1.732	-0.717	-2.500	-1.783	-0.371	-2.986	-2.615	-0.686	-2.493	-1.807
标准差	0.321	0.796	0.826	0.322	0.727	0.826	0.388	0.775	0.883	0.328	0.726	0.827
t-统计量	-2.50	-3.180	-2.10	-2.23	-3.44	-2.16	-0.96	-3.85	-2.96	-2.09	-3.43	-2.19
p 值	0.013	0.002	0.037	0.027	0.001	0.032	0.340	0.000	0.003	0.037	0.001	0.030

注：π_1 代表碳排放权交易实施前，试点地区和非试点地区的人均二氧化碳排放量的差异；$\pi_1+\pi_3$ 代表碳排放权交易实施后，试点地区和非试点地区的人均二氧化碳排放量的差异；π_3 代表剔除了时间趋势后，对比试点地区和非试点地区后，碳排放权交易对减少中国人均二氧化碳排放量的政策效果。

　　然而，在现实中，碳排放权交易政策的阻碍因素也不容忽视。一方面，碳排放权交易政策实施时间不久，尚未上市全国统一市场，成交碳配额占全社会碳排放量的份额相当低。同时，各试点碳市场的流动性尚待提高，碳排放权交易需求还不稳定，因此仅靠碳排放权交易试点的成交额，对蕴含巨大碳减排潜力的中国而言，远远不足。另一方面，中国碳排放权交易市场建设是一项长期的、重大的系统工程，围绕碳市场上市交易的机制设计、人员培训等方面尚处于起步阶段，配套基础设施和风险管理制度尚待完善，这些因素难免导致碳排放权交易初期的实施成效打折扣。所以说，如何挖掘碳排放权交易的碳减排潜力值得进一步深入探究。

　　值得说明的是，本章采取了一般 DID 模型和基于不同 PSM 方法的 DID 模型，得到了一致的结论，所以在很大程度上保证了碳排放权交易在实施初期已具有显著的碳减排作用这一结论的可信度，具体验证过程请见附录。

11.5　主要结论与启示

　　本章使用基于 SGMM 方法的面板数据模型，考察了中国环境创新变量对碳减排的作用机制，并分析了中国碳排放权交易对碳减排的影响。归结起来，主要结论如下。

　　第一，2000～2013 年，绝大部分环境创新变量都对减少碳排放具有显著影响，特别是，创新绩效中的能源效率，创新资源中的研发人力投入强度、研发活动贡献率，知识创新中的专利产出水平和信息化水平对碳减排的作用尤为突出。可见，在中国实施创新驱动发展战略的过程中，必须保证企业的创新主体地位，进一步加强知识溢出的碳减排作用。

　　第二，对比两个阶段，部分变量在 2006～2013 年的碳减排能力较 2000～2005 年明显增强。特别是，研发活动贡献率、专利产出水平的碳减排能力明显在 2006～2013 年得到明显增强。另外，政府管制性环境政策的碳减排效果存在滞后效应，而且这种滞后效应主要来源于 2006～2013 年。由于中国目前仍处于经济发展方式转型时期，环境法律和监管系统尚不完善，需要政府协调政策组合支持企业创新，以减少碳排放。

　　第三，中国碳排放权交易具有显著的碳减排效果，但碳排放权交易市场刚刚起步，还存在市场环境制度仍不成熟、相关基础设施尚不健全等不足之处，加上纳入交易的碳配额还较少，市场流动性还有待提高等不利因素，中国需要进一步挖掘碳排放权交易制度的碳减排潜力，以充分发挥其以较低成本实现碳排放的优越性。

　　基于上述研究结论，本章为中国碳排放权交易政策制定相关者提出两点政策建议：一方面，国家发展和改革委员会和科学技术部应该加大创新研发投入，鼓励企业加大创新投入，提高自主创新能力，着力完善环境创新网络，重点提高专利产出利用能力在碳减排方面的积极作用；另一方面，国家碳交易主管部门应进一步协调包括碳排放权交易政策在内的各种环境政策，为地区和企业构建创新环境，大力推动碳减排。

第 12 章　中国碳交易对工业经济产出与碳减排绩效的影响研究

12.1　问题的提出

气候变化问题是 21 世纪人类生存发展面临的重大挑战，积极应对气候变化、推进绿色低碳发展已成为全球共识和大势所趋。中国分别在 2006 年和 2009 年成为全球最大的碳排放国和能源消耗国之后，一直延续至今。其中，2017 年，中国的二氧化碳排放量达到了 92 亿吨，占全球二氧化碳排放总量的 27.6%（BP, 2018）。近几年，尽管中国的经济增长速度正在放缓，且正经历结构转型，但是，中国仍然保持其作为全世界最大的能源消耗国、生产国和净进口国的地位，在碳减排和应对全球变暖方面面临巨大的国际压力。

碳交易市场能够充分体现碳排放空间的资源属性，发挥市场在资源配置中的决定性作用，形成强有力的倒逼机制，使参与碳交易的部门加强碳排放管理，通过各种手段有效控制自身的碳排放，从而促进产业结构的转型升级，加快推动经济发展方式转变，为中国落实碳减排目标、实现绿色低碳发展发挥积极作用。

工业行业是中国节能减排的重点行业，也是碳排放配额交易的主要参与行业。中国日趋严峻的资源环境压力倒逼工业部门积极参与碳交易市场建设，控制能耗，减少碳排放。因此，研究碳交易对中国工业行业经济产出和碳减排的贡献非常紧迫，很有必要。

实际上，自碳市场建设被提出以来，中国政府高度重视碳交易试点的建设和全国统一碳市场的启动，碳交易机制也引起了国内外学者的广泛关注（Kara et al.，2008；Cui et al.，2014；汤铃等，2014；Martin et al.，2016）。从试点建设面临的机遇和挑战到试点建成后对经济发展和减排成本的影响，从碳交易对国家整体到区域和行业产生的影响，从全国碳交易市场可能涵盖的部门到碳排放配额分配方法等，都有许多研究可以借鉴。但是，很少有文献定量研究中国碳交易对工业行业整体和各个工业部门的经济产出与碳减排绩效的影响。

基于上述背景，我们构建 DEA 优化模型，主要开展三种情景下的相关研究。首先，在规模收益可变和碳排放弱处置性的假设下，当工业部门不存在碳交易时，测算工业行业能够实现的最大经济产出。其次，如果工业部门之间可以进行碳交易以实现碳排放配额的再分配，即允许跨空间交易，测算经济产出和碳排放量的变化。最后，不仅工业部门之间可以进行交易，实现碳排放配额的再分配，而且可以跨时间段交易，即允许跨空间-时间交易，允许各个工业部门存储和借用碳配额，测算此时最优的经济产出及碳排放量的变化。然后，通过比较前两种情景，可以得到跨部门交易碳配额对工业行业和 35 个工业部门的影响[①]；类似地，通过比较情景一和情景三，可以得到跨空间-时间交易对工业行业经济产出和碳减排的影响；此外，通过比较后两种情景，可以得到不同的碳配额交易方式对经济产出和碳减排的影响。

12.2　国内外研究状况

有许多文献尝试探讨碳交易机制对中国经济社会的影响，研究的视角涉及国家、区域和行业等不同层面，而且为本章的研究提供了重要的模型方法和研究思路。

第一类研究从国家层面评价碳交易对中国经济的影响。例如，Zhang 等 (2017) 利用一般均衡模型在中国、美国、欧洲、澳大利亚、日本和韩国等国家与地区之间构建了一个多区域碳交易机制，结果表明，具有相对较高减排成本的国家美国、日本和韩国的 GDP 会分别降低 0.16%、1.33% 和 1.42%；而加入多区域碳交易有助于中国推动清洁能源的发展，具体而言，相对于基准情景，实施碳交易后中国清洁能源的占比会提升 33.7%。另外，Fujimori 等 (2015) 利用全球一般均衡模型评价了碳交易市场的有效性，发现在 450 ppm[②] 和 550 ppm 情景下，实施碳交易使得中国福利损失分别降低 0.43% 和 0.82%。

第二类研究从区域层面分析碳交易市场的影响，特别地，有关中国碳市场试点地区的探索引起了国内外学者的广泛关注。例如，Zhang 等 (2014a) 对中国七个碳交易试点地区进行了全面回顾；Jiang 等 (2014) 讨论了深圳市的经济发展和碳排放状况，重点介绍了碳排放机制监管框架下深圳市的发展态势；Wu 等 (2014b) 考察了上海市碳交易机制的最新进展；Wang 等 (2015) 通过可计算一般均衡模型评价了碳交易对广东省经济发展的影响，结果显示，碳交易可以显著降低减排成本，也推动广东省的 GDP 增加 26 亿美元；Liu 等 (2017) 采用中国多区域的一般均衡模型模拟了湖北省碳交易试点的经济和环境变化，发现虽然碳交易机制能够减少碳排放量，但是会对经济产生负面影响。另外，Cui 等 (2014) 构建了一个中国各省 (区、市) 之间的碳交易模型，并评价了碳交易机制的影响，发现通过碳交易可

[①] 这里鉴于工业增加值数据的可获得性，考虑 35 个工业部门。与第 3 章 39 个工业部门相比，这里没有考虑第 3 章的"其他采矿业"和"废弃资源和废旧材料回收加工业"，同时，将"电力、热力的生产和供应业""燃气生产和供应业""水的生产和供应业"合并成一个工业部门。本章考虑的工业部门编号和名称请见本章附录。

[②] ppm (parts per million) 表示一百万体积的空气中所含污染物的体积数。

以将碳减排成本降低 23.67%，特别是，为了实现 2020 年的碳减排目标，碳交易市场可能会形成 53 元/吨的碳价；类似地，Zhou 等（2013）通过对中国省（区、市）之间的碳交易建模，探究了碳交易对经济发展的影响，研究认为在碳交易机制作用下，碳减排成本的下降幅度会超过 40%；Su 和 Ang（2014）对中国区域碳交易进行了系统研究，结果发现，一般而言，在碳交易中，经济发达区域是碳排放配额的净进口方，而经济发展中区域是碳排放配额的净出口方。

第三类研究从行业层面考察碳交易机制的影响。例如，Huang 等（2015）通过成本效益分析，讨论了不同碳价下深圳市电力行业的减排技术投资问题。Cong 和 Wei（2010）构建代理人模型研究了引进碳交易机制对中国电力行业的潜在影响，也探讨了不同碳排放配额分配机制产生的影响，结果表明，碳交易机制可以有效实现环境成本内部化，并显著提高环境友好型技术的使用比例。另外，Zhu 等（2013）探索了碳交易对北京市电力行业减少碳排放量的影响，研究指出实施碳交易有利于政府制定有效的碳减排政策，并测算了碳交易对电力行业经济产出的影响。Cheng 等（2015）评价了碳交易对广东省电力、冶炼加工、水泥和钢铁四个高排放部门污染物减排的影响，结果表明，碳交易能够显著减少二氧化硫和氮氧化物的排放，降低实现节能减排目标的经济成本。工业行业具有高能耗和高排放的特点，是碳交易市场的主要参与者，但是，大多数文献往往关注某个特定的工业部门，或者几个典型的工业部门，而缺乏从整个工业行业及所有工业子部门等角度考察碳交易对中国工业行业的经济产出和碳排放的影响。

就研究方法而言，现有文献已经提出多种方法探讨碳交易对经济社会发展的影响，归结起来，主要包括一般均衡模型、DEA 模型等。例如，Zhang 等（2017）构建一般均衡模型和多种情景模拟分析了一种多区域的碳交易机制，以此探讨碳交易对中国经济和能源发展的影响。Liu 和 Wei（2016）构建多区域的一般均衡模型估算了欧盟-中国联合碳交易机制对中国碳减排和减排成本的影响。另外，Wang 等（2016）利用优化的 DEA 模型估计了中国碳交易的潜在收益。我们发现，该方法具有两个方面的优点：第一，无需具体计算研究期间政府实际监管和控制的碳排放量；第二，无需知道特定情景下工业部门的初始碳减排目标。鉴于此，本章将借鉴 Wang 等（2016）的 DEA 优化模型，评估不同的碳交易机制对中国工业行业经济发展和碳减排的影响。

总的来说，现有文献已尝试采用不同方法、从不同角度评估碳交易带来的潜在收益及对碳减排的影响，但是，还很少关注对整个工业行业特别是所有工业子部门的影响。然而，工业行业在中国经济发展和碳减排战略中扮演关键角色，是碳排放配额的主要购买方，因此，很有必要探究碳交易对工业行业经济发展和减排绩效的影响。为此，我们将分析跨空间和跨空间-时间等不同碳交易机制下，中国工业行业和 35 个工业子部门的经济产出和碳排放的变化，为合理评估碳交易对中国经济社会发展和节能减排的作用提供方法支持与政策启示。

12.3　数据说明和研究方法

12.3.1　数据说明

我们选用 2006～2015 年的有关资料，参照《中国统计年鉴》，将工业行业划分为 35 个部门，具体部门编号和名称如本章附录附表 12.1 所示。所有资料均来自《中国统计年鉴》、《中国工业统计年鉴》和国家统计局。

基于工业部门的生产过程，我们用能源、劳动力和资本表示投入，工业部门总产值作为期望产出，二氧化碳排放量作为非期望产出。本章只考虑煤炭、焦炭、汽油、煤油、柴油、燃料油和天然气 7 种能源，并根据式(3.1)计算二氧化碳排放量，采用工业部门的就业人数表示劳动力，采用负债和所有者权益之和表示资本，采用工业增加值作为经济产出。在评估 2020 年碳交易对工业行业的影响时，本章基于 2015 年的数据预测 2020 年的相关指标，并根据 2006～2015 年中国 35 个工业部门的历史数据百分比分配预测值。"十三五"期间，中国政府为工业行业制定了相对较为严格的节能减排目标，要求 2020 年规模以上工业企业单位增加值能耗比 2015 年降低 18%以上(本章选取 18%为目标)，碳排放强度比 2015 年降低22%。参照 Wang 等(2013)的研究，本章设定 2015～2020 年中国工业增加值增长速率为 6.4%，即将工业行业资本存量和工业增加值的增长速度设为 6.4%；同时，假设工业行业劳动力增长率和人口自然增长率持相同速度，均为 0.6%。

12.3.2　研究方法

本章应用 DEA 优化模型评价碳交易对中国工业行业经济产出和碳减排的影响，并假设规模收益可变和碳排放具有弱可处置性。如前所述，我们主要考虑三种情景，即无碳排放配额交易(NT)、跨空间碳排放配额交易(ST)和跨空间-时间碳排放配额交易(STT)。

(1)NT 是指在工业部门之间不存在碳排放配额交易，即不存在碳交易机制。此时，各个工业部门在非期望产出不变的条件下寻求经济产出最大化。

(2)ST 是指每个工业部门的非期望产出是可变的，工业部门之间可以交易碳排放配额，使碳排放配额重新分配，进而实现期望产出的最大化。值得注意的是，所有工业部门每一年的碳排放量保持不增加。

(3)STT 表示不仅各个工业部门之间可以进行交易，实现碳排放配额再分配，而且可以跨时间段交易，即允许各个工业部门存储和借用碳排放配额，但是所有工业部门在整个研究期间的碳排放总量保持不增加。

我们用工业增加值表示期望产出 (y)，二氧化碳排放量表示非期望产出 (b)，

x_{gl}（$g=1,2,3$；$l=1,2,3,\cdots,35$）表示工业部门 l 的能源、劳动力和资本投入，工业部门现有负债和所有者权益之和表示资本存量。

第一种情景下，即不存在碳交易机制时，我们用式（12.1）估算各个工业部门在第 M 年（$M=1,2,3,\cdots,10$）的最大经济产出。

$$
\begin{aligned}
& \mathrm{TR}_l^{\mathrm{NT}_M} = \max \tilde{y}_l^{\mathrm{NT}_M} \\
& \text{s.t.} \sum_{k=1}^{35} \lambda_k^M y_k^M \geqslant \tilde{y}_l^{\mathrm{NT}_M} \\
& \qquad \sum_{k=1}^{35} \lambda_k^M b_k^M = b_l^M \\
& \qquad \sum_{k=1}^{35} \lambda_k^M x_{gk}^M \leqslant x_{gl}^M \\
& \qquad \sum_{k=1}^{35} \lambda_k^M = 1 \\
& \qquad \lambda_k^M \geqslant 0, \quad k=1,2,3,\cdots,35
\end{aligned}
\tag{12.1}
$$

其中，$\mathrm{TR}_l^{\mathrm{NT}_M}$ 表示在约束条件下（即无碳排放配额交易）工业部门 l 在第 M 年最大的经济产出；$\tilde{y}_l^{\mathrm{NT}_M}$ 表示期望产出最大化；λ_k^M 表示强度变量；y_k^M、b_k^M 和 x_{gk}^M 分别表示工业部门 k 在第 M 年的期望产出、非期望产出和投入。然后，由式（12.2）和式（12.3）计算整个工业行业在第 M 年及 2006～2015 年最大的经济产出。

$$
\mathrm{TR}^{\mathrm{NT}_M} = \sum_{l=1}^{35} \mathrm{TR}_l^{\mathrm{NT}_M}
\tag{12.2}
$$

$$
\mathrm{TTR}^{\mathrm{NT}} = \sum_{M=1}^{10} \mathrm{TR}^{\mathrm{NT}_M}
\tag{12.3}
$$

第二种情景下，即允许工业部门之间自由交换碳排放配额时，我们由式（12.4）得到每个工业部门每年的最优经济产出之和。

$$
\begin{aligned}
& \mathrm{TR}^{\mathrm{ST}_M} = \max \sum_{l=1}^{35} \tilde{y}_l^{\mathrm{ST}_M} \\
& \text{s.t.} \sum_{k=1}^{35} \lambda_{kl}^M y_k^M \geqslant \tilde{y}_l^{\mathrm{ST}_M} \\
& \qquad \sum_{k=1}^{35} \lambda_{kl}^M b_k^M = \tilde{b}_l^M \\
& \qquad \sum_{k=1}^{35} \lambda_{kl}^M x_{gk}^M \leqslant x_{gl}^M \\
& \qquad \sum_{k=1}^{35} \lambda_{kl}^M = 1 \\
& \qquad \lambda_{kl}^M \geqslant 0, \quad k=1,\cdots,35, \quad l=1,\cdots,35 \\
& \qquad \sum_{l=1}^{35} \tilde{b}_l^M \leqslant \sum_{l=1}^{35} b_l^M
\end{aligned}
\tag{12.4}
$$

其中，$\mathrm{TR}^{\mathrm{ST}_M}$ 表示在约束条件下（即跨空间碳配额交易）工业行业 35 个部门在第 M 年的最优经济产出之和；$\tilde{y}_l^{\mathrm{ST}_M}$ 表示期望产出最大化；λ_{kl}^M 表示强度变量；$\tilde{b}_l^M$ 表示可跨空间交易的非期望产出。最后一个约束条件表示可交易的非期望产出 $\sum_{l=1}^{35} \tilde{b}_l^M$ 不能超过允许的非期望产出总量 $\sum_{l=1}^{35} b_l^M$。然后，由式(12.5)和式(12.6)计算每个工业部门在第 M 年最大的经济产出和 35 个工业部门在样本期间最大经济产出之和。

$$\mathrm{TR}_l^{\mathrm{ST}_M} = \tilde{y}_l^{\mathrm{ST}_M} \tag{12.5}$$

$$\mathrm{TTR}^{\mathrm{ST}} = \sum_{M=1}^{10} \mathrm{TR}^{\mathrm{ST}_M} \tag{12.6}$$

在第三种情景下，即允许工业部门不仅可以相互交易碳排放配额，而且可以在整个样本区间内跨时间交易时，我们由式(12.7)测算最大的经济产出。

$$\mathrm{TTR}^{\mathrm{STT}} = \max \sum_{M=1}^{10} \sum_{l=1}^{35} \tilde{y}_l^{\mathrm{STT}_M}$$

$$\mathrm{s.t.} \ \sum_{k=1}^{35} \lambda_{kl}^M y_k^M \geqslant \tilde{y}_l^{\mathrm{STT}_M}$$

$$\sum_{k=1}^{35} \lambda_{kl}^M b_k^M = \tilde{b}_l^M$$

$$\sum_{k=1}^{35} \lambda_{kl}^M x_{gk}^M \leqslant x_{gl}^M \tag{12.7}$$

$$\sum_{k=1}^{35} \lambda_{kl}^M = 1$$

$$\lambda_{kl}^M \geqslant 0, \ k=1,\cdots,35, \ l=1,\cdots,35$$

$$\sum_{M=1}^{10} \sum_{l=1}^{35} \tilde{b}_l^M \leqslant \sum_{M=1}^{10} \sum_{l=1}^{35} b_l^M$$

其中，$\mathrm{TTR}^{\mathrm{STT}}$ 表示所有工业部门在整个样本区间内最优经济产出之和；$\tilde{y}_l^{\mathrm{STT}_M}$ 表示期望产出最大化；λ_{gl}^M 表示强度变量；$\tilde{b}_l^M$ 表示可跨空间-时间交易的非期望产出。最后一个约束条件表示可交易的非期望产出总量 $\sum_{M=1}^{10} \sum_{l=1}^{35} \tilde{b}_l^M$ 应当少于或者最多等于允许的非期望产出总量 $\sum_{M=1}^{10} \sum_{l=1}^{35} b_l^M$。然后，由式(12.8)式(12.9)计算每个工

业部门在第 M 年的最优经济产出及在样本区间所有工业部门在第 M 年的最优经济产出之和。

$$\mathrm{TR}_l^{\mathrm{STT}_M} = \tilde{y}_l^{\mathrm{STT}_M} \tag{12.8}$$

$$\mathrm{TR}^{\mathrm{STT}_M} = \sum_{l=1}^{35} \mathrm{TR}_l^{\mathrm{STT}_M} \tag{12.9}$$

综上所述，基于以上模型，我们进一步使用 $\mathrm{TR}_l^{\mathrm{ST}_M} - \mathrm{TR}_l^{\mathrm{NT}_M}$ 表示工业部门跨空间交易碳排放配额产生的潜在收益，$\mathrm{TR}_l^{\mathrm{STT}_M} - \mathrm{TR}_l^{\mathrm{NT}_M}$ 表示当工业部门可以跨空间-时间交易碳排放配额与不存在碳交易机制相比经济产出的变化，$\mathrm{TR}_l^{\mathrm{STT}_M} - \mathrm{TR}_l^{\mathrm{ST}_M}$ 表示跨空间-时间交易与跨空间交易相比带来的额外收益。类似地，我们可以得到某一年碳交易为工业行业整体带来的潜在收益，分别为 $\mathrm{TR}^{\mathrm{ST}_M} - \mathrm{TR}^{\mathrm{NT}_M}$、$\mathrm{TR}^{\mathrm{STT}_M} - \mathrm{TR}^{\mathrm{NT}_M}$ 和 $\mathrm{TR}^{\mathrm{STT}_M} - \mathrm{TR}^{\mathrm{ST}_M}$。最后，可以得到整个样本期间（即 2006～2015 年）碳交易机制为工业行业整体经济带来的潜在收益。在此基础上，我们计算出某一年或整个样本期间跨空间交易和跨空间-时间交易为工业行业带来的潜在收益百分比分别为 $\left(\mathrm{TR}^{\mathrm{ST}_M} - \mathrm{TR}^{\mathrm{NT}_M}\right)\big/\mathrm{TR}^{\mathrm{NT}_M}$ 和 $\left(\mathrm{TR}^{\mathrm{STT}_M} - \mathrm{TR}^{\mathrm{NT}_M}\right)\big/\mathrm{TR}^{\mathrm{NT}_M}$。

此外，根据式(12.1)、式(12.4)和式(12.7)，可以计算出在不同碳交易机制影响下，每年各工业部门、每年工业行业整体及样本期间内工业行业整体的碳减排潜力分别为 $b_l^M - \tilde{b}_l^M$、$\sum\limits_{l=1}^{35} b_l^M - \sum\limits_{l=1}^{35} \tilde{b}_l^M$ 和 $\sum\limits_{M=1}^{10}\sum\limits_{l=1}^{35} b_l^M - \sum\limits_{M=1}^{10}\sum\limits_{l=1}^{35} \tilde{b}_l^M$。在此基础上，可以计算出碳交易机制对工业行业实现碳减排的贡献分别为 $\left(b_l^M - \tilde{b}_l^M\right)\big/b_l^M$、$\left(\sum\limits_{l=1}^{35} b_l^M - \sum\limits_{l=1}^{35} \tilde{b}_l^M\right)\bigg/\sum\limits_{l=1}^{35} b_l^M$ 和 $\left(\sum\limits_{M=1}^{10}\sum\limits_{l=1}^{35} b_l^M - \sum\limits_{M=1}^{10}\sum\limits_{l=1}^{35} \tilde{b}_l^M\right)\bigg/\sum\limits_{M=1}^{10}\sum\limits_{l=1}^{35} b_l^M$。

12.4　碳交易对工业经济产出与碳减排绩效的影响结果分析

12.4.1　碳交易对工业行业经济产出的影响

基于上述模型可以得到 2006～2015 年不同情景下碳交易对中国工业行业经济产出的影响(图 12.1)及对 35 个工业部门经济产出的影响(表 12.1)，从中得到主要结果如下。

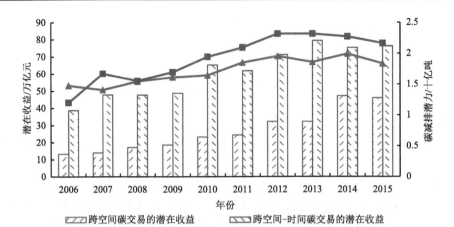

图 12.1　碳交易对我国整个工业行业的影响

表 12.1　跨空间碳交易为 35 个工业部门带来的潜在收益　　　　单位：万亿元

部门	2006年	2007年	2008年	2009年	2010年	2011年	2012年	2013年	2014年	2015年	平均值
S_1	0.46	0.38	0.57	0.88	1.25	1.62	2.41	2.33	3.28	3.16	1.63
S_2	0.00	0.02	0.10	0.27	0.45	0.53	0.55	0.51	0.67	0.59	0.37
S_3	0.04	0.04	0.09	0.08	0.26	0.29	0.37	0.36	0.49	0.46	0.25
S_4	0.02	0.03	0.03	0.03	0.06	0.06	0.14	0.12	0.24	0.24	0.10
S_5	0.02	0.01	0.02	0.02	0.03	0.01	0.09	0.08	0.21	0.23	0.07
S_6	0.19	0.16	0.22	0.27	0.43	0.53	0.80	0.82	1.75	1.77	0.70
S_7	0.18	0.14	0.16	0.18	0.23	0.26	0.40	0.40	0.82	0.91	0.37
S_8	0.23	0.19	0.22	0.23	0.34	0.35	0.46	0.48	0.81	0.86	0.41
S_9	0.00	0.00	0.00	0.00	0.00	0.00	0.00	0.00	0.00	0.00	0.00
S_{10}	0.72	0.57	0.59	0.60	0.72	0.74	1.06	0.95	1.61	1.53	0.91
S_{11}	0.13	0.13	0.17	0.15	0.20	0.17	0.61	0.60	0.80	0.62	0.36
S_{12}	0.06	0.06	0.06	0.06	0.08	0.07	0.33	0.31	0.43	0.33	0.18
S_{13}	0.07	0.06	0.08	0.07	0.08	0.14	0.14	0.14	0.33	0.35	0.14
S_{14}	0.00	0.00	0.02	0.02	0.05	0.07	0.04	0.07	0.16	0.07	0.05
S_{15}	0.37	0.31	0.37	0.39	0.49	0.54	0.63	0.62	0.81	0.81	0.53
S_{16}	0.01	0.01	0.02	0.03	0.04	0.02	0.01	0.06	0.40	0.25	0.08
S_{17}	0.00	0.00	0.00	0.00	0.00	0.00	0.15	0.23	0.64	0.49	0.15
S_{18}	0.38	0.35	0.48	0.55	0.72	0.92	1.00	1.03	1.19	1.07	0.77
S_{19}	1.21	1.02	1.26	1.43	1.86	2.13	2.66	2.66	3.77	3.71	2.17

续表

部门	2006年	2007年	2008年	2009年	2010年	2011年	2012年	2013年	2014年	2015年	平均值
S_{20}	0.38	0.31	0.32	0.38	0.47	0.56	0.72	0.76	1.26	1.41	0.66
S_{21}	0.16	0.20	0.17	0.17	0.22	0.29	0.31	0.31	0.37	0.35	0.25
S_{22}	0.12	0.12	0.14	0.14	0.17	0.20	0.25	0.24	0.41	0.42	0.22
S_{23}	0.28	0.26	0.29	0.30	0.38	0.36	0.56	0.53	0.97	0.90	0.48
S_{24}	0.76	0.59	0.75	0.86	1.10	1.25	1.75	1.78	3.00	3.05	1.49
S_{25}	1.41	1.37	1.66	1.97	2.27	2.56	2.83	2.71	3.30	2.95	2.30
S_{26}	0.48	0.49	0.61	0.71	0.96	1.12	1.34	1.36	1.79	1.70	1.06
S_{27}	0.28	0.28	0.37	0.42	0.53	0.59	0.98	0.94	1.77	1.69	0.79
S_{28}	0.65	0.67	0.88	1.02	1.29	1.29	1.53	1.52	2.44	2.47	1.37
S_{29}	0.37	0.48	0.66	0.74	0.99	1.10	1.42	1.45	2.20	1.91	1.13
S_{30}	0.99	1.32	1.58	1.94	2.53	2.82	3.16	3.22	4.08	4.24	2.59
S_{31}	0.51	0.72	0.89	1.05	1.50	1.14	1.99	2.04	2.28	2.27	1.44
S_{32}	0.22	0.47	0.63	0.97	1.06	0.36	0.36	0.47	0.86	0.83	0.59
S_{33}	0.00	0.00	0.00	0.00	0.01	0.00	0.00	0.00	0.00	0.00	0.00
S_{34}	0.03	0.04	0.04	0.06	0.07	0.09	0.00	0.00	0.00	0.00	0.03
S_{35}	2.44	3.11	3.59	2.58	2.53	2.70	3.21	3.14	4.03	4.38	3.17
合计	13.15	13.91	17.04	18.56	23.29	24.43	32.23	32.25	47.16	46.02	26.80
潜在收益百分比	53.69%	51.25%	53.56%	50.07%	52.17%	50.64%	55.37%	53.66%	61.27%	59.66%	55.17%

注：表中合计和平均值均是基于四位小数计算的平均值，然后四舍五入保留两位小数得到的

第一，碳交易有利于工业行业的经济发展，能够为整个工业行业带来一定的潜在收益。由图 12.1 可以看出，跨空间交易与跨空间-时间交易在样本区间内分别能为整个工业行业产生 268.02 万亿元和 612.26 万亿元的收益，二者的潜在收益相差约 344.24 万亿元。而且，随着时间推移，碳交易实施的时间越长，交易机制更加完善和成熟，能够为工业创造的潜在收益也越来越多。以跨空间交易为例，如表 12.1 所示，它的潜在收益由 2006 年的 13.15 万亿元逐渐增加到 2015 年的 46.02 万亿元，增长了 2.5 倍。实际上，碳交易机制对经济的影响一直备受争议，碳交易条件和经济状况不同时，研究结论也会有所差异。有的学者认为，虽然碳交易能够有效控制碳排放，但是会增加碳市场参与者的成本，限制控排企业的发展，与不参加碳市场的企业相比，控排企业会失去一定的市场份额，经济发展也会受

到冲击(Liu et al.，2017；Martin et al.，2016)。然而，大多数研究持相反观点，认为碳交易能够实现经济发展和控制碳排放的双重目标，肯定了碳排放权交易市场建设的重要价值(Kara et al.，2008；Zhang et al.，2016)。例如，Zhang 等(2016)认为，无论是继续实施当前的节能减排政策，还是加大政策的力度，中国都能实现 2050 年的减排目标而同时不对经济造成严重冲击。本章假设 35 个工业部门都是碳市场的参与者，如果某部门的碳排放量超过强制性标准，则该部门就需要从其他有剩余碳排放配额的部门购买一定数量的碳排放配额，从而导致生产成本增加。因此，为了避免出现这种情况，防止产生额外的生产成本，所有工业部门都会致力于使用更先进的生产技术追求经济效益最大化，同时也会通过降低化石能源的消耗比例、增加高效清洁能源的使用比例等途径控制二氧化碳的排放。

第二，从潜在收益的绝对量来看，工业部门之间存在一定差异，碳交易对不同部门的影响程度不同。如表 12.1 所示，①煤炭开采和洗选业(S_1)，化学原料及化学制品制造业(S_{19})，非金属矿物制品业(S_{24})，黑色金属冶炼及压延加工业(S_{25})，通用设备制造业(S_{28})，交通运输设备制造业(S_{30})，电气机械及器材制造业(S_{31})，以及电力、蒸汽、热水的生产和供应业(S_{35})等部门受碳交易的影响较大，产生的年均潜在收益超过了 1.2 万亿元。这与 Su 和 Ang(2014)的研究结论基本一致，这些部门的经济都比较发达，工业生产总值约占整个工业行业的 40%，而碳排放量却超过整个工业行业的 85%，说明这些部门在碳交易的强制约束下可以通过各种有效手段控制碳排放，产生多余的碳排放配额，从而充当碳市场的卖方，通过向其他部门出售碳排放配额获得额外的经济收益。②碳交易对有色金属矿采选业(S_4)，非金属矿采选业(S_5)，烟草制品业(S_9)，家具制造业(S_{14})，印刷业和记录媒介的复制(S_{16})，仪器仪表及文化、办公用机械制造业(S_{33})，工艺品及其他制造业(S_{34})等部门的经济产出几乎没有影响。因为它们碳排放量很少，既无法提供额外的碳排放配额用于碳交易，也无需从其他部门购买碳排放配额，所以参与碳交易与否对它们没有实质性影响，也就是说它们既无法通过碳交易获得额外收益，也不会因参加碳交易而产生经济损失。

第三，碳交易为中国工业行业创造的潜在收益不断增加。就可获得潜在收益的百分比而言，以跨空间交易为例，如表 12.1 所示，2006~2015 年中国工业行业的潜在收益增加了 55.17%。虽然随着碳市场的持续发展，潜在收益的绝对量逐渐增加，但是潜在收益的百分比在 50%~61%波动。

12.4.2　碳交易对工业行业碳减排绩效的贡献

结合式(12.1)、式(12.4)和式(12.7)，可以得到不同碳排放配额交易情景下碳交易对中国工业行业碳减排的贡献，如表 12.2 和表 12.3 所示。

表 12.2　跨空间碳交易为 35 个工业部门带来的碳减排潜力　单位：百万吨

部门	2006 年	2007 年	2008 年	2009 年	2010 年	2011 年	2012 年	2013 年	2014 年	2015 年	合计	减排贡献
S_1	30.39	27.42	30.61	59.39	61.50	71.65	88.78	81.88	67.07	51.49	570.20	54.84%
S_2	0.00	0.57	3.19	6.72	11.01	11.74	11.33	11.40	14.15	12.87	82.98	27.72%
S_3	2.94	2.92	4.93	3.18	11.18	8.65	8.72	8.80	9.35	7.61	68.28	48.29%
S_4	0.83	0.99	0.86	0.76	0.89	1.01	1.77	1.36	2.14	1.92	12.53	27.20%
S_5	3.49	2.27	2.35	2.35	2.33	0.79	4.95	3.05	5.77	5.90	33.24	26.92%
S_6	14.83	13.59	16.63	16.25	15.66	15.34	17.34	16.20	24.90	25.22	175.97	34.78%
S_7	14.16	11.15	11.70	11.62	10.16	10.73	10.73	10.19	12.61	11.97	115.02	44.79%
S_8	18.39	15.79	16.52	14.31	9.69	10.26	11.28	11.44	13.74	12.80	134.23	51.00%
S_9	0.00	0.00	0.00	0.00	0.00	0.00	0.00	0.00	0.00	0.00	0.00	0.00%
S_{10}	38.61	32.30	29.99	26.51	25.96	27.53	26.49	21.99	19.78	18.19	267.35	51.83%
S_{11}	3.57	3.20	3.56	2.83	2.95	2.44	4.80	3.80	3.68	2.95	33.78	42.52%
S_{12}	1.92	1.71	1.50	1.22	1.09	0.91	2.64	2.13	1.99	1.68	16.80	34.27%
S_{13}	6.19	4.59	5.49	4.36	3.66	2.70	4.79	3.87	6.38	5.10	47.12	34.95%
S_{14}	0.00	0.06	0.42	0.51	0.76	0.86	0.47	0.60	0.79	0.45	4.93	22.97%
S_{15}	39.26	34.99	39.19	39.41	33.62	34.36	30.07	24.94	22.10	19.80	317.73	64.39%
S_{16}	0.26	0.32	0.57	0.60	0.60	0.23	0.08	0.61	1.72	1.43	6.42	27.35%
S_{17}	0.00	0.00	0.00	0.00	0.00	0.00	1.66	1.91	2.68	2.37	8.63	37.49%
S_{18}	28.53	28.99	32.45	32.52	31.15	38.15	33.53	29.74	31.58	34.14	320.77	57.31%
S_{19}	268.05	245.01	258.88	246.79	223.42	261.91	279.83	273.05	313.68	330.80	2 701.43	61.53%
S_{20}	14.83	13.57	13.54	11.52	12.11	13.79	15.13	14.28	15.51	15.64	139.92	57.10%
S_{21}	11.34	10.42	9.08	7.39	7.50	9.81	9.63	8.62	7.49	7.39	88.69	67.81%
S_{22}	7.61	7.06	7.56	6.40	5.86	6.06	5.98	5.07	5.29	4.96	61.84	54.47%
S_{23}	8.61	7.28	7.96	6.65	6.69	6.00	6.17	5.27	5.69	5.16	65.48	54.80%
S_{24}	314.34	272.03	295.86	282.43	280.96	344.07	360.89	332.20	371.91	344.69	3 199.37	57.84%
S_{25}	519.95	537.51	597.38	692.59	753.40	836.02	894.23	875.05	923.42	811.27	7 440.81	61.39%
S_{26}	34.76	35.46	38.72	38.78	37.15	40.76	40.23	35.10	38.36	35.50	374.83	58.13%
S_{27}	9.23	8.86	10.03	9.22	8.38	7.79	12.25	11.12	10.84	9.87	97.58	54.43%
S_{28}	22.34	22.95	26.92	26.64	26.97	34.65	22.33	18.53	20.51	19.71	241.55	58.25%

续表

部门	2006年	2007年	2008年	2009年	2010年	2011年	2012年	2013年	2014年	2015年	合计	减排贡献
S_{29}	8.45	8.64	9.39	9.12	11.08	9.98	8.03	7.66	8.07	6.51	86.94	63.36%
S_{30}	15.34	15.55	17.24	16.41	16.23	16.00	16.28	15.19	14.11	12.35	154.71	66.06%
S_{31}	7.05	7.34	7.56	6.96	7.56	6.03	6.67	5.97	4.68	4.16	63.97	55.66%
S_{32}	2.08	3.28	3.50	3.91	3.75	0.00	1.01	1.07	1.45	1.18	21.23	33.05%
S_{33}	0.00	0.00	0.00	0.00	0.13	0.00	0.00	0.00	0.00	0.00	0.13	0.87%
S_{34}	0.89	1.00	1.02	0.96	0.81	0.81	0.00	0.00	0.00	0.00	5.50	19.33%
S_{35}	28.21	30.00	39.38	23.29	20.55	19.03	16.10	16.24	11.28	9.45	213.52	56.33%
合计	1 476.47	1 406.80	1 544.00	1 611.59	1 644.74	1 850.08	1 954.17	1 858.36	1 992.73	1 834.52	17 173.46	58.30%
碳减排潜力百分比	58.68%	52.32%	55.00%	55.02%	57.14%	57.70%	60.71%	58.61%	64.54%	62.09%	58.30%	

注：表中合计值均是基于四位小数计算的，然后四舍五入保留两位小数得到的

表 12.3　跨空间–时间碳交易为 35 个工业部门带来的碳减排潜力　　单位：百万吨

部门	2006年	2007年	2008年	2009年	2010年	2011年	2012年	2013年	2014年	2015年	合计	减排贡献
S_1	10.43	5.94	0.58	14.86	53.98	32.82	61.52	57.97	33.16	17.35	288.61	27.76%
S_2	−8.14	−9.66	−13.05	−12.12	−14.30	−13.30	−8.32	−1.97	−4.54	−9.06	−94.46	−31.55%
S_3	1.51	6.35	0.32	0.19	4.64	0.28	0.81	1.42	0.95	1.13	17.60	12.45%
S_4	0.72	0.15	−0.03	−0.10	−0.22	−0.42	−0.28	−0.29	−0.29	−0.03	−0.78	−1.70%
S_5	1.96	3.37	4.13	3.69	8.51	4.76	6.64	3.70	4.65	4.67	46.08	37.32%
S_6	7.76	23.70	0.00	0.00	12.94	0.00	0.00	0.00	0.00	0.00	44.39	8.77%
S_7	4.11	8.58	−0.23	0.50	10.60	5.65	2.83	3.89	0.75	−1.06	35.62	13.87%
S_8	3.60	17.69	0.88	1.85	4.40	0.10	4.51	4.65	4.43	5.46	47.57	18.07%
S_9	0.00	0.00	0.00	0.00	0.00	0.00	0.00	0.00	0.00	0.00	0.00	0.00%
S_{10}	8.28	3.65	3.29	2.12	14.18	0.24	0.47	0.37	0.03	0.32	32.95	6.39%
S_{11}	0.28	−0.36	−0.23	−0.46	−0.18	−0.23	0.08	0.17	0.04	0.06	−0.84	−1.05%
S_{12}	0.41	−0.09	−0.22	0.00	0.00	0.00	0.10	0.14	0.00	0.00	0.34	0.69%
S_{13}	2.11	1.06	1.12	0.74	5.89	0.00	0.00	0.00	0.00	0.00	10.92	8.10%
S_{14}	−0.03	−0.06	−0.11	−0.20	−0.15	−0.13	−0.02	−0.01	−0.03	−0.05	−0.78	−3.63%
S_{15}	7.77	40.24	18.61	25.81	32.89	26.07	26.17	20.33	16.80	18.47	233.17	47.25%

续表

部门	2006年	2007年	2008年	2009年	2010年	2011年	2012年	2013年	2014年	2015年	合计	减排贡献
S_{16}	−0.06	−0.12	−0.17	−0.20	−0.23	−0.20	−0.09	−0.16	−0.25	−0.10	−1.58	−6.72%
S_{17}	−0.09	−0.13	−0.14	−0.16	−0.11	−0.04	0.00	0.00	0.00	0.00	−0.67	−2.91%
S_{18}	0.00	0.00	0.00	0.00	0.00	0.00	0.00	0.00	0.00	0.00	0.00	0.00%
S_{19}	205.32	343.35	286.85	279.49	273.41	301.64	362.63	361.76	369.72	408.62	3 192.80	72.72%
S_{20}	1.13	1.37	0.51	0.10	−0.65	−0.37	2.46	−0.19	−0.42	4.66	8.59	3.51%
S_{21}	0.89	0.47	0.28	0.54	0.05	0.55	4.95	3.90	1.37	2.01	15.01	11.47%
S_{22}	1.63	0.68	0.01	0.37	2.97	0.10	−0.13	−0.13	−0.19	−0.07	5.23	4.61%
S_{23}	0.71	−0.47	−0.32	−0.51	−0.99	−0.74	−0.16	−0.11	−0.28	0.19	−2.68	−2.24%
S_{24}	282.15	458.84	442.26	436.61	465.85	571.56	546.53	516.92	489.07	456.71	4 666.50	84.36%
S_{25}	659.00	754.86	803.12	936.51	1 070.58	1 162.47	1 293.38	1 337.27	1 345.89	1 239.73	10 602.81	87.48%
S_{26}	5.09	7.74	3.09	4.68	3.63	3.61	9.98	4.41	4.38	4.65	51.27	7.95%
S_{27}	1.02	−0.23	−0.81	−0.61	−1.10	−0.96	−0.49	−0.46	−0.47	0.46	−3.64	−2.03%
S_{28}	4.23	2.13	1.19	1.45	−0.60	2.31	2.09	1.39	1.70	3.64	19.52	4.71%
S_{29}	0.04	−0.48	−0.41	−0.63	−1.04	−1.12	−0.78	−1.11	−0.89	0.21	−6.20	−4.52%
S_{30}	−0.46	−0.72	−1.09	−1.42	−1.24	−1.74	−1.96	−2.01	−2.32	−0.68	−13.63	−5.82%
S_{31}	−0.07	−0.25	−0.01	−0.28	−0.32	−0.24	−0.19	−0.15	0.18	0.44	−0.89	−0.78%
S_{32}	0.00	0.00	0.00	0.00	0.00	0.00	0.00	0.00	0.00	0.00	0.00	0.00%
S_{33}	0.04	0.03	0.07	0.04	−0.03	0.00	0.03	0.03	−0.01	0.00	0.20	1.39%
S_{34}	0.13	−0.21	−0.12	−0.18	−0.09	−0.07	0.03	0.04	0.03	0.19	−0.26	−0.91%
S_{35}	0.51	1.10	2.59	2.53	2.09	1.91	2.35	3.25	7.10	4.23	27.65	7.30%
合计	1 201.95	1 668.53	1 551.97	1 695.21	1 945.36	2 094.53	2 315.12	2 315.01	2 270.58	2 162.18	19 220.43	65.25%
碳减排潜力百分比	47.77%	62.05%	55.28%	57.88%	67.58%	65.32%	71.92%	73.02%	73.54%	73.17%	65.25%	

注：表中合计值均是基于四位小数计算的，然后四舍五入保留两位小数得到的

首先，碳交易能够为中国工业行业创造显著的碳减排潜力，有利于工业行业实现碳减排目标。从表 12.2 和表 12.3 可以看出，2006～2015 年采取跨空间和跨空间-时间的交易方式，碳交易产生的减排潜力分别为 172 亿吨和 192 亿吨，对整个工业行业碳减排的贡献分别为 58.30% 和 65.25%。而且，随着碳市场不断发展，碳交易产生的碳减排潜力越来越大，以跨空间碳交易为例，其产生的碳减排潜力，

由 2006 年 14.76 亿吨逐渐增加到 2015 年的 18.35 亿吨；相应地，跨空间碳交易对工业行业碳减排的贡献也从 2006 年的 58.68%逐渐增长到 2015 年的 62.09%（表 12.2）。

其次，在碳交易约束下，一些高排放工业部门具有显著的碳减排潜力，但是也有不少部门的碳减排潜力为负。由表 12.2 可以看出，跨空碳交易有利于 35 个工业部门实现碳减排，其中，化学原料及化学制品制造业（S_{19}）、非金属矿物制品业（S_{24}）和黑色金属冶炼及压延加工业（S_{25}）等部门具有较大的碳减排潜力，分别为 27.01 亿吨、31.99 亿吨和 74.41 亿吨。实际上，这 3 个部门属于中国的高排放部门，应当履行相应的减排责任，因此具有较大的碳减排潜力。同时，就跨空间-时间碳交易而言，如表 12.3 所示，在 35 个工业部门中，有 12 个部门的碳减排潜力是负的，说明在交易碳排放配额时，这些部门为了满足自身发展会增加碳排放量，也就是说，在 2006～2015 年，这些部门会成为碳排放配额的净购买者。特别是，石油和天然气开采业（S_2）的碳减排潜力为-0.94 亿吨。这是因为：一方面，石油行业是国民经济的支柱产业，中国石油行业伴随中国经济一起成长，在中国经济稳步快速发展阶段，国内对石油产品的需求快速增长。为了满足经济需求，石油工业需要不断扩大生产规模，因此会产生更多的碳排放需求。另一方面，作为一种优质、高效、清洁的能源，应用天然气能带给人类清洁的环境和高品质的生活，在世界各国均得到了普遍重视和优先发展。因此，石油和天然气开采业在推动经济发展、优化能源结构、保障能源供应和提高人们生活质量等方面扮演重要角色，因此，在碳交易约束下，该部门需要购买一定数量的碳排放配额才能满足行业发展的需求。

根据碳交易对工业部门碳减排的贡献，我们将这 35 个工业部门划分为三类。在第一类部门中，碳交易市场对它们减少碳排放的贡献显著，如化学原料及化学制品制造业（S_{19}）。在第二类部门中，是否参与碳交易对它们的碳排放几乎没有影响，如烟草制品业（S_9）。在第三类部门中，作为碳市场的配额净购买者，参与碳交易后它们会排放更多的二氧化碳，如石油和天然气开采业（S_2）。在此基础上，政府部门可以根据碳交易对不同工业部门的碳减排贡献的差异，确定哪些工业部门应当优先参与碳市场交易。例如，对于那些容易受碳交易影响的工业部门，即第一类工业部门，应当率先安排参与碳交易；而对于那些几乎不受或者很少受碳交易影响的工业部门，即第二类工业部门，可以较晚甚至不归入碳交易市场。

最后，碳交易为工业行业实现碳减排的贡献不断增加。由表 12.2 和表 12.3 可以看出，2006～2015 年，随着碳交易市场的发展，跨空间碳交易与跨空间-时间碳交易对整个工业行业实现碳减排的贡献分别从 2006 年 58.68%和 47.77%增长到 2015 年的 62.09%和 73.17%。而且对于大部分工业部门而言，碳交易对于它们实现碳减排的贡献越来越大，作用越来越明显。特别是，以跨空间碳交易为例，碳交易对造纸及纸制品业(S_{15})、化学原料及化学制品制造业(S_{19})、化学纤维制造业(S_{21})和黑色金属冶炼及压延加工业(S_{25})等部门的减排贡献较大，均超过了60%。这与我们上述研究结论相一致，即碳排放越多的部门，碳减排潜力越大，相比其他部门更容易受到碳市场的影响。

12.4.3　碳交易对工业行业碳排放强度的影响

碳交易不仅能够帮助工业行业实现绝对的碳减排，也有助于推动碳强度的下降。在 2009 年哥本哈根气候变化大会上，中国宣布 2020 年碳排放强度要在 2005年的基础上下降 40%～45%。为实现国际承诺，中国政府提出了一系列的碳强度减排目标。"十一五"时期(2006～2010 年)，虽然中国政府提出了能耗强度要下降 20%的目标，但是，并未对碳排放强度作硬性要求，而 Jin 等(2013)指出，"十一五"时期中国碳排放强度下降了 21%。在"十二五"规划纲要中，中国政府要求 2015 年碳排放强度要在 2010 年基础上下降 17%。本章计算结果表明，如果自 2006 年开始在工业部门实施跨空间碳交易机制，则"十一五"期末中国工业行业碳排放强度会比 2006 年下降 34.89%，而"十二五"时期(2011～2015 年)会下降47.44%，都远远超过中国在相应区间的碳强度减排目标。由图 12.2 可见，如果实施跨空间碳交易机制，与"十一五"时期相比，"十二五"时期有 66%(23/35)的工业部门的碳排放强度会下降更大的百分比；但是，如果实施跨空间-时间碳交易机制，54%(19/35)的工业部门的碳排放强度会在"十一五"时期下降更大的百分比。可见，碳交易对我国工业部门实现碳强度下降目标具有重要意义，但不同的碳交易机制会带来明显不同的影响。

同时，我们对 2020 年碳交易对中国工业部门碳排放强度的影响进行预测和展望，利用式(12.1)、式(12.4)和式(12.7)计算出实施跨空间碳交易和跨空间-时间碳交易后中国工业行业和 35 个工业部门碳强度下降百分比。结果如表 12.4 所示，可见，如果实施跨空间碳交易和跨空间-时间碳交易，与 2015 年相比，2020 年中国工业行业的碳排放强度会分别下降约 19.80%和 10.25%，对工业行业完成碳强度下降目标发挥至关重要的作用。特别是实施跨空间碳交易时，35 个工业部门中除个别部门的碳排放强度有所增加外，大多数部门都实现了经济产出增加和碳排放强度下降的双重目标。类似地，Asafu-Adjaye 和 Mahadevan(2013)也认为，与设置能源税相比，碳交易机制能够更有效地减少碳排放。诚然，在碳交易市场中，也许个别工业部门的经济收益会受到一定程度的冲击(Liu et al.，2017；Martin et al.，2016)，但是从可持续发展大局和长远趋势来看，碳交易仍然是中国实现节能减排目标的重要手段和有效政策。中国碳交易市场的建设和完善是一项复杂的大系统工程，也将是一个漫长的过程，但是，应该相信，随着碳交易机制日趋完善，它产生的潜在收益和碳减排潜力越大，它为工业行业带来的经济效益和碳减排绩效越显著。因此，在持续推进碳交易市场发展时，需要不断修正可能出现的"中国式问题"，确保市场稳定有序运行，实现碳交易以成本有效方式推进碳减排的本质目的。

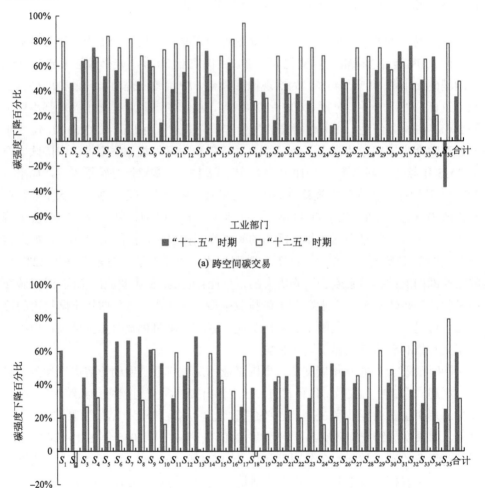

(a) 跨空间碳交易

(b) 跨空间-时间碳交易

图 12.2　两种碳交易机制为 35 个工业部门带来的碳强度下降百分比

$S_1 \sim S_{35}$ 分别表示 35 个部门，具体名称见本章附录附表 12.1

表 12.4　中国工业部门 2020 年碳强度及其与 2015 年相比下降百分比

部门	2020 年碳强度/(千克/元)		碳强度下降百分比		部门	2020 年碳强度/(千克/元)		碳强度下降百分比	
	ST	STT	ST	STT		ST	STT	ST	STT
S_1	0.0098	0.0074	51.3043%	11.2678%	S_{19}	0.0373	0.0078	15.4375%	37.8013%
S_2	0.0080	0.0117	−62.7368%	46.2654%	S_{20}	0.0079	0.0056	51.5272%	5.2648%
S_3	0.0104	0.0081	33.9937%	27.1871%	S_{21}	0.0081	0.0087	12.6659%	27.4516%
S_4	0.0074	0.0053	47.5981%	1.5046%	S_{22}	0.0109	0.0094	59.5064%	−10.0158%
S_5	0.0355	0.0098	68.8945%	2.5252%	S_{23}	0.0055	0.0048	60.1525%	−9.3813%
S_6	0.0154	0.0098	59.7913%	1.8957%	S_{24}	0.0792	0.0097	52.6605%	−7.1422%
S_7	0.0160	0.0098	68.9476%	1.7033%	S_{25}	0.0822	0.0119	−33.8737%	27.6977%
S_8	0.0132	0.0064	56.8692%	13.4993%	S_{26}	0.0115	0.0105	26.4937%	25.8507%
S_9	0.0025	0.0023	34.2121%	−51.7430%	S_{27}	0.0052	0.0047	61.9684%	−4.0351%
S_{10}	0.0124	0.0098	59.5840%	−9.7024%	S_{28}	0.0058	0.0054	51.9248%	−5.4858%
S_{11}	0.0048	0.0038	54.9336%	−22.7289%	S_{29}	0.0020	0.0030	48.7200%	−14.2881%
S_{12}	0.0060	0.0042	56.9500%	−24.0911%	S_{30}	0.0015	0.0027	37.7435%	−10.7082%
S_{13}	0.0243	0.0098	70.4173%	7.2464%	S_{31}	0.0013	0.0017	40.5375%	−32.4393%
S_{14}	0.0101	0.0028	51.2269%	−4.8845%	S_{32}	0.0018	0.0008	46.8479%	−34.2832%
S_{15}	0.0157	0.0071	48.0897%	−15.7535%	S_{33}	0.0043	0.0013	26.9723%	−14.9147%
S_{16}	0.0093	0.0030	75.5766%	19.4463%	S_{34}	0.0087	0.0040	16.3608%	24.4261%
S_{17}	0.0079	0.0026	85.5870%	7.3551%	S_{35}	0.0017	0.0031	41.7209%	−104.8875%
S_{18}	0.0106	0.0145	−16.4789%	39.9196%	合计	0.0181	0.0066	19.7956%	10.2539%

12.5　主要结论与启示

从碳交易对中国工业行业的经济产出的影响看，首先，碳交易能够为工业行业带来明显的经济收益，其中，2006～2015 年跨空间碳交易与跨空间-时间碳交易分别能为整个工业行业产生 268.02 万亿元和 612.26 万亿元的收益，二者的潜在收益相差约 344.24 万亿元。而且，随着碳交易的实施时间越来越长，交易机制更加完善和成熟，它为工业行业及各部门创造的潜在收益也越来越多。

其次，因为工业行业内部各部门之间存在差异性，所以碳交易对不同部门的经济发展具有不同影响。其中，碳交易对煤炭开采和洗选业，化学原料及化学制品制造业，非金属矿物制品业，黑色金属冶炼及压延加工业，通用设备制造业，交通运输设备制造业，电气机械及器材制造业，以及电力、蒸汽、热水的生产和供应业等部门产生的年均潜在收益超过了 1.2 万亿元，但是碳交易对有色金属矿采选业，非金属矿采选业，烟草制品业，家具制造业，印刷业和记录媒介的复制，仪器仪表及文化、办公用机械制造业，工艺品及其他制造业等部门的经济产出几乎没有影响。

从碳交易市场对工业部门减排的贡献看，首先，2006～2015 年，如果实施跨空间碳交易和跨空间-时间碳交易，碳交易对我国工业行业的碳减排潜力分别为约172 亿吨和 192 亿吨，对整个工业行业碳减排的贡献分别为58.30%和65.25%。随着碳市场的不断完善和成熟，其对工业行业碳减排的贡献逐步增长。

其次，如果 2006 年起实施跨空间的碳交易，将对化学原料及化学制品制造业、非金属矿物制品业和黑色金属冶炼及压延加工业等部门产生较大的碳减排潜力，分别为 27.01 亿吨、31.99 亿吨和 74.41 亿吨。同时，如果实施跨空间-时间碳交易，将对我国 35 个工业部门中的 12 个部门产生负向的碳减排潜力，说明这些部门在碳市场上是碳排放配额的净购买者。

再次，2006～2015 年，碳交易对工业部门碳减排的贡献越来越明显。特别是，以跨空间碳交易为例，碳交易对造纸及纸制品业、化学原料及化学制品制造业、化学纤维制造业、黑色金属冶炼及压延加工业等部门的碳减排贡献较大，均超过了 60%。

最后，如果 2006 年开始实施跨空间碳交易，"十一五"和"十二五"期末中国工业行业的碳强度能够分别下降 34.89%和 47.44%，而在"十三五"期末，中国工业碳强度将下降约 19.80%，都远远超过或接近相应时期中国政府设定的工业行业碳强度减排目标。如果 2006 年开始实施跨空间-时间碳交易，则"十一五""十二五""十三五"时期中国工业行业的碳强度将分别下降约 58.93%、31.50%和 10.25%。

本 章 附 录

附表 12.1　中国工业行业 35 个部门的编号和名称

部门	名称	部门	名称
S_1	煤炭开采和洗选业	S_{19}	化学原料及化学制品制造业
S_2	石油和天然气开采业	S_{20}	医药制造业
S_3	黑色金属矿采选业	S_{21}	化学纤维制造业
S_4	有色金属矿采选业	S_{22}	橡胶制品业
S_5	非金属矿采选业	S_{23}	塑料制品业
S_6	农副食品加工业	S_{24}	非金属矿物制品业
S_7	食品制造业	S_{25}	黑色金属冶炼及压延加工业
S_8	饮料制造业	S_{26}	有色金属冶炼及压延加工业
S_9	烟草制品业	S_{27}	金属制品业
S_{10}	纺织业	S_{28}	通用设备制造业
S_{11}	纺织服装、鞋、帽制造业	S_{29}	专用设备制造业
S_{12}	皮革、毛皮、羽毛(绒)及其制品业	S_{30}	交通运输设备制造业
S_{13}	木材加工及木、竹、藤、棕、草制品业	S_{31}	电气机械及器材制造业
S_{14}	家具制造业	S_{32}	通信设备、计算机及其他电子设备制造
S_{15}	造纸及纸制品业	S_{33}	仪器仪表及文化、办公用机械制造业
S_{16}	印刷业和记录媒介的复制	S_{34}	工艺品及其他制造业
S_{17}	文教体育用品制造业	S_{35}	电力、蒸汽、热水的生产和供应业
S_{18}	石油加工、炼焦及核燃料加工业		

参 考 文 献

邓聚龙. 1986. 灰色预测与决策[M]. 武汉: 华中工学院出版社.

丁仲礼, 段晓男, 葛全胜, 等. 2009. 2050年大气CO_2浓度控制: 各国排放权计算[J]. 中国科学D辑: 地球科学, 39(8): 1009-1027.

方毅, 张屹山. 2007. 国内外金属期货市场"风险传染"的实证研究[J]. 金融研究, 52(5): 133-146.

凤振华, 魏一鸣. 2011. 欧盟碳市场系统风险和预期收益的实证研究[J]. 管理学报, 8(3): 451-455.

高铁梅, 王金明, 陈飞, 等. 2016. 计量经济分析方法与建模: Eviews 应用及实例[M]. 3版. 北京: 清华大学出版社.

韩忠民. 2011. 知经纬度计算两点精确距离[J]. 科技传播, (11): 196.

何建坤, 陈文颖, 滕飞, 等. 2009. 全球长期减排目标与碳排放权分配原则[J]. 气候变化研究进展, 5(6): 362-368.

姜昱汐, 迟国泰, 严丽俊. 2011. 基于最大熵原理的线性组合赋权方法[J]. 运筹与管理, 20(1): 53-59.

康艳兵, 熊小平, 赵盟. 2015. 碳交易本质与制度框架[J]. 中国发展观察, 10: 32-35.

廖厥椿. 2011. 基于 DCC-MVGARCH 模型的股指期货与股票市场动态相关性研究[J]. 经济研究导刊, (13): 75-77.

林坦, 宁俊飞. 2011. 基于零和 DEA 模型的欧盟国家碳排放权分配效率研究[J]. 数量经济技术经济研究, (3): 36-50.

林献坤, 李爱平, 陈炳森. 2006. 混合粒子群算法在混流装配线优化调度中的应用[J]. 工业工程与管理, 11(1): 53-57.

刘维泉, 赵净. 2011. ECX 碳排放期货与欧美股市联动性研究——基于 DCC-MVGARCH 模型的实证分析[J]. 兰州学刊, (5): 37-41.

吕一兵, 万仲平, 胡铁松, 等. 2009. 水资源优化配置的双层规划模型[J]. 系统工程理论与实践, 29(6): 115-120.

宁宣熙, 刘思峰. 2009. 管理预测与决策方法[M]. 北京: 科学出版社.

齐绍洲, 黄锦鹏. 2016. 碳交易市场如何从试点走向全国[EB/OL]. http://news.gmw.cn/2016-02/03/content_18771051.htm[2016-02-03].

汤铃, 武佳倩, 戴伟, 等. 2014. 碳交易机制对中国经济与环境的影响[J]. 系统工程学报, 29(5): 701-712.

汪泽焱, 顾红芳, 益晓新, 等. 2003. 一种基于熵的线性组合赋权法[J]. 系统工程理论与实践, 23(3): 112-116.

王敬敏, 薛雨田. 2013. 基于数据包络模型的电力行业碳排放权配额初始分配效率研究[J]. 中国电力, 46(10): 146-150.

魏一鸣, 刘兰翠, 范英, 等. 2008. 中国能源报告 2008：碳排放研究[M]. 北京: 科学出版社.

谢传胜, 董达鹏, 贾晓希, 等. 2011. 中国电力行业碳排放配额分配——基于排放绩效[J]. 技术经济, 30(11): 57-62.

张跃军, 魏一鸣. 2010. 化石能源市场对国际碳市场的动态影响实证研究[J]. 管理评论, (6): 34-41.

张跃军, 魏一鸣. 2011. 国际碳期货价格的均值回归：基于 EU ETS 的实证分析[J]. 系统工程理论与实践, 31(2): 214-220.

张跃军, 魏一鸣. 2013. 石油市场风险管理：模型与应用[M]. 北京: 科学出版社.

赵细康. 2013. 碳排放权交易制度设计的若干问题[J]. 南方农村, 29(3): 27-32.

郑立群. 2012. 中国各省区碳减排责任分摊——基于零和收益 DEA 模型的研究[J]. 资源科学, 34(11): 2087-2096.

郑爽. 2014. 七省市碳交易试点调研报告[J]. 中国能源, 36(2): 23-27.

Aatola P, Ollikainen M, Toppinen A. 2013. Price determination in the EU ETS market: theory and econometric analysis with market fundamentals[J]. Energy Economics, 36(3): 380-395.

Abadie A. 2005. Semiparametric difference-in-differences estimators[J]. Review of Economic Studies, 72(1): 1-19.

Abadie A, Imbens G W. 2002. Bias-corrected matching estimators for average treatment effects[J]. Journal of Business & Economic Statistics, 29(1): 1-11.

Aboura S, Chevallier J. 2014. Cross-market spillovers with "volatility surprise"[J]. Review of Financial Economics, 23(4): 194-207.

Aggeri F. 1999. Environmental policies and innovation: a knowledge-based perspective on cooperative approaches[J]. Research Policy, 28(7): 699-717.

Ahn J. 2014. Assessment of initial emission allowance allocation methods in the Korean electricity market[J]. Energy Economics, 43: 244-255.

Akay D, Atak M. 2007. Grey prediction with rolling mechanism for electricity demand forecasting of Turkey[J]. Energy, 32(9): 1670-1675.

Akay D, Boran F E, Yilmaz M, et al. 2013. The evaluation of power plants investment alternatives with grey relational analysis approach for Turkey[J]. Energy Sources, Part B: Economics, Planning, and Policy, 8(1): 35-43.

Alberola E, Chevallier J. 2009. European carbon prices and banking restrictions: evidence from Phase I (2005-2007)[J]. The Energy Journal, 30(3): 51-79.

Alberola E, Chevallier J, Chèze B. 2008a. Price drivers and structural breaks in European carbon prices 2005-2007[J]. Energy Policy, 36(2): 787-797.

Alberola E, Chevallier J, Chèze B. 2008b. The EU emissions trading scheme: the effects of industrial production and CO_2 emissions on carbon prices[J]. Economie Internationale, (4): 93-125.

Alberola E, Chevallier J, Chèze B. 2009. Emissions compliances and carbon prices under the EU ETS: a country specific analysis of industrial sectors[J]. Journal of Policy Modeling, 31(3): 446-462.

Anderson J E. 2011. The gravity model[J]. Annual Review of Economics, 3(1): 133-160.

Ang B W, Su B. 2016. Carbon emission intensity in electricity production: a global analysis[J].

Energy Policy, 94: 56-63.

Arellano M, Bover O. 1995. Another look at the instrumental variable estimation of error-components models[J]. Journal of Econometrics, 68(1): 29-51.

Arrow K, Bolin B, Costanza R, et al. 1995. Economic growth, carrying capacity, and the environment[J]. Ecological Economics, 15(2): 91-95.

Asafu-Adjaye J, Mahadevan R. 2013. Implications of CO_2 reduction policies for a high carbon emitting economy[J]. Energy Economics, 38: 32-41.

Baer P, Athanasiou T, Kartha S. 2007. The Right to Development in a Climate Constrained World: The Greenhouse Development Rights Framework[M]. London: Christian Aid.

Balkema A A, de Haan L. 1974. Residual lifetime at great age[J]. Annals of Probability, 2(5): 792-804.

Basher S A, Sadorsky P. 2016. Hedging emerging market stock prices with oil, gold, VIX, and bonds: a comparison between DCC, ADCC and GO-GARCH[J]. Energy Economics, 54: 235-247.

Beckerman W, Pasek J. 1995. The equitable international allocation of tradable carbon emission permits[J]. Global Environmental Change, 5(5): 405-413.

Benz E, Trück S. 2009. Modeling the price dynamics of CO_2 emission allowances[J]. Energy Economics, 31(1): 4-15.

Bertrand V. 2014. Carbon and energy prices under uncertainty: a theoretical analysis of fuel switching with heterogenous power plants[J]. Resource and Energy Economics, 38: 198-220.

Betz R, Sato M. 2006. Emissions trading: lessons learnt from the 1st phase of the EU ETS and prospects for the 2nd phase[J]. Climate Policy, 6(4): 351-359.

Betz R, Rogge K, Schleich J. 2006. EU emissions trading: an early analysis of national allocation plans for 2008-2012[J]. Climate Policy, 6(4): 361-394.

Bi G B, Song W, Zhou P, et al. 2014. Does environmental regulation affect energy efficiency in China's thermal power generation? Empirical evidence from a slacks-based DEA model[J]. Energy Policy, 66: 537-546.

Biresselioglu M E, Kilinc D, Onater-Isberk E, et al. 2016. Estimating the political, economic and environmental factors' impact on the installed wind capacity development: a system GMM approach[J]. Renewable Energy, 96: 636-644.

Blanco M I, Rodrigues G. 2008. Can the future EU ETS support wind energy investments?[J]. Energy Policy, 36(4): 1509-1520.

Blundell R, Bond S. 1998. Initial conditions and moment restrictions in dynamic panel data models[J]. Journal of Econometrics, 87(1): 115-143.

Blyth W, Bunn D. 2011. Coevolution of policy, market and technical price risks in the EU ETS[J]. Energy Policy, 39(8): 4578-4593.

Blyth W, Bunn D, Kettunen J, et al. 2009. Policy interactions, risk and price formation in carbon markets[J]. Energy Policy, 37(12): 5192-5207.

Böhringer C, Lange A. 2005. On the design of optimal grandfathering schemes for emission allowances[J]. European Economic Review, 49(8): 2041-2055.

Böhringer C, Welsch H. 2004. Contraction and convergence of carbon emissions: an intertemporal multi-region CGE analysis[J]. Journal of Policy Modeling, 26(1): 21-39.

Bollerslev T. 1986. Generalized autoregressive conditional heteroskedasticity[J]. Journal of Econometrics, 31(3): 307-327.

Borghesi S, Cainelli G, Mazzanti M. 2015. Linking emission trading to environmental innovation: evidence from the Italian manufacturing industry[J]. Research Policy, 44(3): 669-683.

Bouaziz M C, Selmi N, Boujelbene Y. 2012. Contagion effect of the subprime financial crisis: evidence of DCC multivariate GARCH models[J]. European Journal of Economics, Finance and Administrative Sciences, 44: 66-76.

BP. 2018. Statistical review of world energy 2018[EB/OL]. https://www.bp.com/content/dam/bp/en/ corporate/excel/energy-economics/statistical-review/bp-stats-review-2018-all-data.xlsx[2018-10-31].

Brunnermeier S B, Cohen M A. 2003. Determinants of environmental innovation in US manufacturing industries[J]. Journal of Environmental Economics & Management, 45(2): 278-293.

Buchanan A H, Honey B G. 1994. Energy and carbon dioxide implications of building construction[J]. Energy & Buildings, 20(3): 205-217.

Bunn D W, Fezzi C. 2007. Interaction of European carbon trading and energy prices[EB/OL]. http://dx.doi.org/10.2139/ssrn.993791[2015-07-08].

Byun S J, Cho H. 2013. Forecasting carbon futures volatility using GARCH models with energy volatilities[J]. Energy Economics, 40: 207-221.

Cai W, Zhou X. 2014. On the drivers of eco-innovation: empirical evidence from China[J]. Journal of Cleaner Production, 79: 239-248.

Cainelli G, Mazzanti M, Montresor S. 2012. Environmental innovations, local networks and internationalization[J]. Industry and Innovation, 19(8): 697-734.

Calvete H I, Galé C, Oliveros M J. 2011. Bilevel model for production-distribution planning solved by using ant colony optimization[J]. Computers & Operations Research, 38(1): 320-327.

Carlo F, Derek W B. 2009. Structural interactions of European carbon trading and energy prices[J]. Journal of Energy Markets, 2(4): 53-69.

Carrión-Flores C E, Innes R. 2010. Environmental innovation and environmental performance[J]. Journal of Environmental Economics & Management, 59(1): 27-42.

Castagneto-Gissey G. 2014. How competitive are EU electricity markets? An assessment of ETS phase II[J]. Energy Policy, 73: 278-297.

Celik S. 2012. The more contagion effect on emerging markets: the evidence of DCC-GARCH model[J]. Economic Modelling, 29(5): 1946-1959.

Chang C C, Lai T C. 2013. Carbon allowance allocation in the transportation industry[J]. Energy Policy, 63: 1091-1097.

Chang Y F, Lewis C, Lin S J. 2008. Comprehensive evaluation of industrial CO_2, emission (1989-2004) in Taiwan by input-output structural decomposition[J]. Energy Policy, 36(7): 2471-2480.

Chappin E J L, Dijkema G P J. 2009. On the impact of CO_2, emission-trading on power generation emissions[J]. Technological Forecasting & Social Change, 76(3): 358-370.

Charles A, Darné O, Fouilloux J. 2013. Market efficiency in the European carbon markets[J]. Energy Policy, 60: 785-792.

Charnes A, Cooper W W, Rhodes E. 1978. Measuring the efficiency of decision making units[J]. European Journal of Operational Research, 2(6): 429-444.

Chen G, Chen B, Zhou H, et al. 2013. Life cycle carbon emission flow analysis for electricity supply system: a case study of China[J]. Energy Policy, 61: 1276-1284.

Cheng B, Dai H, Wang P, et al. 2015. Impacts of carbon trading scheme on air pollutant emissions in Guangdong Province of China[J]. Energy for Sustainable Development, 27: 174-185.

Chevallier J. 2009. Carbon futures and macroeconomic risk factors: a view from the EU ETS[J]. Energy Economics, 31(4): 614-625.

Chevallier J. 2010. EUAs and CERs: vector autoregression, impulse response function and cointegration analysis[J]. Economics Bulletin, 30(1): 558-576.

Chevallier J. 2011a. Anticipating correlations between EUAs and CERs: a dynamic conditional correlation GARCH model[J]. Economics Bulletin, 31(1): 255-272.

Chevallier J. 2011b. Evaluating the carbon-macroeconomy relationship: evidence from threshold vector error-correction and Markov-switching VAR models[J]. Economic Modelling, 28(6): 2634-2656.

Chevallier J, Le Pen Y, Sévi B. 2011. Options introduction and volatility in the EU ETS[J]. Resource and Energy Economics, 33(4): 855-880.

Chiarini A. 2014a. Strategies for developing an environmentally sustainable supply chain: differences between manufacturing and service sectors[J]. Business Strategy and the Environment, 23(7): 493-504.

Chiarini A. 2014b. Sustainable manufacturing-greening processes using specific lean production tools: an empirical observation from European motorcycle component manufacturers[J]. Journal of Cleaner Production, 85: 226-233.

Chiu W Y. 2013. A simple test of optimal hedging policy[J]. Statistics & Probability Letters, 83(4): 1062-1070.

Chiu Y H, Lin J C, Liu J K, et al. 2015. An efficiency evaluation of the EU's allocation of carbon emission allowances[J]. Energy Sources, Part B: Economics, Planning, and Policy, 10(2): 192-200.

Choi I. 2001. Unit root tests for panel data[J]. Journal of International Money & Finance, 20(2): 249-272.

Christiansen A C, Arvanitakis A, Tangen K, et al. 2005. Price determinants in the EU emissions trading scheme[J]. Climate Policy, 5(1): 15-30.

Colson B, Marcotte P, Savard G. 2007. An overview of bilevel optimization[J]. Annals of Operations Research, 153(1): 235-256.

Cong R G, Wei Y M. 2010. Potential impact of (CET) carbon emissions trading on China's power sector: a perspective from different allowance allocation options[J]. Energy, 35(9): 3921-3931.

Costantini V, Crespi F, Martini C, et al. 2015. Demand-pull and technology-push public support for eco-innovation: the case of the biofuels sector[J]. Research Policy, 44(3): 577-595.

Cramton P, Kerr S. 2002. Tradeable carbon permit auctions: how and why to auction not grandfather[J]. Energy Policy, 30(4): 333-345.

Creti A, Jouvet P A, Mignon V. 2012. Carbon price drivers: Phase I versus Phase II equilibrium?[J]. Energy Economics, 34(1): 327-334.

Cui L B, Fan Y, Zhu L, et al. 2014. How will the emissions trading scheme save cost for achieving China's 2020 carbon intensity reduction target?[J]. Applied Energy, 136: 1043-1052.

Daskalakis G, Markellos R N. 2008. Are the European carbon markets efficient[J]. Review of Futures Markets, 17(2): 103-128.

Daskalakis G, Markellos R N. 2009. Are electricity risk premia affected by emission allowance prices? Evidence from the EEX, Nord Pool and Powernext[J]. Energy Policy, 37(7): 2594-2604.

Daskalakis G, Psychoyios D, Markellos R N. 2009. Modeling CO_2 emission allowance prices and derivatives: evidence from the European trading scheme[J]. Journal of Banking & Finance, 33(7): 1230-1241.

d'Aspremont C, Jacquemin A. 1988. Cooperative and noncooperative R&D in duopoly with spillovers[J]. The American Economic Review, 78(5): 1133-1137.

Davis S J, Peters G P, Caldeira K. 2011. The supply chain of CO_2 emissions[J]. Proceedings of the National Academy of Sciences, 108(45): 18554-18559.

Day K A. 2016. China's Environment and the Challenge of Sustainable Development[M]. New York: Routledge.

de Perthuis C, Trotignon R. 2014. Governance of CO_2 markets: lessons from the EU ETS[J]. Energy Policy, 75: 100-106.

Demailly D, Quirion P. 2008. European emission trading scheme and competitiveness: a case study on the iron and steel industry[J]. Energy Economics, 30(4): 2009-2027.

den Elzen M G J. 2002. Exploring climate regimes for differentiation of future commitments to stabilise greenhouse gas concentrations[J]. Integrated Assessment, 3(4): 343-359.

den Elzen M G J, Lucas P. 2003. FAIR 2.0-A decision-support tool to assess the environmental and economic consequences of future climate regimes[R]. RIVM Report.

den Elzen M G J, Hof A F, Roelfsema M. 2011. The emissions gap between the Copenhagen pledges and the 2℃ climate goal: options for closing and risks that could widen the gap[J]. Global Environmental Change, 21(2): 733-743.

Deng J L. 1982. Control problems of grey systems[J]. Systems & Control Letters, 1(5): 288-294.

Dickey D A, Fuller W A. 1979. Distribution of the estimators for autoregressive time series with a unit root[J]. Journal of the American Statistical Association, 74(366): 427-431.

Dowds J, Hines P D H, Blumsack S. 2013. Estimating the impact of fuel-switching between liquid fuels and electricity under electricity-sector carbon-pricing schemes[J]. Socio-Economic Planning Sciences, 47(2): 76-88.

Dragulescu A, Yakovenko V M. 2000. Statistical mechanics of money[J]. The European Physical Journal B-Condensed Matter and Complex Systems, 17(4): 723-729.

Dupoyet B, Fiebig H R, Musgrove D P. 2012. Arbitrage-free self-organizing markets with GARCH properties: generating them in the lab with a lattice model[J]. Physica A: Statistical Mechanics and its Applications, 391 (18): 4350-4363.

Ederington L H. 1979. The hedging performance of the new futures markets[J]. The Journal of Finance, 34 (1): 157-170.

Edmonds J, Wise M, Barns D W. 1995. Carbon coalitions: the cost and effectiveness of energy agreements to alter trajectories of atmospheric carbon dioxide emissions[J]. Energy Policy, 23 (4/5): 309-335.

Efimova O, Serletis A. 2014. Energy markets volatility modelling using GARCH[J]. Energy Economics, 43: 264-273.

Eiadat Y, Kelly A, Roche F, et al. 2008. Green and competitive? An empirical test of the mediating role of environmental innovation strategy[J]. Journal of World Business, 43 (2): 131-145.

Ellerman A D, Marcantonini C, Zaklan A. 2014. The EU ETS: eight years and counting[R]. Robert Schuman Centre for Advanced Studies, EUI Working paper.

Elliott R J R, Sun P, Chen S. 2013. Energy intensity and foreign direct investment: a Chinese city-level study[J]. Energy Economics, 40 (2): 484-494.

Engle R. 2002. Dynamic conditional correlation: a simple class of multivariate generalized autoregressive conditional heteroskedasticity models[J]. Journal of Business & Economic Statistics, 20 (3): 339-350.

European Commission. 2008. Questions and answers on the Commission's proposal to revise the EU Emissions Trading System[EB/OL]. http://europa.eu/rapid/press-release_MEMO-08-35_en. htm[2015-04-25].

European Union. 2013. The EU Emissions Trading System[EB/OL]. http://ec.europa.eu/clima/publications/ docs/factsheet_ets_en.pdf[2016-08-04].

Fan J H, Akimov A, Roca E. 2013. Dynamic hedge ratio estimations in the European Union Emissions offset credit market[J]. Journal of Cleaner Production, 42: 254-262.

Fan Y, Zhang Y J, Tsai H T, et al. 2008. Estimating "value at risk" of crude oil price and its spillover effect using the GED-GARCH approach[J]. Energy Economics, 30 (6): 3156-3171.

Färe R, Grosskopf S, Tyteca D. 1996. An activity analysis model of the environmental performance of firms—application to fossil-fuel-fired electric utilities[J]. Ecological Economics, 18 (2): 161-175.

Feng C, Chu F, Ding J, et al. 2015. Carbon emissions abatement (CEA) allocation and compensation schemes based on DEA[J]. Omega, 53: 78-89.

Feng Z H, Zou L L, Wei Y M. 2011. Carbon price volatility: evidence from EU ETS[J]. Applied Energy, 88 (3): 590-598.

Fikru M G, Gautier L. 2015. The impact of weather variation on energy consumption in residential houses[J]. Applied Energy, 144: 19-30.

Filar J A, Gaertner P S. 1997. A regional allocation of world CO_2 emission reductions[J]. Mathematics and Computers in Simulation, 43 (3/4/5/6): 269-275.

Fujimori S, Masui T, Matsuoka Y. 2015. Gains from emission trading under multiple stabilization targets and technological constraints[J]. Energy Economics, 48: 306-315.

Gallego-Álvarez I, Segura L, Martínez-Ferrero J. 2015. Carbon emission reduction: the impact on the financial and operational performance of international companies[J]. Journal of Cleaner Production, 103: 149-159.

Glosten L R, Jagannathan R, Runkle D E. 1993. On the relation between the expected value and the volatility of the nominal excess return on stocks[J]. The Journal of Finance, 48(5): 1779-1801.

Gomes E G, Lins M P E. 2008. Modelling undesirable outputs with zero sum gains data envelopment analysis models[J]. Journal of the Operational Research Society, 59(5): 616-623.

Groenenberg G, Blok K. 2002. Benchmark-based emission allocation in a cap-and-trade system[J]. Climate Policy, 2(1): 105-109.

Gümüş Z H, Floudas C A. 2001. Global optimization of nonlinear bilevel programming problems[J]. Journal of Global Optimization, 20(1): 1-31.

Gupta S, Bhandari P M. 1999. An effective allocation criterion for CO_2 emissions[J]. Energy Policy, 27(12): 727-736.

Hammoudeh S, Lahiani A, Nguyen D K, et al. 2015. An empirical analysis of energy cost pass-through to CO_2 emission prices[J]. Energy Economics, 49: 149-156.

Hammoudeh S, Nguyen D K, Sousa R M. 2014a. Energy prices and CO_2 emission allowance prices: a quantile regression approach[J]. Energy Policy, 70: 201-206.

Hammoudeh S, Nguyen D K, Sousa R M. 2014b. What explain the short-term dynamics of the prices of CO_2 emissions?[J]. Energy Economics, 46: 122-135.

Hamzacebi C, Es H A. 2014. Forecasting the annual electricity consumption of Turkey using an optimized grey model[J]. Energy, 70(3): 165-171.

Hansen L P. 1982. Large sample properties of generalized method of moments estimators[J]. Econometrica, 50(4): 1029-1054.

Heckman J, Todd P, Smith J, et al. 1998. Characterizing selection bias using experimental data[J]. Econometrica, 66(5): 1017-1098.

Horbach J. 2008. Determinants of environmental innovation—new evidence from German panel data sources[J]. Research Policy, 37(1): 163-173.

Hu G, Luo Y, Liu H. 2009. Contributions of accumulative per capita emissions to global climate change?[J]. Advanced in Climate Change Research, 5: 30-33.

Huaman R N E, Tian X J. 2014. Energy related CO_2, emissions and the progress on CCS projects: a review[J]. Renewable & Sustainable Energy Reviews, 31(2): 368-385.

Huang N E, Shen Z, Long S R, et al. 1998. The empirical mode decomposition and the Hilbert spectrum for nonlinear and non-stationary time series analysis[J]. The Royal Society, 454(1971): 903-995.

Huang Y, Liu L, Ma X, et al. 2015. Abatement technology investment and emissions trading system: a case of coal-fired power industry of Shenzhen, China[J]. Clean Technologies and Environmental Policy, 17(3): 811-817.

International Energy Agency. 2015a. Fast facts. Climate change[EB/OL]. http://www.iea.org/topics/climatechange/[2015-05-22].

International Energy Agency. 2015b. Fast facts. Electricity[EB/OL]. http://www.iea.org/topics/electricity/[2015-05-22].

International Energy Agency. 2015c. Natural gas[EB/OL]. http://www.iea.org/topics/naturalgas/ [2015-05-22].

IPCC. 2006. 2006 IPCC guidelines for national greenhouse gas inventories[EB/OL]. http://www. ipcc-nggip. iges. or. jp./public/2006gl/index. html[2013-04-28].

IPCC. 2007. Climate Change 2007—The Physical Science Basis: Working Group I Contribution to the Fourth Assessment Report of the Intergovernmental Panel on Climate Change[M]. Cambridge: Cambridge University Press.

IPCC. 2013. Climate Change 2013—The Physical Science Basis: Working Group I Contribution of to the Fifth Assessment Report of the Intergovernmental Panel on Climate Change[M]. Cambridge: Cambridge University Press.

Iqbal N, Daly V. 2014. Rent seeking opportunities and economic growth in transitional economies[J]. Economic Modelling, 37(574): 16-22.

Jiang J J, Ye B, Ma X M. 2014. The construction of Shenzhen's carbon emission trading scheme[J]. Energy Policy, 75: 17-21 .

Jin Z, Kuramochi T, Asuka J. 2013. Energy and CO_2 intensity reduction policies in China: targets and implementation[J]. Global Environmental Research, 17(1): 19-28.

Johnson L L. 1960. The theory of hedging and speculation in commodity futures[J]. The Review of Economic Studies, 27(3): 139-151.

Johnstone N, Haščič I, Popp D. 2010. Renewable energy policies and technological innovation: evidence based on patent counts[J]. Environmental and Resource Economics, 45(1): 133-155.

Jong T, Couwenberg O, Woerdman E. 2014. Does EU emissions trading bite? An event study[J]. Energy Policy, 69(6): 510-519.

Kara M, Syri S, Lehtilä A, et al. 2008. The impacts of EU CO_2 emissions trading on electricity markets and electricity consumers in Finland[J]. Energy Economics, 30(2): 193-211.

Kesidou E, Demirel P. 2012. On the drivers of eco-innovations: empirical evidence from the UK[J]. Research Policy, 41(5): 862-870.

Khandker S B, Koolwal G, Samad H. 2009. Handbook on impact evaluation[J]. Handbook on Impact Evaluation, 25(100): 1-239.

Klaassen G, Nentjes A, Smith M. 2005. Testing the theory of emissions trading: experimental evidence on alternative mechanisms for global carbon trading[J]. Ecological Economics, 53(1): 47-58.

Kneller R, Manderson E. 2012. Environmental regulations and innovation activity in UK manufacturing industries[J]. Resource and Energy Economics, 34(2): 211-235.

Kuik O, Mulder M. 2004. Emissions trading and competitiveness: pros and cons of relative and absolute schemes[J]. Energy Policy, 32(6): 737-745.

Kuosmanen T, Bijsterbosch N, Dellink R. 2009. Environmental cost-benefit analysis of alternative timing strategies in greenhouse gas abatement: a data envelopment analysis approach[J]. Ecological Economics, 68(6): 1633-1642.

Kupiec P H. 1995. Techniques for verifying the accuracy of risk measurement models[J]. The Journal of Derivatives, 3(2): 73-84.

Kwiatkowski D, Phillips P C B, Schmidt P, et al. 1992. Testing the null hypothesis of stationarity against the alternative of a unit root: how sure are we that economic time series have a unit root?[J]. Journal of Econometrics, 54(1/2/3): 159-178.

Lechner M. 2002. Program heterogeneity and propensity score matching: an application to the evaluation of active labor market policies[J]. Review of Economics & Statistics, 84(2): 205-220.

Lee C F, Lin S J, Lewis C. 2008. Analysis of the impacts of combining carbon taxation and emission trading on different industry sectors[J]. Energy Policy, 36(2): 722-729.

Lee H T. 2009. Optimal futures hedging under jump switching dynamics[J]. Journal of Empirical Finance, 16(3): 446-456.

Lee J W. 2013. The contribution of foreign direct investment to clean energy use, carbon emissions and economic growth[J]. Energy Policy, 55(4): 483-489.

Lee K H, Min B. 2015. Green R&D for eco-innovation and its impact on carbon emissions and firm performance[J]. Journal of Cleaner Production, 108: 534-542.

Lennox J A, van Nieuwkoop R. 2010. Output-based allocations and revenue recycling: implications for the New Zealand emissions trading scheme[J]. Energy Policy, 38(12): 7861-7872.

Levin A, Lin C F, Chu C S J. 2002. Unit root tests in panel data: asymptotic and finite-sample properties[J]. Journal of Econometrics, 108(1): 1-24.

Li J, Piao S R. 2013. Research on regional synergy carbon reduction cost allocation based on cooperative game[J]. Advanced Materials Research, 781: 2569-2572.

Li R, Tang B J. 2016. Initial carbon quota allocation methods of power sectors: a China case study[J]. Natural Hazards, 84(2): 1075-1089.

Liang S, Zhang T, Jia X. 2013. Clustering economic sectors in China on a life cycle basis to achieve environmental sustainability[J]. Frontiers of Environmental Science & Engineering, 7(1): 97-108.

Liao Z, Zhu X, Shi J. 2015. Case study on initial allocation of Shanghai carbon emission trading based on Shapley value[J]. Journal of Cleaner Production, 103: 338-344.

Lien D, Tse Y K. 1999. Fractional cointegration and futures hedging[J]. Journal of Futures Markets, 19(4): 457-474.

Lin T, Ning J F. 2011. Study on allocation efficiency of carbon emission permit in EU ETS based on ZSG-DEA model[J]. The Journal of Quantitative & Technical Economics, 3: 36-50.

Linacre N, Kossoy A, Ambrosi P. 2011. State and trends of the carbon market 2011[R]. The World Bank.

Lins M P E, Gomes E G, de Mello J C C B S, et al. 2003. Olympic ranking based on a zero sum gains DEA model[J]. European Journal of Operational Research, 148(2): 312-322.

Liu H H, Chen Y C. 2013. A study on the volatility spillovers, long memory effects and interactions between carbon and energy markets: the impacts of extreme weather[J]. Economic Modelling, 35: 840-855.

Liu L, Chen C, Zhao Y, et al. 2015. China's carbon-emissions trading: overview, challenges and future[J]. Renewable & Sustainable Energy Reviews, 49: 254-266.

Liu L, Sun X, Chen C, et al. 2016. How will auctioning impact on the carbon emission abatement cost of electric power generation sector in China?[J]. Applied Energy, 168: 594-609.

Liu Y, Tan X J, Yu Y, et al. 2017. Assessment of impacts of Hubei pilot emission trading schemes in China-A CGE-analysis using term CO_2 model[J]. Applied Energy, 189（1）: 762-769.

Liu Y, Wei T. 2016. Linking the emissions trading schemes of Europe and China-combining climate and energy policy instruments[J]. Mitigation and Adaptation Strategies for Global Change, 21（2）: 135-151.

Liu Z, Geng Y, Lindner S, et al. 2012. Uncovering China's greenhouse gas emission from regional and sectoral perspectives[J]. Energy, 45（1）: 1059-1068.

Longin F M. 2000. From value at risk to stress testing: the extreme value approach[J]. Journal of Banking & Finance, 24（7）: 1097-1130.

López-Peña Á, Pérez-Arriaga I, Linares P. 2012. Renewables vs. energy efficiency: the cost of carbon emissions reduction in Spain[J]. Energy Policy, 50（11）: 659-668.

Lozano S, Gutierrez E. 2008. Non-parametric frontier approach to modelling the relationships among population, GDP, energy consumption and CO_2 emissions[J]. Ecological Economics, 66（4）: 687-699.

Lucia J J, Mansanet-Bataller M, Pardo Á. 2015. Speculative and hedging activities in the European carbon market[J]. Energy Policy, 82: 342-351.

Lutz B J, Pigorsch U, Rotfuß W. 2013. Nonlinearity in cap-and-trade systems: the EUA price and its fundamentals[J]. Energy Economics, 40: 222-232.

Mansanet-Bataller M, Pardo A. 2009. Impacts of regulatory announcements on CO_2 prices[J]. The Journal of Energy Markets, 2（2）: 75-107.

Mansanet-Bataller M, Chevallier J, Hervé-Mignucci M, et al. 2010. The EUA-sCER spread: Compliance strategies and arbitrage in the European carbon market[R]. Working paper. Mission Climat.

Mansanet-Bataller M, Chevallier J, Hervé-Mignucci M, et al. 2011. EUA and sCER phase II price drivers: Unveiling the reasons for the existence of the EUA–sCER spread[J]. Energy Policy, 39（3）: 1056-1069.

Mansanet-Bataller M, Pardo A, Valor E. 2007. CO_2 prices, energy and weather[J]. The Energy Journal, 28（3）: 73-92.

Marimoutou V, Soury M. 2015. Energy markets and CO_2 emissions: analysis by stochastic copula autoregressive model[J]. Energy, 88: 417-429.

Marimoutou V, Raggad B, Trabelsi A. 2009. Extreme value theory and value at risk: application to oil market[J]. Energy Economics, 31（4）: 519-530.

Martin R, Muûls M, de Preux L B, et al. 2014. Industry compensation under relocation risk: a firm-level analysis of the EU emissions trading scheme[J]. The American Economic Review, 104（8）: 2482-2508.

Martin R, Muûls M, Wagner U J. 2016. The impact of the European Union emissions trading scheme on regulated firms: what is the evidence after ten years?[J]. Review of Environmental Economics and Policy, 10（1）: 129-148.

Maydybura A, Andrew B. 2011. A study of the determinants of emissions unit allowance price in the

European union emissions trading scheme[J]. Australasian Accounting Business & Finance Journal, 5(4): 123-142.

Mazzanti M, Zoboli R. 2006. Economic instruments and induced innovation: the European policies on end-of-life vehicles[J]. Ecological Economics, 58(2): 318-337.

Meng D Y, Lu Y Q. 2010. Strength and direction of regional economic linkage in Jiangsu Province based on gravity model[J]. Progress in Geography, 28(5): 697-704.

Mensi W, Beljid M, Boubaker A, et al. 2013. Correlations and volatility spillovers across commodity and stock markets: linking energies, food, and gold[J]. Economic Modelling, 32: 15-22.

Mi Z, Wei Y M, Wang B, et al. 2017. Socioeconomic impact assessment of China's CO_2 emissions peak prior to 2030[J]. Journal of Cleaner Production, 142: 2227-2236.

Miao Z, Geng Y, Sheng J. 2016. Efficient allocation of CO_2 emissions in China: a zero sum gains data envelopment model[J]. Journal of Cleaner Production, 112(5): 4144-4150.

Milunovich G, Joyeux R. 2007. Testing market efficiency and price discovery in European carbon markets[EB/OL]. http://www.econ.mq.edu.au/Econ_docs/research_papers2/2007_research_papers/MERP_1_2007_Milunovich_Joyeux_online.pdf[2007-03-26].

Montagnoli A, de Vries F P. 2010. Carbon trading thickness and market efficiency[J]. Energy Economics, 32(6): 1331-1336.

Morrow W R, Gallagher K S, Collantes G, et al. 2010. Analysis of policies to reduce oil consumption and greenhouse-gas emissions from the US transportation sector[J]. Energy Policy, 38(3): 1305-1320.

Naoui K, Liouane N, Brahim S. 2010. A dynamic conditional correlation analysis of financial contagion: the case of the subprime credit crisis[J]. International Journal of Economics and Finance, 2(3): 85-96.

Nazifi F. 2013. Modelling the price spread between EUA and CER carbon prices[J]. Energy Policy, 56: 434-445.

Nazifi F, Milunovich G. 2010. Measuring the impact of carbon allowance trading on energy prices[J]. Energy & Environment, 21(5): 367-383.

Nelson D B. 1990. ARCH models as diffusion approximations[J]. Journal of Econometrics, 45(1/2): 7-38.

Oberndorfer U. 2009. EU emission allowances and the stock market: evidence from the electricity industry[J]. Ecological Economics, 68(4): 1116-1126.

Oladosu G. 2009. Identifying the oil price-macroeconomy relationship: an empirical mode decomposition analysis of US data[J]. Energy Policy, 37(12): 5417-5426.

Ozturk I, Acaravci A. 2013. The long-run and causal analysis of energy, growth, openness and financial development on carbon emissions in Turkey[J]. Energy Economics, 36: 262-267.

Pan X, Teng F, Ha Y, et al. 2014a. Equitable access to sustainable development: based on the comparative study of carbon emission rights allocation schemes[J]. Applied Energy, 130: 632-640.

Pan X, Teng F, Wang G. 2014b. Sharing emission space at an equitable basis: allocation scheme based on the equal cumulative emission per capita principle[J]. Applied Energy, 113: 1810-1818.

Pang R, Deng Z, Chiu Y. 2015. Pareto improvement through a reallocation of carbon emission quotas[J]. Renewable and Sustainable Energy Reviews, 50: 419-430.

Paolella M S, Taschini L. 2008. An econometric analysis of emission allowance prices[J]. Journal of Banking & Finance, 32(10): 2022-2032.

Park H, Hong W K. 2014. Korea's emission trading scheme and policy design issues to achieve market-efficiency and abatement targets[J]. Energy Policy, 75: 73-83.

Park J W, Kim C U, Isard W. 2012. Permit allocation in emissions trading using the Boltzmann distribution[J]. Physica A: Statistical Mechanics and its Applications, 391(20): 4883-4890.

Peng C K, Buldyrev S V, Havlin S, et al. 1994. Mosaic organization of DNA nucleotides[J]. Physical Review E, 49(2): 1685.

Persson T A, Azar C, Lindgren K. 2006. Allocation of CO_2 emission permits—economic incentives for emission reductions in developing countries[J]. Energy Policy, 34(14): 1889-1899.

Peters G P, Marland G, Quéré C L, et al. 2012. Rapid growth in CO_2 emissions after the 2008-2009 global financial crisis[J]. Nature Climate Change, 2(1): 2-4.

Peters G P, Weber C L, Guan D, et al. 2007. China's growing CO_2 emissions a race between increasing consumption and efficiency gains[J]. Environmental Science & Technology, 41(17): 5939-5944.

Pezzey J, Park A. 1998. Reflections on the double dividend debate[J]. Environmental and Resource Economics, 11(3/4): 539-555.

Phillips P C B, Perron P. 1988. Testing for a unit root in time series regression[J]. Biometrika, 75(2): 335-346.

Phylipsen G J M, Bode J W, Blok K, et al. 1998. A triptych sectoral approach to burden differentiation; GHG emissions in the European bubble[J]. Energy Policy, 26(12): 929-943.

Reboredo J C. 2014. Volatility spillovers between the oil market and the European Union carbon emission market[J]. Economic Modelling, 36: 229-234.

Reilly J M, Paltsev S. 2005. An analysis of the European emission trading scheme[EB/OL]. http://web.mit.edu/globalchange/www/MITJPSPGC_Rpt127.pdf[2005-12-07].

Rennings K. 2000. Redefining innovation—eco-innovation research and the contribution from ecological economics[J]. Ecological Economics, 32(2): 319-332.

Retamal C. 2009. Understanding CER price volatility[C]. Panama: Carbon Management Consulting Group, Latin Carbon Forum.

Ringius L, Torvanger A, Holtsmark B. 1998. Can multi-criteria rules fairly distribute climate burdens? OECD results from three burden sharing rules[J]. Energy Policy, 26(10): 777-793.

Ringius L, Torvanger A, Underdal A. 2002. Burden sharing and fairness principles in international climate policy[J]. International Environmental Agreements: Politics, Law and Economics, 2: 1-22.

Rogge K S, Hoffmann V H. 2010. The impact of the EU ETS on the sectoral innovation system for power generation technologies—findings for Germany[J]. Energy Policy, 38(12): 7639-7652.

Rose A, Stevens B, Edmonds J, et al. 1998. International equity and differentiation in global warming policy[J]. Environment and Resource Economics, 12(1): 25-51.

Sargan J D. 1958. The estimation of economic relationships using instrumental variables[J].

Econometrica, 26 (3) : 393-415.

Savard G, Gauvin J. 1994. The steepest descent direction for the nonlinear bilevel programming problem[J]. Operations Research Letters, 15 (5) : 265-272.

Saeidi S P, Sofian S, Saeidi P, et al. 2015. How does corporate social responsibility contribute to firm financial performance? The mediating role of competitive advantage, reputation, and customer satisfaction[J]. Journal of Business Research, 68 (2) : 341-350.

Schmidt R C, Heitzig J. 2014. Carbon leakage: grandfathering as an incentive device to avert firm relocation[J]. Journal of Environmental Economics and Management, 67 (2) : 209-223.

Seifert J, Uhrig-Homburg M, Wagner M. 2008. Dynamic behavior of CO_2 spot prices[J]. Journal of Environmental Economics and Management, 56 (2) : 180-194.

Serrao A. 2010. Reallocating agricultural greenhouse gas emission in EU 15 countries[EB/OL]. http://ageconsearch.umn.edu/bitstream/61284/2/aserrao10547.pdf[2011-03-05].

Shannon C E. 2001. A mathematical theory of communication[J]. ACM SIGMOBILE Mobile Computing and Communications Review, 5 (1) : 3-55.

Shapley L S. 1953. A value for n-person games[J]. Annals of Mathematics Studies, 28: 307-317.

Sheinbaum C, Ruíz B J, Ozawa L. 2011. Energy consumption and related CO_2 emissions in five Latin American countries: changes from 1990 to 2006 and perspectives[J]. Energy, 36 (6) : 3629-3638.

Sims R E H, Rogner H H, Gregory K. 2003. Carbon emission and mitigation cost comparisons between fossil fuel, nuclear and renewable energy resources for electricity generation[J]. Energy Policy, 31 (13) : 1315-1326.

Springer U. 2003. The market for tradable GHG permits under the Kyoto Protocol: a survey of model studies[J]. Energy Economics, 25 (5) : 527-551.

Stavins R N. 1995. Transaction costs and tradeable permits[J]. Journal of Environmental Economics and Management, 29 (2) : 133-148.

Stavins R N. 2008. Addressing climate change with a comprehensive US cap-and-trade system[J]. Oxford Review of Economic Policy, 24 (2) : 298-321.

Stern N H. 2007. The Economics of Climate Change: The Stern Review[M]. Cambridge: Cambridge University Press.

Streimikiene D, Roos I. 2009. GHG emission trading implications on energy sector in Baltic States[J]. Renewable & Sustainable Energy Reviews, 13 (4) : 854-862.

Su B, Ang B W. 2014. Input-output analysis of CO_2 emissions embodied in trade: a multi-region model for China[J]. Applied Energy, 114: 377-384.

Subramaniam N, Wahyuni D, Cooper B J, et al. 2015. Integration of carbon risks and opportunities in enterprise risk management systems: evidence from Australian firms[J]. Journal of Cleaner Production, 96: 407-417.

Sun J, Wu J, Liang L, et al. 2014. Allocation of emission permits using DEA: centralised and individual points of view[J]. International Journal of Production Research, 52 (2) : 419-435.

Sun T, Zhang H, Wang Y. 2013. The application of information entropy in basin level water waste permits allocation in China[J]. Resources, Conservation and Recycling, 70: 50-54.

Tang L, Wu J, Yu L, et al. 2015. Carbon emissions trading scheme exploration in China: a multi-agent-based model[J]. Energy Policy, 81: 152-169.

Tao J, Green C J. 2012. Asymmetries, causality and correlation between FTSE100 spot and futures: a DCC-TGARCH-M analysis[J]. International Review of Financial Analysis, 24: 26-37.

Teixeira A A C, Queirós A S S. 2016. Economic growth, human capital and structural change: a dynamic panel data analysis[J]. Research Policy, 45(8): 1636-1648.

Tian X, Chang M, Tanikawa H, et al. 2013. Structural decomposition analysis of the carbonization process in Beijing: a regional explanation of rapid increasing carbon dioxide emission in China[J]. Energy Policy, 53(1): 279-286.

Triguero A, Moreno-Mondéjar L, Davia M A. 2013. Drivers of different types of eco-innovation in European SMEs[J]. Ecological Economics, 92: 25-33.

Trotignon R, Leguet B. 2009. How many CERs by 2013[EB/OL]. http://www.cdcclimat.com/IMG/pdf/5_Working_Paper_EN_CDM_Credits_Supply.pdf[2014-01-24].

Vadas T M, Fahey T J, Sherman R E, et al. 2007. Approaches for analyzing local carbon mitigation strategies: Tompkins County, New York, USA[J]. International Journal of Greenhouse Gas Control, 1(3): 360-373.

Vaillancourt K, Waaub J P. 2004. Equity in international greenhouse gases abatement scenarios: a multicriteria approach[J]. European Journal of Operational Research, 153(2): 489-505.

van Ruijven B J, Weitzel M, den Elzen M G J, et al. 2012. Emission allowances and mitigation costs of China and India resulting from different effort-sharing approaches[J]. Energy Policy, 46: 116-134.

Victor D G. 2004. The Collapse of the Kyoto Protocol and the Struggle to Slow Global Warming[M]. Princeton: Princeton University Press.

Walker W R. 2011. Environmental regulation and labor reallocation: evidence from the clean air act[J]. American Economic Review, 101(3): 442-447.

Wang K, Wei Y M. 2014. China's regional industrial energy efficiency and carbon emissions abatement costs[J]. Applied Energy, 130: 617-631.

Wang K, Wei Y M, Huang Z. 2016. Potential gains from carbon emissions trading in China: a DEA based estimation on abatement cost savings[J]. Omega, 63: 48-59.

Wang K, Zhang X, Wei Y M, et al. 2013. Regional allocation of CO_2 emissions allowance over provinces in China by 2020[J]. Energy Policy, 54: 214-229.

Wang P, Dai H C, Ren S Y, et al. 2015. Achieving copenhagen target through carbon emission trading: economic impacts assessment in Guangdong Province of China[J]. Energy, 79: 212-227.

Wang T C, Lee H D. 2009. Developing a fuzzy TOPSIS approach based on subjective weights and objective weights[J]. Expert Systems with Applications, 36(5): 8980-8985.

Wang Y, Liu L. 2010. Is WTI crude oil market becoming weakly efficient over time? New evidence from multiscale analysis based on detrended fluctuation analysis[J]. Energy Economics, 32(5): 987-992.

Wei C, Ni J, Du L. 2012. Regional allocation of carbon dioxide abatement in China[J]. China Economic Review, 23(3): 552-565.

Wei Y M, Wang L, Liao H, et al. 2014. Responsibility accounting in carbon allocation: a global perspective[J]. Applied Energy, 130: 122-133.

Welsch H. 1993. A CO_2 agreement proposal with flexible quotas[J]. Energy Policy, 21(7): 748-756.

Winkler H, Brouns B, Kartha S. 2006. Future mitigation commitments: differentiating among Non-Annex I countries[J]. Climate Policy, 5(5): 469-486.

Winkler H, Spalding-Fecher R, Tyani L. 2002. Comparing developing countries under potential carbon allocation schemes[J]. Climate Policy, 2(4): 303-318.

Wu D D, Luo C, Wang H, et al. 2014a. Bi-level programing merger evaluation and application to banking operations[J]. Production and Operations Management, 25(3): 498-515.

Wu F, Fan L W, Zhou P, et al. 2012. Industrial energy efficiency with CO_2 emissions in China: a nonparametric analysis[J]. Energy Policy, 49: 164-172.

Wu H, Du S, Liang L, et al. 2013. A DEA-based approach for fair reduction and reallocation of emission permits[J]. Mathematical and Computer Modelling, 58(5): 1095-1101.

Wu J, Zhu Q, Liang L. 2016. CO_2 emissions and energy intensity reduction allocation over provincial industrial sectors in China[J]. Applied Energy, 166: 282-291.

Wu L, Qian H, Li J. 2014b. Advancing the experiment to reality: perspectives on Shanghai pilot carbon emissions trading scheme[J]. Energy Policy, 75: 22-30.

Yang C H, Huang C H, Hou C T. 2012. Tax incentives and R&D activity: firm-level evidence from Taiwan[J]. Research Policy, 41(9): 1578-1588.

Yao A W L, Chi S C, Chen J H. 2003. An improved grey-based approach for electricity demand forecasting[J]. Electric Power Systems Research, 67(3): 217-224.

Yi W J, Zou L L, Guo J, et al. 2011. How can China reach its CO_2 intensity reduction targets by 2020? A regional allocation based on equity and development[J]. Energy Policy, 39(5): 2407-2415.

Yu S, Wei Y M, Wang K. 2014. Provincial allocation of carbon emission reduction targets in China: an approach based on improved fuzzy cluster and Shapley value decomposition[J]. Energy Policy, 66: 630-644.

Yue Y D, Liu D C, Shan X U. 2015. Price linkage between Chinese and international nonferrous metals commodity markets based on VAR-DCC-GARCH models[J]. Transactions of Nonferrous Metals Society of China, 25(3): 1020-1026.

Zetterberg L. 2014. Benchmarking in the European Union emissions trading system: abatement incentives[J]. Energy Economics, 43: 218-224.

Zetterberg L, Wråke M, Sterner T, et al. 2012. Short-run allocation of emissions allowances and long-term goals for climate policy[J]. Ambio: A Journal of the Human Environment, 41(1): 23-32.

Zhang D, Karplus V J, Cassisa C, et al. 2014a. Emissions trading in China: progress and prospects[J]. Energy Policy, 75: 9-16.

Zhang N, Zhou P, Kung C C. 2015a. Total-factor carbon emission performance of the Chinese transportation industry: a bootstrapped non-radial Malmquist index analysis[J]. Renewable and Sustainable Energy Reviews, 41: 584-593.

Zhang X, Karplus V J, Qi T, et al. 2016. Carbon emissions in China: how far can new efforts bend the curve?[J]. Energy Economics, 54: 388-395.

Zhang X, Lai K K, Wang S Y. 2008. A new approach for crude oil price analysis based on empirical mode decomposition[J]. Energy Economics, 30(3): 905-918.

Zhang X, Qi T Y, Ou X M, et al. 2017. The role of multi-region integrated emissions trading scheme: a computable general equilibrium analysis[J]. Applied Energy, 185: 1860-1868.

Zhang Y J. 2013. Speculative trading and WTI crude oil futures price movement: an empirical analysis[J]. Applied Energy, 107: 394-402.

Zhang Y J. 2016. Research on carbon emission trading mechanisms: current status and future possibilities[J]. International Journal of Global Energy Issues, 39(1/2): 89-107.

Zhang Y J, Da Y B. 2013. Decomposing the changes of energy-related carbon emissions in China: evidence from the PDA approach[J]. Natural Hazards, 69(1): 1109-1122.

Zhang Y J, Da Y B. 2015. The decomposition of energy-related carbon emission and its decoupling with economic growth in China[J]. Renewable and Sustainable Energy Reviews, 41: 1255-1266.

Zhang Y J, Hao J F. 2015. The allocation of carbon emission intensity reduction target by 2020 among provinces in China[J]. Natural Hazards, 79(2): 921-937.

Zhang Y J, Hao J F. 2017. Carbon emission quota allocation among China's industrial sectors based on the equity and efficiency principles[J]. Annals of Operations Research, 255(1/2): 117-140.

Zhang Y J, Huang Y S. 2015. The multi-frequency correlation between EUA and sCER futures prices: evidence from the EMD approach[J]. Fractals, 23(2): 155.

Zhang Y J, Sun Y F. 2016. The dynamic volatility spillover between European carbon trading market and fossil energy market[J]. Journal of Cleaner Production, 112: 2654-2663.

Zhang Y J, Wei Y M. 2010. An overview of current research on EU ETS: evidence from its operating mechanism and economic effect[J]. Applied Energy, 87(6): 1804-1814.

Zhang Y J, Wang A D, Da Y B. 2014b. Regional allocation of carbon emission quotas in China: evidence from the Shapley value method[J]. Energy Policy, 74: 454-464.

Zhang Y J, Wang A D, Tan W. 2015b. The impact of China's carbon allowance allocation rules on the product prices and emission reduction behaviors of ETS-covered enterprises[J]. Energy Policy, 86(1): 176-185.

Zhao X, Ma Q, Yang R. 2013. Factors influencing CO_2 emissions in China's power industry: co-integration analysis[J]. Energy Policy, 57: 89-98.

Zhao X, Yin H, Zhao Y. 2015. Impact of environmental regulations on the efficiency and CO_2 emissions of power plants in China[J]. Applied Energy, 149: 238-247.

Zhou P, Ang B W, Wang H. 2012. Energy and CO_2 emission performance in electricity generation: a non-radial directional distance function approach[J]. European Journal of Operational Research, 221(3): 625-635.

Zhou P, Sun Z R, Zhou D Q. 2014. Optimal path for controlling CO_2 emissions in China: a perspective of efficiency analysis[J]. Energy Economics, 45: 99-110.

Zhou P, Wang M. 2016. Carbon dioxide emissions allocation: a review[J]. Ecological Economics, 125: 47-59.

Zhou P, Zhang L, Zhou D Q, et al. 2013. Modeling economic performance of interprovincial CO_2

emission reduction quota trading in China[J]. Applied Energy, 112: 1518-1528.

Zhou X, James G, Liebman A, et al. 2010. Partial carbon permits allocation of potential emission trading scheme in Australian electricity market[J]. IEEE Transactions on Power Systems, 25(1): 543-553.

Zhu Y, Li Y P, Huang G H. 2013. Planning carbon emission trading for Beijing's electric power systems under dual uncertainties[J]. Renewable and Sustainable Energy Reviews, 23: 113-128.

Zhuang X, Wei Y, Ma F. 2015. Multifractality, efficiency analysis of Chinese stock market and its cross-correlation with WTI crude oil price[J]. Physica A: Statistical Mechanics and its Applications, 430: 101-113.

Zou P, Chen Q, Yu Y, et al. 2017. Electricity markets evolution with the changing generation mix: an empirical analysis based on China 2050 High Renewable Energy Penetration Roadmap[J]. Applied Energy, 185(1): 56-67.

Zou Z H, Yi Y, Sun J N. 2006. Entropy method for determination of weight of evaluating indicators in fuzzy synthetic evaluation for water quality assessment[J]. Journal of Environmental Sciences, 18(5): 1020-1023.

附　录

本书第 11 章通过 PSM 方法对碳排放权交易试点地区和非试点地区进行了匹配，达到了消除样本自选择偏差的目的。首先，使用 Logit 回归估计中国 30 个省（区、市）的倾向得分，即成为碳排放权交易试点的条件概率；其次，根据三种最常见的原则进行样本匹配，筛选出与碳排放权交易试点地区的个体特征相似的非试点地区；最后，在 PSM 基础上使用 DID 模型考察中国碳排放权交易对碳排放的政策效果。

1. 地区个体特征对碳排放权交易政策的影响

根据 2011 年国家发展和改革委员会发布的《国家发展改革委办公厅关于开展碳排放权交易试点工作的通知》，本章选取了 6 个指标计算倾向得分，分别是经济发展水平（GDP）、产业结构（SER）、市场化水平（MA）、能源消费结构（ECS）和企业数量[1]（ENT），并基于中国 30 个省（区、市）在碳排放权交易实施前（即 2000～2011 年）的面板数据，根据式（11.3）得到回归结果如附表 1 所示。

附表 1　倾向得分匹配方法的 Logit 回归结果

变量	系数	标准差	Z-统计量	p 值
GDP	2.286	0.764	2.99	0.003
SER	0.415	0.732	5.67	0.000
MA	15.018	4.230	3.57	0.000
ECS	−3.935	1.330	−2.96	0.003
ENT	3.245	1.621	2.00	0.045
常数项	−34.775	5.831	−5.96	0.000

注：Logit 回归的因变量是 PL，若某省（区、市）为试点地区，则 PL=1，反之，PL=0

可以看出，自变量的回归系数在 5% 的显著性水平下都很显著，表明经济发展水平等变量与碳排放权交易政策实施显著相关。因此，有必要运用 PSM 方法对碳

---

[1] 经济发展水平由地区 GDP 表征，市场化水平由 1-政府支出占 GDP 的比例表征，能源消费结构由煤炭消费量占能源消费总量的比重表征，产业结构由第二产业增加值占 GDP 的比重表征，企业数量由规模以上工业企业数量表征。数据来自国家统计局。

排放权试点地区和非试点地区进行匹配，以消除地区个体特征对碳排放权交易政策效果的干扰。

2. 使用 PSM 方法匹配前后地区个体特征的差异

根据式(11.4)和式(11.5)，我们计算得到个体特征变量在倾向得分匹配前后，在碳排放权试点地区和非试点地区的变化情况，如附表 2 所示。可以看出，在进行倾向得分匹配前，各变量在碳排放权试点地区和非试点地区有显著的差异，以最近邻匹配为例，试点地区和非试点地区的经济发展水平的均值差异显著，存在样本自选择偏差。但是在进行最近邻匹配后，差异变得不显著，t 检验结果也验证了这一点。如附表 2 所示，使用 PSM 方法之后，t 检验的 p 值均大于 10%，无法拒绝试点地区和非试点地区各变量之间无显著差异的原假设。

3. 使用 PSM 方法匹配前后地区整体的差异

根据式(11.4)和式(11.5)，运用 PSM 方法前后样本的总体情况如附表 3 所示。整体来看，样本匹配前整体标准化差异小于匹配前，这说明运用 PSM 方法处理后的碳排放权交易非试点地区样本与试点地区样本已有效地降低了系统误差，而非完全消除，LR 检验的 p 值大于 10%，因此，在进行 PSM 匹配后非试点地区与试点地区无显著差异，说明模型是合适的。

可见，在进行 PSM 匹配之后，本章中的试点地区和非试点地区之间的样本自选择偏差的显著影响已经得到有效控制，即碳排放权交易政策可以看作是一次随机试验。因此，采用 PSM-DID 模型分离碳排放权交易的政策效应会比一般的 DID 模型更具说服力。

附表 2　采用三种匹配算法前后的变量比较

| 变量 | 样本 | 最近邻匹配 | | | | 半径匹配 | | | | 核匹配 | | | |
| | | 均值 | | t-检验 | | 均值 | | t-检验 | | 均值 | | t-检验 | |
		试点地区	非试点地区	t-统计量	p 值	试点地区	非试点地区	t-统计量	p 值	试点地区	非试点地区	t-统计量	p 值
GDP	U	1.5711	0.7733	14.20	0.000	1.5711	0.7733	14.20	0.000	1.5711	0.7733	14.20	0.000
	M	0.9915	1.0067	-0.18	0.856	0.8803	0.9370	-0.72	0.477	0.9982	1.0009	-0.03	0.975
SER	U	47.517	37.131	13.72	0.000	47.517	37.131	13.72	0.000	47.517	37.131	13.72	0.000
	M	40.231	39.719	0.92	0.362	39.605	39.321	0.39	0.697	40134	39.756	0.59	0.556
MA	U	0.8499	0.8184	3.21	0.001	0.8499	0.8184	3.21	0.001	0.8499	0.8184	3.21	0.001
	M	0.8641	0.8677	-0.35	0.724	0.8610	0.8601	0.07	0.944	0.8642	0.8659	-0.15	0.881
ECS	U	0.6660	0.7631	-4.60	0.000	0.6660	0.7631	-4.60	0.000	0.6660	0.7631	-4.60	0.000
	M	0.7551	0.7795	-0.96	0.340	0.7841	0.7646	0.58	0.562	0.7524	0.7675	-0.52	0.606
ENT	U	1.2197	0.9029	1.96	0.050	1.2197	0.9029	1.96	0.050	1.2197	0.9029	1.96	0.050
	M	1.5349	1.4593	0.23	0.821	1.4915	1.3426	0.37	0.715	1.5676	1.4835	0.23	0.815

注：U 代表进行 PSM 匹配前，M 代表进行 PSM 匹配后

附表 3　采用 PSM 方法匹配前后的样本比较

样本	拟合优度	对数似然比统计量	p 值	标准化后的偏差
A: 最近邻匹配				
U	0.496	178.55	0.000	154.5%
M	0.007	0.75	0.980	19.6%
B: 半径匹配				
U	0.496	178.55	0.000	154.5%
M	0.048	3.84	0.573	51.3%
C: 核匹配				
U	0.496	178.55	0.000	154.5%
M	0.007	0.78	0.978	20.1%

注：U 代表进行 PSM 匹配前，M 代表进行 PSM 匹配后。其中，对数似然比检验 Logit 回归的充分性，p 值为对数似然比统计量的 p 值。标准化后的偏差代表了匹配前和匹配后样本之间的总体差异